住房和城乡建设领域专业人员岗位培训考核系列用书

质量员考试大纲·习题集
（土建施工）

江苏省建设教育协会　组织编写

中国建筑工业出版社

图书在版编目（CIP）数据

质量员考试大纲·习题集（土建施工）/江苏省建设教育协会组织编写. —北京：中国建筑工业出版社，2014.4

住房和城乡建设领域专业人员岗位培训考核系列用书

ISBN 978-7-112-16604-6

Ⅰ.①质… Ⅱ.①江… Ⅲ.①建筑工程-质量管理-岗位培训-自学参考资料②土木工程-工程质量-质量管理-岗位培训-自学参考资料 Ⅳ.①TU712

中国版本图书馆CIP数据核字（2014）第053515号

本书是《住房和城乡建设领域专业人员岗位培训考核系列用书》中的一本，供质量员（土建施工）学习使用，可通过习题来巩固所学基础知识和管理实务知识。全书包括质量员（土建施工）专业基础知识和专业管理实务的考试大纲以及相应的练习题并提供参考答案，最后还提供了一套模拟试卷。本书可作为质量员（土建施工）岗位考试的指导用书，也可供职业院校师生和相关专业技术人员参考使用。

* * *

责任编辑：刘　江　岳建光
责任设计：董建平
责任校对：李美娜　陈晶晶

住房和城乡建设领域专业人员岗位培训考核系列用书
质量员考试大纲·习题集
（土建施工）
江苏省建设教育协会　组织编写
*
中国建筑工业出版社出版、发行（北京西郊百万庄）
各地新华书店、建筑书店经销
霸州市顺浩图文科技发展有限公司制版
北京云浩印刷有限责任公司印刷
*
开本：787×1092毫米　1/16　印张：15½　字数：377千字
2014年9月第一版　2015年6月第四次印刷
定价：**41.00元**
ISBN 978-7-112-16604-6
（25339）

版权所有　翻印必究
如有印装质量问题，可寄本社退换
（邮政编码 100037）

住房和城乡建设领域专业人员岗位培训考核系列用书

编审委员会

主 任：杜学伦

副主任：章小刚　陈　曦　曹达双　漆贯学
　　　　金少军　高　枫　陈文志

委　员：王宇旻　成　宁　金孝权　郭清平
　　　　马　记　金广谦　陈从建　杨　志
　　　　魏偲燕　惠文荣　刘建忠　冯汉国
　　　　金　强　王　飞

出 版 说 明

　　为加强住房城乡建设领域人才队伍建设，住房和城乡建设部组织编制了住房城乡建设领域专业人员职业标准。实施新颁职业标准，有利于进一步完善建设领域生产一线岗位培训考核工作，不断提高建设从业人员队伍素质，更好地保障施工质量和安全生产。第一部职业标准——《建筑与市政工程施工现场专业人员职业标准》（以下简称《职业标准》），已于 2012 年 1 月 1 日实施，其余职业标准也在制定中，并将陆续发布实施。

　　为贯彻落实《职业标准》，受江苏省住房和城乡建设厅委托，江苏省建设教育协会组织了具有较高理论水平和丰富实践经验的专家和学者，以职业标准为指导，结合一线专业人员的岗位工作实际，按照综合性、实用性、科学性和前瞻性的要求，编写了这套《住房和城乡建设领域专业人员岗位培训考核系列用书》（以下简称《考核系列用书》）。

　　本套《考核系列用书》覆盖施工员、质量员、资料员、机械员、材料员、劳务员等《职业标准》涉及的岗位（其中，施工员、质量员分为土建施工、装饰装修、设备安装和市政工程四个子专业），并根据实际需求增加了试验员、城建档案管理员岗位；每个岗位结合其职业特点以及培训考核的要求，包括《专业基础知识》、《专业管理实务》和《考试大纲·习题集》三个分册。随着住房城乡建设领域专业人员职业标准的陆续发布实施和岗位的需求，本套《考核系列用书》还将不断补充和完善。

　　本套《考核系列用书》系统性、针对性较强，通俗易懂，图文并茂，深入浅出，配以考试大纲和习题集，力求做到易学、易懂、易记、易操作。既是相关岗位培训考核的指导用书，又是一线专业人员的实用手册；既可供建设单位、施工单位及相关高、中等职业院校教学培训使用，又可供相关专业技术人员自学参考使用。

　　本套《考核系列用书》在编写过程中，虽经多次推敲修改，但由于时间仓促，加之编者水平有限，如有疏漏之处，恳请广大读者批评指正（相关意见和建议请发送至 JYXH05@163.com），以便我们认真加以修改，不断完善。

本书编写委员会

第一部分　专业基础知识

主　　编：郭清平

副 主 编：薛晓煜

编写人员：薛晓煜　丛俊华　杜成仁　杨　菊　左　颖
　　　　　张　琴　冯均州　郭清平　彭轶群　张福生
　　　　　陈晋中

第二部分　专业管理实务

主　　编：金孝权

副 主 编：冯　成

编写人员：金孝权　冯　成　沈中标　许　斌　林建国

前 言

为贯彻落实住房城乡建设领域专业人员新颁职业标准，受江苏省住房和城乡建设厅委托，江苏省建设教育协会组织编写了《住房和城乡建设领域专业人员岗位培训考核系列用书》，本书为其中的一本。

质量员（土建施工）培训考核用书包括《质量员专业基础知识（土建施工）》、《质量员专业管理实务（土建施工）》、《质量员考试大纲·习题集（土建施工）》三本，反映了国家现行规范、规程、标准，并以国家质量检查和验收规范为主线，不仅涵盖了现场质量检查人员应掌握的通用知识、基础知识和岗位知识，还涉及新技术、新设备、新工艺、新材料等方面的知识。

本书为《质量员考试大纲·习题集（土建施工）》分册。全书包括质量员（土建施工）专业基础知识和专业管理实务的考试大纲，以及相应的练习题并提供参考答案和模拟试卷。

本书既可作为质量员（土建施工）岗位培训考核的指导用书，也可供职业院校师生和相关专业技术人员参考使用。

目 录

第一部分 专业基础知识 1

一、考试大纲 3
- 第1章 制图的基本知识 3
- 第2章 房屋构造 4
- 第3章 建筑测量 5
- 第4章 建筑力学 6
- 第5章 建筑材料 7
- 第6章 建筑结构 8
- 第7章 施工项目管理 10
- 第8章 建筑施工技术 11
- 第9章 法律法规 14
- 第10章 职业道德 15

二、习题 17
- 第1章 制图的基本知识 17
- 第2章 房屋构造 25
- 第3章 建筑测量 38
- 第4章 建筑力学 42
- 第5章 建筑材料 45
- 第6章 建筑结构 55
- 第7章 施工项目管理 61
- 第8章 建筑施工技术 76
- 第9章 法律法规 110
- 第10章 职业道德 115

三、参考答案 119

第二部分 专业管理实务 127

一、考试大纲 129
- 第1章 建筑工程质量管理 129
- 第2章 建筑工程施工质量验收统一标准 129
- 第3章 优质建筑工程质量评价 130
- 第4章 住宅工程质量通病控制 130
- 第5章 住宅工程质量分户验收 130

第6章　地基与基础工程 ………………………………………………… 131
　第7章　地下防水工程 …………………………………………………… 131
　第8章　混凝土结构工程 ………………………………………………… 132
　第9章　砌体工程 ………………………………………………………… 132
　第10章　钢结构工程 ……………………………………………………… 133
　第11章　木结构工程 ……………………………………………………… 133
　第12章　建筑装饰装修工程 ……………………………………………… 134
　第13章　建筑地面工程 …………………………………………………… 134
　第14章　屋面工程 ………………………………………………………… 135
　第15章　民用建筑节能工程（土建部分） ……………………………… 135

二、习题 ……………………………………………………………………… 136
　第1章　建筑工程质量管理 ……………………………………………… 136
　第2章　建筑工程施工质量验收统一标准 ……………………………… 140
　第3章　优质建筑工程质量评价 ………………………………………… 144
　第4章　住宅工程质量通病控制 ………………………………………… 146
　第5章　住宅工程质量分户验收 ………………………………………… 152
　第6章　地基与基础工程 ………………………………………………… 155
　第7章　地下防水工程 …………………………………………………… 163
　第8章　混凝土结构工程 ………………………………………………… 166
　第9章　砌体工程 ………………………………………………………… 175
　第10章　钢结构工程 ……………………………………………………… 180
　第11章　木结构工程 ……………………………………………………… 185
　第12章　建筑装饰装修工程 ……………………………………………… 187
　第13章　建筑地面工程 …………………………………………………… 199
　第14章　屋面工程 ………………………………………………………… 205
　第15章　民用建筑节能工程（土建部分） ……………………………… 209

三、参考答案 ………………………………………………………………… 217

第三部分　模拟试卷 ………………………………………………………… 225

　模拟试卷 …………………………………………………………………… 227

第一部分

专业基础知识

第一部分

专业基础知识

一、考 试 大 纲

第1章　制图的基本知识

1.1　基本制图标准

（1）熟悉基本制图标准；
（2）了解平法制图规则；
（3）掌握房屋建筑制图的基本标准。

1.2　投影的基本知识

（1）了解投影的形成及分类；
（2）理解正投影的基本特性；
（3）知道常用的工程图示方法；
（4）掌握三视图及对应关系；
（5）掌握点、直线、平面及基本体的投影。

1.3　建筑形体的表达方法

（1）了解各种视图的形成及简化画法；
（2）知道剖面图的种类；
（3）知道断面图的种类。

1.4　计算机辅助制图

了解 AutoCAD 软件功能。

1.5　识读建筑施工图

（1）了解建筑工程图的分类；
（2）掌握建筑总平面图的图示方法和图示内容；
（3）掌握建筑平面图的图示方法和图示内容；
（4）掌握建筑立面图的图示方法和图示内容；
（5）掌握建筑剖面图的图示方法和图示内容；
（6）掌握建筑详图的图示方法和图示内容；
（7）能熟练识读建筑施工图。

1.6 识读结构施工图

(1) 知道结构施工图的读图方法；
(2) 了解结构施工图的内容及一般规定；
(3) 了解钢筋混凝土的一般知识；
(4) 掌握基础施工图的图示方法和图示内容；
(5) 掌握楼层结构平面图的图示方法和图示内容；
(6) 掌握结构详图图示内容；
(7) 掌握各种建筑详图的图示方法和图示内容；
(8) 掌握现浇钢筋混凝土柱平法施工图的表示方法；
(9) 掌握现浇钢筋混凝土梁平法施工图的表示方法；
(10) 能熟练识读建筑施工图。

1.7 识读钢结构施工图

熟悉钢结构工程施工图纸的内容。

第2章 房屋构造

2.1 概述

(1) 了解构成建筑的三个基本要素；
(2) 了解民用建筑的基本构造组成；
(3) 熟悉民用建筑的分类；
(4) 了解建筑物的耐久等级和耐火等级；
(5) 了解建筑标准化和统一模数制。

2.2 基础与地下室构造

(1) 了解基础与地基的有关概念；
(2) 熟悉基础的埋置深度及其影响因素；
(3) 熟悉基础的分类；
(4) 了解地下室的分类；
(5) 熟悉地下室的组成；
(6) 熟悉地下室的防潮要求；
(7) 掌握地下室的防水要求。

2.3 墙体与门窗构造

(1) 了解墙体的作用与分类；
(2) 熟悉砖墙的材料要求；
(3) 熟悉砖墙的砌筑方式和厚度要求；

(4) 掌握墙体的细部构造要求；
(5) 了解隔墙的定义、类型及构造要求；
(6) 熟悉墙面装修的作用、分类及基本构造要求；
(7) 熟悉清水墙面的装修要求；
(8) 掌握抹灰类墙面的装修要求；
(9) 掌握贴面类墙面的装修要求；
(10) 掌握涂料类墙面的装修要求；
(11) 了解裱糊类墙面的装修要求；
(12) 熟悉窗的分类、组成、尺寸及基本的构造要求；
(13) 熟悉门的分类、组成、尺寸及基本的构造要求。

2.4 楼板与地面构造

(1) 了解楼板层与地坪层的构造组成；
(2) 了解楼板层与地坪层的设计要求；
(3) 熟悉楼板层分类及构造要求；
(4) 熟悉地坪层的分类及构造要求。

2.5 屋顶构造

(1) 了解屋顶的作用；
(2) 熟悉屋顶的构造要求；
(3) 熟悉屋面的防水等级、防水层使用年限、防水材料的选用及设防要求；
(4) 了解屋顶的分类；
(5) 掌握平屋顶的基本构造要求及防水要求；
(6) 熟悉坡屋顶的基本构造要求。

第3章 建筑测量

3.1 施工测量概述

(1) 了解施工测量的主要内容；
(2) 了解施工测量的特点；
(3) 了解施工测量的原则。

3.2 施工测量仪器与工具

熟悉使用常见施工测量仪器。

3.3 建筑物的定位放线

(1) 掌握施工场地的平面控制测量；
(2) 掌握施工场地的高程控制测量。

3.4 民用建筑的施工测量

(1) 掌握民用建筑的施工测量的放线方法；
(2) 掌握民用建筑的施工测量的数据处理。

3.5 高层建筑的施工测量

熟悉高层建筑物轴线的竖向投测方法：外控法和内控法。

3.6 工业建筑的施工测量

(1) 掌握厂房矩形控制网测设；
(2) 掌握厂房矩形控制网数据处理方法；
(3) 掌握厂房柱列轴线与柱基施工测量；
(4) 掌握厂房预制构件安装测量。

3.7 建筑物的变形观测

(1) 了解建筑物的沉降观测；
(2) 了解建筑物的倾斜观测；
(3) 了解建筑物的裂缝观测；
(4) 了解建筑物的位移观测。

第4章 建筑力学

4.1 静力学基本知识

(1) 了解力、刚体、力系的概念；
(2) 掌握静力学公理及其推论；
(3) 熟悉常见的约束与约束反力；受力分析的方法，受力图的画法；
(4) 掌握平面力系的平衡条件；
(5) 掌握构件的支座与约束反力的计算。

4.2 材料力学基本知识

(1) 掌握结构上荷载的分类，不同荷载的性质；
(2) 熟悉材料的重度，集中力、线荷载、均布面荷载等荷载形式。
(3) 了解构件内力的概念，掌握截面法求解内力，熟悉轴向拉压杆横截面上及梁横截面上的应力。

4.3 结构力学基本知识

(1) 掌握静定结构的基本概念；
(2) 掌握静定梁的剪力和弯矩、剪力图和弯矩图。

第5章 建筑材料

5.1 建筑材料的基本性质

（1）掌握材料的组成；
（2）了解材料的结构与构造；
（3）熟悉材料的物理性质；
（4）掌握材料的力学性质。

5.2 结构材料

（1）掌握水泥的性质、技术要求；
（2）掌握常用水泥的特性及应用；
（3）了解水泥的储存和使用；
（4）熟悉水泥的检验；
（5）了解石灰的原料和生产；
（6）熟悉石灰的熟化和硬化；
（7）熟悉石灰的特性；
（8）掌握石灰的应用与储存；
（9）熟悉石膏的技术要求；
（10）掌握石膏的技术性质；
（11）掌握石膏的应用；
（12）熟悉骨料的分类及应用；
（13）掌握骨料的验收；
（14）熟悉混凝土的技术性能；
（15）掌握混凝土的强度；
（16）熟悉混凝土检验规则；
（17）了解砌筑砂浆的组成材料；
（18）熟悉砂浆的技术性能；
（19）了解砂浆的检验方法；
（20）熟悉钢材的技术性能；
（21）掌握钢材的验收；
（22）掌握砌墙砖的特性及应用；
（23）熟悉砌块的特性及应用；
（24）掌握墙体材料的验收。

5.3 建筑装饰材料

（1）熟悉石材的技术性能与要求；
（2）了解石材的质量验收；

(3) 熟悉陶瓷的品种；
(4) 了解陶瓷的质量验收；
(5) 熟悉建筑玻璃的性质。

5.4 建筑功能材料

(1) 熟悉沥青的种类和用途；
(2) 熟悉防水卷材的种类和用途；
(3) 了解防水涂料的种类；
(4) 掌握新型建筑材料的种类和用途。

第6章 建筑结构

6.1 建筑结构概述

(1) 熟悉建筑结构的概念和分类；
(2) 掌握建筑结构的功能要求，可靠性概念；
(3) 了解极限状态的概念，掌握承载能力极限状态和正常使用极限状态。

6.2 钢筋混凝土结构基本知识

(1) 掌握钢筋混凝土受弯构件承载力计算；
(2) 熟悉钢筋混凝土受压构件承载力，了解钢筋混凝土受拉及受扭构件承载力；
(3) 熟悉梁、板在截面尺寸、混凝土、钢筋配置方面的一般构造要求；
(4) 掌握混凝土保护层的概念及最小厚度，了解钢筋的锚固；
(5) 掌握单向板和双向板区分方法、钢筋混凝土单向板的结构平面布置及构造规定；
(6) 了解装配式楼盖的连接构造要求，掌握钢筋混凝土楼梯的结构形式及构造；
(7) 熟悉雨篷的组成、受力特点；
(8) 了解预应力混凝土概念；
(9) 熟悉施加预应力方法，掌握预应力损失及其组合。

6.3 砌体结构基本知识

(1) 了解砌体的种类，熟悉砌体的受压性能，掌握影响砌体抗压强度的因素，了解砌体的受拉、受弯和受剪性能；
(2) 熟悉混合结构房屋的结构布置方案，掌握房屋的静力计算方案，掌握受压构件承载力计算；
(3) 熟悉无筋砌体局部受压承载力计算；
(4) 掌握墙、柱的高厚比验算，了解墙、柱的一般构造要求；
(5) 掌握圈梁的作用及设置要求；
(6) 熟悉过梁作用及设置要求；
(7) 掌握挑梁的构造要求。

6.4 钢结构基本知识

(1) 熟悉钢结构的特点,了解钢结构的应用;
(2) 熟悉常用的基本元件是钢板及型钢,了解钢材的选用与要求;
(3) 了解焊接连接、铆钉连接的特点,掌握螺栓连接的种类及特点;
(4) 了解焊接方法与材料、焊缝符号及标注,熟悉焊接接头及焊缝形式、焊缝的质量等级;
(5) 掌握普通螺栓排列和要求,了解构件间的连接;
(6) 熟悉轴心受力构件的截面形式与构造要求;
(7) 熟悉实腹式受弯构件与格构式受弯构件。

6.5 木结构基本知识

了解木结构建筑的优点。

6.6 多、高层建筑结构基本知识

(1) 掌握多高层房屋结构的概念;
(2) 了解多高层建筑结构的常用结构体系的类型、特点和适用高度,多高层建筑结构布置的重要性;
(3) 熟悉多高层建筑结构的结构布置原则;
(4) 了解剪力墙的抗震构造措施、框架-剪力墙的抗震构造措施、筒体结构抗震构造要求。

6.7 新型建筑结构基本知识

了解各种结构建筑的优点。

6.8 建筑结构抗震基本知识

(1) 掌握建筑结构抗震的基本术语:地震的震级、烈度、抗震设防目标;
(2) 了解建筑抗震设防分类和设防标准;
(3) 熟悉抗震设计的基本要求。

6.9 地基与基础基本知识

(1) 了解土的三相组成;
(2) 掌握土的物理性质指标:实测指标与其他指标;
(3) 熟悉地基土(岩)的工程分类、土的工程特性指标、按载荷试验等原位试验确定地基;
(4) 承载力。掌握天然地基与人工地基的概念;
(5) 掌握浅基础的类型及使用环境;
(6) 掌握桩的主要分类。

第7章 施工项目管理

7.1 施工项目质量管理

(1) 了解质量及质量管理的概念；
(2) 熟悉影响质量的因素；
(3) 掌握 PDCA 的工作原理；
(4) 掌握施工质量控制的过程内容；
(5) 了解施工质量计划的编制；
(6) 熟悉施工作业过程的质量控制；
(7) 掌握施工质量验收的内容；
(8) 熟悉工程质量事故的特点；
(9) 掌握工程质量事故的分类及原因；
(10) 掌握工程质量事故处理的类型。

7.2 施工项目进度管理

(1) 了解工程进度计划的分类；
(2) 熟悉工期的定义；
(3) 了解施工组织的三种组织方式；
(4) 熟悉流水施工的类型；
(5) 掌握流水施工的参数及横道图表示方法；
(6) 了解网络计划技术的优点；
(7) 掌握双代号网络图的表示方法和具体参数的计算；
(8) 熟悉单代号网络图、双代号时标网络图的表示方法及参数分析；
(9) 了解施工进度控制的概念；
(10) 熟悉影响施工进度的因素；
(11) 掌握施工项目进度控制的措施；
(12) 熟悉施工项目进度控制的内容；
(13) 掌握施工进度计划实施的分析方法；
(14) 熟悉施工进度计划的调整方法。

7.3 施工项目成本管理

(1) 熟悉施工项目成本管理的任务；
(2) 掌握施工项目成本管理的措施；
(3) 了解施工项目成本计划的编制依据；
(4) 熟悉施工项目成本计划的编制方法；
(5) 熟悉合同变更价款的确定方法；
(6) 掌握索赔费用的组成和计算方法；

(7) 熟悉工程结算的方法；
(8) 了解施工成本控制的依据；
(9) 熟悉施工项目成本控制的方法；
(10) 熟悉施工项目成本分析的依据；
(11) 掌握施工项目成本分析的方法。

7.4 施工项目安全管理

(1) 熟悉安全生产方针；
(2) 了解安全生产管理制度；
(3) 了解安全生产管理体系的重要性和建立安全生产管理体系的原则；
(4) 熟悉施工安全的组织保证体系的内容；
(5) 了解施工安全技术措施的编制要求；
(6) 熟悉施工安全技术措施的主要内容；
(7) 掌握施工安全技术交底的内容；
(8) 熟悉施工安全教育主要内容；
(9) 掌握安全检查的主要内容；
(10) 了解不同施工阶段安全控制的内容。

7.5 施工现场管理

(1) 了解施工现场管理的业务内容；
(2) 了解施工现场组织和布置。

第8章 建筑施工技术

8.1 土方工程

(1) 了解土的施工特点及其工程分类；
(2) 掌握土的工程性质（土的可松性、含水量及其渗透性）；
(3) 掌握基坑（槽）土方量的计算；
(4) 熟悉场地平整土方量的计算与调配；
(5) 了解土方工程的施工准备工作；
(6) 熟悉常用的基坑（槽）土壁支撑技术；
(7) 掌握降低地下水位的方法（明降水法及轻型井点降水法）；
(8) 熟悉常用土方施工机械的特点及选择办法；
(9) 熟悉基坑（槽）土方开挖方法及过程；
(10) 掌握影响土方压实效果的主要因素；
(11) 熟悉填土压实的质量控制与检查。

8.2 地基处理与桩基础工程

(1) 了解地基处理的基本原理；

(2) 熟悉地基处理的常用方法及相关要求；
(3) 了解局部地基处理的方法及相关要求；
(4) 了解桩基的组成及桩的工程分类；
(5) 熟悉预制桩的施工流程及相关要求；
(6) 了解预制桩的预制、起吊、运输与堆放要求；
(7) 熟悉预制桩沉桩前的准备工作；
(8) 掌握预制桩的沉设方法及相关的技术要求（重点是锤击法和静压法）；
(9) 熟悉灌注桩施工的方法及要求；
(10) 掌握钻孔灌注桩施工流程及相关要求；
(11) 了解人工挖孔灌注桩施工流程及相关要求；
(12) 熟悉沉管灌注桩施工流程及相关要求；
(13) 了解爆扩灌注桩施工流程及相关要求；
(14) 熟悉桩基检测与验收要求。

8.3 砌筑工程

(1) 熟悉脚手架的种类及基本要求；
(2) 掌握扣件式钢管脚手架的相关技术要求；
(3) 了解碗扣式钢管脚手架的相关技术要求；
(4) 熟悉里脚手架的种类及搭设要求；
(5) 了解常用垂直运输设施；
(6) 熟悉砌体材料准备与运输；
(7) 掌握砖墙的砌筑工艺与质量要求；
(8) 熟悉框架填充墙施工与质量要求。

8.4 钢筋混凝土工程

(1) 了解模板的组成及基本要求；
(2) 了解模板工程材料的种类；
(3) 熟悉基本构件的模板构造要求；
(4) 了解模板的荷载及计算规定；
(5) 熟悉模板的拆除要求；
(6) 了解普通混凝土结构用的钢筋种类及检验与存放要求；
(7) 掌握钢筋的翻样与配料；
(8) 熟悉钢筋的加工过程及相关要求；
(9) 掌握钢筋的连接方法及相关要求（绑扎连接、焊接及机械连接）；
(10) 掌握钢筋的代换原则与代换方法；
(11) 了解混凝土的制备要求；
(12) 熟悉混凝土的搅拌要求（搅拌方法及搅拌制度）；
(13) 熟悉混凝土的运输要求；
(14) 熟悉混凝土的浇筑及捣实要求；

(15) 掌握混凝土的施工缝和后浇带的处理办法；
(16) 掌握大体积混凝土的浇筑方法和相关要求；
(17) 熟悉混凝土的养护与拆模要求；
(18) 了解混凝土冬期施工方法及要求。

8.5　预应力混凝土工程

(1) 了解预应力混凝土的定义、特点及分类；
(2) 熟悉预应力钢筋及锚（夹）具的种类及选用要求；
(3) 熟悉预应力张拉设备及连接器的种类及选用要求；
(4) 掌握先张法预应力混凝土的施工工艺流程和相关要求；
(5) 熟悉有粘结后张法预应力混凝土的施工工艺流程和相关要求；
(6) 掌握无粘结后张法预应力混凝土的施工工艺流程和相关要求。

8.6　结构安装工程

(1) 了解结构安装工程中常用的施工起重机械；
(2) 了解结构安装工程中常用的起重设备；
(3) 熟悉构件吊装相关要求；
(4) 熟悉结构安装方案的制定及相关技术要求；
(5) 熟悉结构安装工程的质量要求及安全技术要求。

8.7　防水工程

(1) 了解地下防水及屋面防水设计和施工的原则；
(2) 了解常用的防水材料及相关要求；
(3) 熟悉地下结构的防水方案及施工要求；
(4) 掌握常用的屋面防水做法及施工要求；
(5) 熟悉室内其他部位的防水做法及施工要求。

8.8　钢结构工程

(1) 了解钢结构构件加工制作的准备工作，内容及相关要求；
(2) 熟悉钢结构焊接连接及螺栓连接的技术要求；
(3) 熟悉单层钢结构房屋工程安装的内容及相关要求；
(4) 了解多层及高层钢结构工程安装的内容及相关要求；
(5) 了解轻型门式刚架结构工程安装的内容及相关要求；
(6) 熟悉钢结构涂装工程的相关要求；
(7) 了解钢结构工程安全技术相关要求。

8.9　建筑节能施工

(1) 了解外墙保温系统的构造及要求；

(2) 了解增强石膏复合聚苯保温板外墙内保温施工要求；
(3) 掌握 EPS 板薄抹灰外墙外保温系统施工要求；
(4) 熟悉胶粉 EPS 颗粒保温浆料外墙外保温系统施工；
(5) 了解 EPS 板与现浇混凝土外墙外保温系统一次浇筑成型施工要求。

8.10　高层建筑施工

(1) 掌握基坑支护的类型及适用范围；
(2) 掌握基坑开挖过程中软土基坑的处理；
(3) 熟悉开挖监控项目的内容；
(4) 掌握排桩和地下连续墙施工方法；
(5) 了解水泥土墙施工方法；
(6) 熟悉土钉墙施工方法；
(7) 熟悉逆作拱墙施工原理及优缺点；
(8) 熟悉地下水控制施工方法的分类及适用范围；
(9) 了解混凝土浇筑中对原材料、配合比的要求；
(10) 掌握大体积混凝土施工工艺；
(11) 熟悉大体积混凝土结构温差裂缝技术措施；
(12) 熟悉温控施工的现场监测；
(13) 熟悉大模板施工；
(14) 了解滑模施工；
(15) 了解爬模施工。

第9章　法　律　法　规

9.1　法律体系和法的形式

(1) 了解法律体系；
(2) 了解法的形式。

9.2　建设工程质量法规

(1) 了解建设工程质量管理的基本制度；
(2) 熟悉建设单位的质量责任和义务；
(3) 了解勘察设计单位的质量责任和义务；
(4) 熟悉施工单位的质量责任和义务；
(5) 了解工程监理单位的质量责任和义务；
(6) 熟悉建设工程质量保修制度；
(7) 了解建设工程质量的监督管理。

9.3　建设工程安全生产法规

(1) 熟悉生产经营单位的安全生产保障；

(2) 熟悉从业人员安全生产的权利和义务；
(3) 熟悉生产安全事故的应急救援与处理；
(4) 了解安全生产的监督管理；
(5) 了解建设工程安全生产管理制度；
(6) 熟悉建设单位的安全责任；
(7) 了解工程监理单位的安全责任；
(8) 熟悉施工单位的安全责任；
(9) 了解勘察、设计单位的安全责任；
(10) 了解建设工程相关单位的安全责任；
(11) 了解安全生产许可证的管理规定。

9.4 其他相关法规

(1) 熟悉招标投标活动原则及适用范围；
(2) 了解招标程序；
(3) 了解投标的要求和程序及投标的禁止性规定；
(4) 了解合同法的调整范围；
(5) 熟悉合同法的基本原则；
(6) 了解合同的形式；
(7) 熟悉合同的要约与承诺；
(8) 了解合同的一般条款；
(9) 了解合同的效力与履行；
(10) 掌握劳动保护的规定；
(11) 熟悉劳动合同类型和订立；
(12) 了解劳动争议的处理。

9.5 建设工程纠纷的处理

(1) 了解建设工程纠纷的分类及处理方式；
(2) 熟悉和解与调解的概念、特点；
(3) 熟悉仲裁的概念、特点；
(4) 熟悉诉讼的概念、特点；
(5) 熟悉证据的种类、保全和应用；
(6) 了解行政复议和行政诉讼规定。

第 10 章 职 业 道 德

10.1 概述

(1) 了解道德的基本概念；
(2) 了解道德与法纪的区别与联系；

(3) 熟悉公民道德的主要内容；
(4) 掌握职业道德的概念；
(5) 熟悉职业道德的基本特征；
(6) 熟悉职业道德建设的必要性和意义。

10.2　建设行业从业人员的职业道德

(1) 熟悉一般职业道德的要求；
(2) 熟悉个性化职业道德的要求。

10.3　建设行业职业道德的核心内容

(1) 熟悉爱岗敬业的内涵及要求；
(2) 熟悉诚实守信的内涵及要求；
(3) 熟悉安全生产的内涵及要求；
(4) 熟悉勤俭节约的内涵及要求；
(5) 熟悉钻研技术的内涵及要求。

10.4　建设行业职业道德建设的现状、特点与措施

(1) 了解建设行业职业道德建设现状；
(2) 熟悉建设行业职业道德建设的特点；
(3) 掌握加强建设行业职业道德建设的措施。

10.5　加强职业道德修养

(1) 了解加强职业道德修养的内涵；
(2) 熟悉加强职业道德修养的途径；
(3) 掌握加强职业道德修养的方法。

二、习　　题

第1章　制图的基本知识

一、单项选择题

1. 根据专业制图需要，同一图样可选用两种比例，但同一视图中的两种比例的比值不超过（　　）倍。
   A. 2　　　　　　B. 3　　　　　　C. 4　　　　　　D. 5
2. 数字的高度应不小于（　　）。
   A. 2.5mm　　　　B. 1.8mm　　　　C. 3.5mm　　　　D. 1.5mm
3. 拉丁字母、阿拉伯数字与罗马数字写成斜体字时，其斜度应是从字的底线逆时针向上倾斜（　　）。
   A. 75°　　　　　B. 60°　　　　　C. 45°　　　　　D. 30°
4. 尺寸起止符号一般用中粗斜短线绘制，其倾斜方向应与尺寸界线成（　　）。
   A. 顺时针45°　　B. 逆时针45°　　C. 顺时针75°　　D. 逆时针75°
5. 在正投影图的展开图中，点的水平投影和正面投影的连线必定垂直于（　　）。
   A. OX轴　　　　 B. OY轴　　　　 C. OZ轴　　　　 D. 45°斜线
6. 剖切位置线用两段粗实线绘制，长度宜为（　　）。
   A. 3～6mm　　　 B. 4～6mm　　　 C. 5～8mm　　　 D. 6～10mm
7. 在建筑制图中，把由上向下观看建筑形体在H面的投影称为（　　）。
   A. 正面图　　　　B. 平面图　　　　C. 背立面图　　　D. 底面图
8. 形体的一个投影图可以反映形体相应的两个方向的尺度。正面投影图反映形体的（　　）方向的尺度。
   A. 长度和宽度　　B. 高度和宽度　　C. 长度和高度　　D. 高度
9. 在建筑施工图中，标高单位为（　　）。
   A. 米　　　　　　B. 分米　　　　　C. 厘米　　　　　D. 毫米
10. 结构施工图一般包括（　　）等。
    A. 总平面图、平面图、各类详图　　　B. 基础图、楼梯图、立面图
    C. 基础图、剖面图、构件详图　　　　D. 结构设计说明、结构布置图、构件详图
11. 在结构平面图中，YTB代表构件（　　）。
    A. 楼梯板　　　　B. 预制板　　　　C. 阳台板　　　　D. 预应力板
12. 建筑平、立、剖面图常用的比例为（　　）
    A. 1∶5；1∶10　　　　　　　　　　　B. 1∶10；1∶20

C. 1∶50；1∶100 D. 1∶300；1∶500

13. 在制图中，尺寸线应采用（　　）。
A. 点画线 B. 细实线 C. 中实线 D. 虚线

14. 在结构平面图中，构件代号 YTL 表示（　　）。
A. 预制梁 B. 檐口梁 C. 雨篷梁 D. 阳台梁

15. 一般位置平面的三个投影的图形面积（　　）实形。
A. 均等于 B. 均小于 C. 均大于 D. 大于或等于

16. 剖面图中，投射方向线用两段粗实线绘制，长度宜为（　　）。
A. 6～10mm B. 4～6mm C. 5～8mm D. 3～6mm

17. 一套完整的房屋建筑工程施工图按专业内容或作用的不同，一般分为（　　）。
A. 建筑施工图，结构施工图，总平面图
B. 配筋图，模板图
C. 建筑施工图，结构施工图，设备施工图
D. 建筑施工图，水电施工图，设备施工图

18. 风向频率玫瑰图中实线表示（　　）风向。
A. 冬季 B. 全年 C. 夏季 D. 春季

19. 梁的平面注写包括集中标注和（　　）。
A. 原位标注 B. 基线标注 C. 轴线标注 D. 连续标注

20. 图样中的汉字应写成（　　）。
A. 仿宋体 B. 长仿宋体 C. 宋体 D. 新宋体

21. 总平面图中标高以米为单位，并保留至小数点后（　　）。
A. 一位 B. 二位 C. 三位 D. 四位

22. 三面投影均为倾斜于投影轴的缩短线段，其空间位置为（　　）。
A. 投影面平行线 B. 投影面垂直线
C. 一般位置直线 D. 铅垂线

23. 标高投影图是用正投影法得到的一种带有数字标记的（　　）图。
A. 中心投影 B. 斜投影 C. 单面正投影 D. 多面正投影

24. 尺寸起止符号一般用（　　）线绘制。
A. 粗斜短 B. 细斜短 C. 中粗短 D. 中粗短斜

25. 总平面图中，新建建筑物应标注室内外地面的（　　）。
A. 结构标高 B. 建筑标高 C. 相对标高 D. 绝对标高

26. 在总平面图中，风玫瑰图中的细虚线范围表示（　　）的风向频率。
A. 冬季 B. 全年 C. 夏季 D. 春季

27. 标高投影图是用（　　）得到的一种带有数字标记的单面投影图。
A. 中心投影法 B. 镜像投影法
C. 正投影法 D. 斜投影法

28. 索引符号的圆应以直径为（　　）细实线绘制。
A. 8mm B. 10mm C. 12mm D. 14mm

29. 图样上尺寸标注时，尺寸起止符号一般为中粗短斜线，其倾斜方向应与尺寸界线

成（　　）45°角，其长度为2～3mm。
A. 顺时针　　B. 逆时针　　C. 任意　　D. 以上皆不对

30. 作为施工时放线、砌筑墙体、门窗安装、室外装修等的重要依据是（　　）。
A. 建筑平面图　　B. 建筑立面图　　C. 建筑总平面图　　D. 建筑详图

31. 断面图有移出断面、中断断面和（　　）三种。
A. 阶梯断面　　B. 局部断面　　C. 重合断面　　D. 分层断面

32. 标注坡度时，在坡度数字下应加注坡度符号，坡度符号的箭头一般应指向（　　）。
A. 下坡　　B. 上坡　　C. 前方　　D. 后方

33. 适用于表达内外结构形状对称的形体是（　　）。
A. 半剖面图　　　　　　　　B. 局部剖面图
C. 阶梯剖面图　　　　　　　D. 旋转剖面图

34. 作为新建房屋施工定位、土方施工以及绘制施工总平面图依据的是（　　）。
A. 建筑平面图　　　　　　　B. 建筑立面图
C. 建筑总平面图　　　　　　D. 功能分区图

35. 形体的图样是用各种不同规格的图线画成的，其中虚线表示（　　）。
A. 定位轴线　　　　　　　　B. 剖面线
C. 可见轮廓线　　　　　　　D. 不可见轮廓线

36. 连续排列的等长尺寸，可用（　　）的形式标注。
A. 等长尺寸×个数＝总长　　B. 个数×等长尺寸＝总长
C. 总长＝等长尺寸×个数　　D. 总长＝个数×等长尺寸

37. 标高的单位是（　　）。
A. 米　　B. 分米　　C. 厘米　　D. 毫米

38. 在投影法中规定，空间点用（　　）表示。
A. 大写字母　　　　　　　　B. 小写字母
C. 小写字母右上角加一撇　　D. 同名小写字母右上角加两撇表示

39. 详图符号的圆应以直径为（　　）粗实线绘制。
A. 8mm　　B. 10mm　　C. 12mm　　D. 14mm

40. 多层构造说明如层次为横向排序，则由上至下的说明顺序应与（　　）的层次相互一致。
A. 右至左　　B. 上至下　　C. 前至后　　D. 左至右

41. 不属于正投影图的基本特性是（　　）。
A. 积聚性　　B. 显实性　　C. 类似性　　D. 可见性

42. 透视投影图属于（　　）。
A. 平行投影　　B. 正投影　　C. 中心投影　　D. 单面正投影

43. H投影面上的投影，称为（　　）。
A. 水平投影图　　B. 正面投影图　　C. 左侧立面图　　D. 右侧立面图

44. AutoCAD 2012新增了（　　）功能。
A. 输出与打印图形　　B. 图形显示　　C. 透明度　　D. 图形文本注释

45. 局部剖面图的剖切范围用（　　）表示。
　　A. 粗短线　　　　　B. 波浪线　　　　　C. 点画线　　　　　D. 折断线
46. 反映房屋各部位的高度、外貌和装修要求的是（　　）。
　　A. 剖面图　　　　　B. 平面图　　　　　C. 立面图　　　　　D. 详图
47. 反映建筑内部的结构构造、垂直方向的分层情况、各层楼地面、屋顶的构造等情况的是（　　）。
　　A. 剖面图　　　　　B. 平面图　　　　　C. 立面图　　　　　D. 详图
48. 建筑剖面图中，垂直分段尺寸一般分三道。其中中间一道是（　　）尺寸。
　　A. 开间　　　　　　B. 进深　　　　　　C. 轴间　　　　　　D. 层高
49. 基础详图常用（　　）的比例绘制。
　　A. 1∶50、1∶20、1∶10　　　　　　　B. 1∶100、1∶00、1∶50
　　C. 1∶200、1∶100、1∶50　　　　　　D. 1∶500、1∶200、1∶100

二、多项选择题

1. 尺寸起止符号一般用（　　）斜短线绘制，其倾斜方向应与尺寸界线成（　　）45°角，长度宜为（　　）mm。
　　A. 中粗　　　B. 逆时针　　　C. 顺时针　　　D. 4～6　　　E. 2～3
2. 标高数字应以（　　）为单位，总平面图中注写到小数点后（　　）位。
　　A. 毫米　　　B. 厘米　　　C. 米　　　D. 2　　　E. 3
3. 引出线应以细实线绘制，宜采用水平方向的直线、与水平方向成（　　）的直线。
　　A. 30°　　　B. 45°　　　C. 60°　　　D. 75°　　　E. 90°
4. 在平面布置图上表示各构件尺寸和配筋的方式，分为（　　）三种。
　　A. 集中注写方式　　　　B. 列表注写方式　　　C. 平面注写方式
　　D. 截面注写方式　　　　E. 原位注写方式
5. 建筑施工图中，尺寸的组成除了尺寸线外还有（　　）。
　　A. 尺寸界线　　B. 起止符号　　C. 尺寸数字　　D. 尺寸箭头　　E. 尺寸单位
6. 一套房屋施工图，根据其内容和作用不同可分为（　　）。
　　A. 总平面图　　B. 建筑施工图　　C. 设备施工图
　　D. 首页图　　　E. 结构施工图
7. 正面投影图反映形体的（　　）方位。
　　A. 上下　　　B. 左右　　　C. 前后　　　D. 前后左右　　　E. 上下前后
8. 基础详图常用（　　）的比例绘制。
　　A. 1∶20　　B. 1∶50　　C. 1∶10　　D. 1∶500　　E. 1∶200
9. 建筑平面图中，外部尺寸一般分三道分别是（　　）。
　　A. 总尺寸　　　B. 细部尺寸
　　C. 轴间尺寸　　D. 层高尺寸　　E. 相对标高尺寸
10. 属于正投影图的基本特性是（　　）。
　　A. 可见性　　　B. 显实性　　　C. 类似性　　　D. 积聚性　　　E. 不可见性

11. 详图符号的圆应以直径为（　）mm的（　）线绘制。
A. 10　　　　B. 14　　　　C. 8　　　　D. 粗实　　　　E. 细实
12. 三面投影之间的关系可归纳为（　）。
A. 尺寸相等　　B. 图形相同　　C. 高平齐　　D. 宽相等　　E. 长对正
13. 结构施工图一般包括（　）等。
A. 总平面图　　　　　　　B. 结构设计说明　　　　　C. 构件详图
D. 结构布置图　　　　　　E. 立面图
14. 建筑剖面图中，垂直分段尺寸一般分三道，分别是（　）尺寸。
A. 开间　　　　B. 总高　　　　C. 轴间　　　　D. 层高　　　　E. 细部高度
15. 建筑立面图的命名方式有（　）。
A. 朝向　　　　B. 主次　　　　C. 楼梯间位置　　D. 门窗位置　　E. 首尾轴线
16. 阅读建筑施工图样时应（　）。
A. 先粗看后细看　　　　B. 先局部后整体　　　　C. 先整体后局部
D. 先文字说明后图样　　E. 先尺寸后图形
17. 楼梯详图是由（　）构成。
A. 楼梯平面图　　　　　　B. 楼梯立面图
C. 楼梯剖面图　　　　　　D. 楼梯说明　　　　　　E. 节点详图
18. 剖面图有（　）等几种。
A. 阶梯剖面　　B. 局部剖面　　C. 重合剖面　　D. 分层剖面　　E. 移出剖面
19. 楼梯结构图包括（　）。
A. 基础平面图　　　　　　B. 楼梯结构平面图　　　　C. 楼梯结构剖面图
D. 基础详图　　　　　　　E. 楼梯节点详图
20. 钢结构工程施工设计图通常有（　）。
A. 图纸目录　　　　　　　B. 设计说明　　　　　　　C. 总平面图
D. 结构布置图　　　　　　E. 节点详图

三、判断题（正确的在括号内填"A"，错误的在括号内填"B"）

1. 比例写在图名的右侧，字号应比图名字号小一号或二号。　　　　（　）
2. 图样上的尺寸单位，除标高以米为单位外，均以毫米为单位。　　（　）
3. 房屋建筑制图时，横向定位轴线编号用阿拉伯数字从左到右编写。（　）
4. 详图索引符号应以细实线绘制直径为10mm的圆。　　　　　　　（　）
5. 剖面图反映建筑内部的结构构造、垂直方向的分层情况、各层楼地面、屋顶的构造等情况。　　　　　　　　　　　　　　　　　　　　　　　　　（　）
6. 建筑立面图有三种命名方式，但每套施工图只能采用其中的一种方式命名。（　）
7. 平面图中的尺寸，一般在图形下方及左侧注写二道尺寸。　　　　（　）
8. 相邻定位轴线之间的距离称为轴间距，相邻横向定位轴线的轴间距称为进深。（　）
9. 剖面图上剖切符号的编号数字可写在剖切位置线的任意一边。　　（　）
10. 总平面图中的标高是绝对标高，保留小数点后二位。　　　　　（　）

11. 索引符号是由直径为 10mm、细实线绘制的圆及水平直径组成。（   ）
12. 坡度标注时箭头指向上坡方向。（   ）
13. 尺寸标注时起止符号用细短线。（   ）
14. 透视投影属于直角投影。（   ）
15. H 投影面上的投影，称为水平投影图。（   ）
16. 多层构造如层次为横向排序，则由上至下的说明顺序应与从左至右的层次相互一致。（   ）
17. 结构施工图一般包括总平面图、平面图、各类详图等。（   ）
18. 在结构平面图中，构件代号 YTL 表示阳台梁。（   ）
19. AutoCAD 2012 新增了图形显示功能。（   ）
20. 详图符号的圆应以直径为 10mm 的粗实线绘制。（   ）

四、计算题或案例分析题

1. 如下图所示：

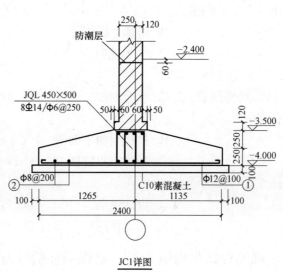

JC1详图

（1）该基础包括（   ）三部分组成。
A. 基础　　　B. 地基　　　C. 基础圈梁　　　D. 基础墙　　　E. 基础过梁
（2）基础底板配有（   ）的受力钢筋。
A. Φ8@200　　B. Φ12@100　　C. Φ6@250　　D. 4Φ14
（3）基础底板配有（   ）的分布钢筋。
A. Φ8@200　　B. Φ12@100　　C. Φ6@250　　D. 4Φ14
（4）基础圈梁中的箍筋配置为（   ）的受力钢筋
A. Φ8@200　　B. Φ12@100　　C. Φ6@250　　D. 4Φ14
（5）基础下有（   ）100mm 厚的 C10 的素混凝土垫层。
A. 450　　　B. 500　　　C. 250　　　D. 100
2. 如图所示柱的截面注写：

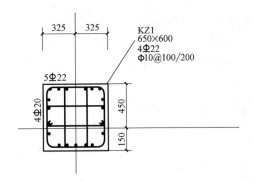

(1) 图中集中注写的内容有（　　）。
A. 柱截面尺寸　　B. 角筋　　C. 全部纵筋　　D. 箍筋　　E. 构造钢筋
(2) 角筋配置的是（　　）。
A. Φ10@200　　B. 5Φ22　　C. 4Φ20　　D. 4Φ22
(3) 图中原位注写的内容（　　）。
A. 柱截面与轴线的关系　　B. 角筋　　C. 全部纵筋
D. 箍筋　　E. 各边中部筋
(4) 箍筋的直径为（　　）mm。
A. 10　　B. 22　　C. 20　　D. 未标注
(5) 图中"KZ"表示（　　）。
A. 空心柱　　B. 暗柱　　C. 框架柱　　D. 构造柱

3. 如下图所示的楼梯平面图，从图中可知：

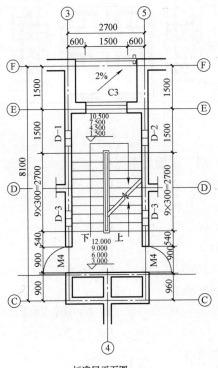

标准层平面图　1:50

23

(1) 该楼梯间的进深为（　　）mm。
A. 8100　　　　B. 6600　　　　C. 7140　　　　D. 5640
(2) 该楼梯为双跑式的楼梯，每个梯段有（　　）个踏步。
A. 8　　　　　B. 9　　　　　C. 10　　　　　D. 11
(3) 楼梯休息平台宽度为（　　）mm。
A. 1500　　　　B. 3000　　　　C. 2880　　　　D. 1380
(4) 楼层平台的起步尺寸为（　　）mm。
A. 540　　　　B. 1440　　　　C. 2300　　　　D. 1500
(5) 图中2%指的是（　　）的坡度。
A. 室外坡道　　B. 楼梯间　　　C. 雨篷　　　　D. 休息平台

4. 如下图所示的正立面图，从图中可知：

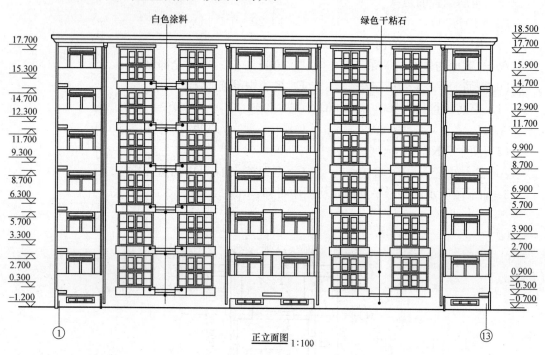

正立面图 1:100

(1) 该建筑为（　　）层，屋面为平屋面。
A. 6　　　　　B. 7　　　　　C. 5　　　　　D. 8
(2) 地下室窗高为（　　）m。
A. 0.7　　　　B. 0.3　　　　C. 0.4　　　　D. 0.9
(3) 该建筑的总高度为（　　）m。
A. 17.7　　　　B. 18.5　　　　C. 18.9　　　　D. 19.7
(4) 建筑立面图常用的比例为（　　）。
A. 1:5；1:10　　　　　　　　B. 1:10；1:20
C. 1:50；1:100　　　　　　　D. 1:300；1:500
(5) 建筑立面图主要表明（　　）。
A. 建筑物外立面的形状　　B. 屋顶的外形　　C. 建筑的平面布局

D. 外墙面装修做法　　　　　　E. 门窗的分布

5. 如下图所示的底层平面图,从图中可知:

(1) 南卧的开间为 3600mm,进深为 6600mm。(　　)

 A. 正确　　　　　B. 错误

(2) 该建筑室内外高度相差(　　)m。

 A. 1.05　　　B. 0.15　　　C. 1.2　　　D. 无法确定

(3) F 轴线上的窗编号是(　　)。

 A. C3　　　B. C4　　　C. C5　　　D. C6

(4) 图中 1-1 剖切符号位于(　　)轴线间。

 A. ④~⑤　　　B. ④~⑥　　　C. ③~⑤　　　D. ④~⑥

(5) 图中 2-2 剖切符号对应的剖面图类型为(　　),剖视方向向左。

 A. 阶梯剖面图　　B. 局部剖面图　　C. 半剖面图　　D. 全剖面图

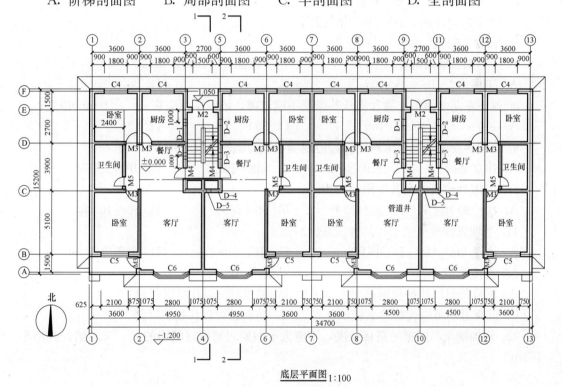

底层平面图 1:100

第 2 章　房屋构造

一、单项选择题

1. 基本模数是建筑模数协调统一标准中的基本尺度单位,用符号 M 表示,即 1M=(　　)。

 A. 100mm　　　B. 300mm　　　C. 100m　　　D. 300m

2. 定位线之间的距离应符合(　　)规定。

A. 基本模数　　B. 分模数　　C. 扩大模数　　D. 模数数列
3. 建筑物应符合模数数列的规定，一般开间和进深应满足（　　）的模数规定。
   A. 1M　　B. 2M　　C. 3M　　D. 4M
4. 水平基本模数数列主要应用于（　　）。
   A. 门窗洞口　　　　　　　　B. 建筑物的层高
   C. 开间或柱距　　　　　　　D. 构配件断面处
5. 在影响建筑构造的因素中，外力的影响主要考虑的是（　　）。
   A. 防水、防潮　　　　　　　B. 风力、地震
   C. 防火、防辐射　　　　　　D. 材料和能源
6. 下面属于居住建筑的有（　　）。
   A. 住宅、宿舍、学校、办公楼
   B. 公寓、旅馆、商场、医院
   C. 火车站、商店、航空站、中小学校
   D. 宿舍、公寓、旅馆、住宅
7. 砖基础在室内地坪以下（　　）mm 左右的位置应设置防潮层。
   A. 50　　B. 60　　C. 70　　D. 80
8. 地下室防水混凝土墙和底板的厚度不能过薄，墙的厚度应在（　　）mm 以上。
   A. 100　　B. 150　　C. 200　　D. 180
9. 当建筑物上部为柱承重结构，但地基承载力弱时，宜采用（　　）。
   A. 独立基础　　B. 条形基础　　C. 箱形基础　　D. 井格式基础
10. 一般性建筑的耐久年限一般为（　　）。
    A. 10～20 年　　B. 20～30 年　　C. 30～50 年　　D. 50～100 年
11. 当埋置深度（　　）的为浅基础。
    A. 小于 3m　　B. 小于 5m　　C. 小于 6m　　D. 大于等于 5m
12. 在变形缝中（　　）。
    A. 沉降缝可以代替伸缩缝　　　　B. 伸缩缝可以代替沉降缝
    C. 沉降缝不可以代替伸缩缝　　　D. 防震缝可以代替沉降缝
13. 附加圈梁与圈梁的搭接长度，不应大于圈梁之间垂直间距的（　　）倍，且不小于 1m。
    A. 1　　B. 2　　C. 3　　D. 4
14. 构造柱应伸入室外地坪以下（　　）mm。
    A. 300　　B. 400　　C. 500　　D. 600
15. 建筑物内分隔房间的非承重墙通称为"隔墙"，其重量主要由（　　）承受。
    A. 结构梁　　B. 过梁　　C. 楼地层　　D. 砖墙
16. 建筑物外墙中的钢筋混凝土构件的保温性能一般都比主体部位差，热量容易从这些部位传出去，散热大，内表面温度也就低，容易凝结水，这些部位通常叫作围护构件的（　　）。
    A. 热桥　　B. 冷桥　　C. 渗透　　D. 热压
17. 门窗过梁上所承受的荷载不包括（　　）。

A. 自重 B. 上部砌体传来的荷载
C. 两侧墙体传来的荷载 D. 上部结构传来的荷载

18. 公共建筑的楼梯段净高尺寸应大于（　　）m。
A. 1.9 B. 2 C. 2.2 D. 2.4

19. 楼梯连续踏步数一般不超过（　　）级，也不少于（　　）级。
A. 20，4 B. 15，3 C. 18，3 D. 15，1

20. 当柱作为建筑物的承重构件时，填充在柱间的墙仅起（　　）的作用。
A. 承重 B. 分隔空间
C. 分隔空间及保证舒适环境 D. 围护

21. 房屋中窗户的作用通常是（　　）。
A. 天然采光 B. 自然通风 C. 采光与通风 D. 散热与排气

22. 楼梯踏步的踏面与踢面的比例一般为（　　）。
A. 3∶1 B. 2.5∶1 C. 2∶1 D. 1.5∶1

23. 一砖墙的实际厚度为（　　）mm。
A. 245 B. 240 C. 230 D. 235

24. 设置通风道的目的是为了排除房间内部的污浊空气和不良气味，通风道在墙上的开口应距顶棚较近，一般距离为（　　）mm。
A. 100 B. 200 C. 300 D. 400

25. 栏杆扶手作为阳台的围护结构，应具有足够的强度和适当的高度，对于高层建筑的栏杆扶手，其高度不应低于（　　）m。
A. 1.05 B. 1.1 C. 1.2 D. 1.25

26. 预制板搁置墙上时，其支承长度不应小于（　　）。
A. 80mm B. 100mm C. 120mm D. 150mm

27. 窗与窗之间和窗与门之间的都称为（　　）。
A. 窗墙 B. 门窗墙 C. 窗间墙 D. 承重墙

28. 砌体结构的外墙一般为（　　）。
A. 横墙 B. 纵墙 C. 承重墙 D. 非承重墙

29. 当室内地面垫层为混凝土等密实材料时，防潮层设在垫层厚度中间位置，一般低于室内地坪（　　）。
A. 30mm B. 60mm C. 120mm D. 180mm

30. 当室内地面垫层为三合土或碎石灌浆等非刚性垫层时，防潮层的位置应与室内地坪平齐或高于室内地坪（　　）。
A. 30mm B. 60mm C. 120mm D. 180mm

31. 当圈梁被门窗洞口（如楼梯间窗洞口）截断时，应在洞口上部设置附加圈梁，进行搭接补强；附加圈梁与圈梁的搭接长度不应小于两梁高差的两倍，亦不小于（　　）。
A. 0.5m B. 1m C. 1.5m D. 1.8m

32. 构造柱与墙的连接处宜砌成马牙槎，并沿墙高每隔 500mm 设 2φ6 水平拉结钢筋连接，每边伸入墙内不少于（　　）。
A. 0.5m B. 1m C. 1.5m D. 1.8m

33. 外墙抹灰厚度一般为（　）。
    A. 12～15mm   B. 15～20mm   C. 20～25mm   D. 30～50mm
34. 石材按其厚度分有两种，通常厚度为（　）为板材。
    A. 20～30mm   B. 30～40mm   C. 40～80mm   D. 40～13mm
35. 砌墙时将窗洞口预留出来，预留的洞口一般比窗框外包尺寸大（　），当整幢建筑的墙体砌筑完工后，再将窗框塞入洞口固定。
    A. 20～30mm   B. 30～40mm   C. 10～30mm   D. 20～40mm
36. 最为适宜的楼梯倾斜角度是（　）。
    A. 25°   B. 26°   C. 28°   D. 30°
37. 主梁高度一般为跨度的（　）。
    A. 1/12～1/6   B. 1/14～1/8   C. 1/16～1/10   D. 1/5～1/10
38. 建筑屋面构造中的隔离层主要存在于（　）屋面中。
    A. 卷材防水   B. 保温   C. 刚性防水   D. 涂膜防水
39. 梁的截面宽度一般为其高度的（　）。
    A. 1/2～1/3   B. 1/3～1/4   C. 1/4～1/5   D. 1/5～1/6
40. 踢脚线的高度一般为（　）。
    A. 100mm   B. 120mm   C. 150mm   D. 160mm
41. 建筑物的上部结构若为砖墙承重，一般采用（　）基础。
    A. 条形   B. 独立   C. 箱形   D. 桩
42. 屋面的泛水是指屋面与垂直墙交接处的（　）构造。
    A. 滴水   B. 披水   C. 防水   D. 散水
43. 为保证人流出入的安全和方便，室外台阶的平台宽度一般不应小于（　）。
    A. 1200mm   B. 1000mm   C. 900mm   D. 1100mm
44. （　）需设置分仓缝（即屋面分格缝），缝宽一般为20～30mm。
    A. 刚性屋面   B. 柔性屋面   C. 保温屋面   D. 隔热屋面
45. 屋面防水设防等级为Ⅱ级时，其防水层耐用年限为（　）年。
    A. 25   B. 15   C. 10   D. 5
46. 预制钢筋混凝土板支承在梁上时，板的支承长度应不小于（　）mm。
    A. 120   B. 60   C. 100   D. 80
47. 使用下面材料做防水屋面时，不属于刚性防水屋面的是（　）。
    A. 防水砂浆   B. 细石砂浆   C. 防水涂料   D. 配筋细石砂浆
48. 当地面有高差时，为便于车辆的通行常设坡道，坡道的坡度一般为（　）。
    A. 1/8～1/12   B. ≯1/10   C. ≯1/8   D. >1/8
49. 建筑屋面防水等级分为（　）个等级。
    A. 一   B. 二   C. 三   D. 四
50. 一般的工业与民用建筑的屋面防水等级为（　）。
    A. 1级   B. 2级   C. 3级   D. 4级
51. 高层建筑的屋面防水等级为（　）。
    A. 1级   B. 2级   C. 3级   D. 4级

52. 预制装配式钢筋混凝土楼板的特点不包含（　　）。
A. 节约模板，减轻工人劳动强度
B. 施工速度快，便于组织工厂化、机械化的生产和施工
C. 楼板的整体性差
D. 不需要一定的起重安装设备施工
53. 以下不属于整体地面的是（　　）。
A. 水泥砂浆地面　　　　　　　　B. 水泥石屑地面
C. 水磨石地面　　　　　　　　　D. 天然石板地面
54. 木地面的构造方式不包括（　　）。
A. 架空　　　B. 实铺　　　C. 悬挂　　　D. 粘贴
55. 坡屋顶是指屋面排水坡度在（　　）以上的屋顶。
A. 5%　　　B. 10%　　　C. 15%　　　D. 20%
56. 房屋散水整体面层纵向距离每隔（　　）做一道伸缩缝。
A. 3～6m　　　B. 6～9m　　　C. 6～12m　　　D. 9～15m

二、多项选择题

1. 圈梁的作用有（　　）。
A. 加强房屋的整体性　　　　　　　　B. 提高房屋的承载力
C. 减少由于地基不均匀沉降引起的墙体开裂　　D. 增加墙体稳定性
E. 承受上部建筑传来的荷载
2. 房屋圈梁设置的数量和位置一般与建筑物的（　　）有关。
A. 高度　　B. 层数　　C. 墙厚　　D. 地基状况　　E. 地震烈度
3. 过梁的作用有（　　）。
A. 提高建筑物的整体刚度
B. 支承门窗洞口上部墙体荷载
C. 提高建筑物的抗震能力
D. 提高墙体的稳定性
E. 将门窗洞口上部墙体荷载传给洞口两侧的墙体
4. 楼梯的安全构件主要有（　　）。
A. 梯段　　B. 栏杆　　C. 扶手　　D. 平台　　E. 梯井
5. 以下属于非承重墙的有（　　）。
A. 幕墙　　B. 实心墙　　C. 隔墙　　D. 自承墙　　E. 空斗墙
6. 建筑工业化的内容包括（　　）。
A. 设计标准化　　　　　B. 构配件生产工厂化　　　　　C. 施工机械化
D. 施工工业化　　　　　E. 建筑产业化
7. 沉降缝要求将建筑物的（　　）构件断开，人为设置缝隙。
A. 基础　　B. 墙　　C. 楼板层　　D. 屋顶　　E. 楼梯
8. 设置变形缝的原因是为了（　　）。
A. 功能划分的需要　　　　　B. 防止温度变化的影响

C. 防止地基沉降的影响　　D. 防止地震的影响　　E. 地下水位的影响

9. 建筑物按其使用功能的不同，通常分为（　　）几大类。
   A. 多层建筑　　　　B. 高层建筑　　　　C. 民用建筑
   D. 工业建筑　　　　E. 农业建筑

10. 为了加强建筑的稳定性，应沿房屋转角处设置构造柱，构造柱施工时应（　　）。
    A. 先砌墙后浇柱　　B. 先浇柱后砌墙　　C. 设置马牙槎
    D. 马牙槎应先退后进　　E. 马牙槎应先进后退

11. 压型钢板混凝土组合楼板是由（　　）组成。
    A. 压型钢板　　　　B. 楼板　　　　　C. 现浇混凝土
    D. 支撑　　　　　　E. 钢梁

12. 屋面的防水功能主要通过（　　）达到。
    A. 合理选用防水材料　　B. 合理设置排水坡度大小　　C. 构造设计
    D. 精心施工　　　　　　E. 工程造价控制

13. 墙体按照构造方式不同可分为（　　）。
    A. 实体墙　　B. 块材墙　　C. 空体墙　　D. 板材墙　　E. 复合墙

14. 卷材防水层的防水卷材通常有（　　）三类。
    A. 沥青类卷材　　　　B. 高聚物改性沥青防水卷材　　C. 合成高分子防水卷材
    D. 复合防水卷材　　　E. 无机防水卷材

15. 钢筋混凝土构造柱一般设置在（　　）等位置。
    A. 外墙转角　　　　　B. 楼梯间四角　　　　C. 内墙交接处
    D. 内外墙交接处　　　E. 电梯间四角

16. 框架结构的主要承重构件有（　　）。
    A. 柱　　B. 纵、横梁　　C. 楼板　　D. 墙体　　E. 地基

17. 隔墙应满足的要求是轻、薄（　　）。
    A. 隔声　　B. 防火　　C. 防潮　　D. 保温　　E. 承重

18. 坡屋顶的承重结构类型主要有（　　）。
    A. 横墙承重　　　　　B. 屋架承重　　　　C. 木构架承重
    D. 钢筋混凝土屋面板承重　　E. 压型板承重

19. 设置变形缝的原因是（　　）。
    A. 功能划分的需要　　B. 防止温度变化的影响
    C. 防止地基沉降的影响　　D. 防止地震的影响　　E. 地下水位的影响

20. 屋顶的承重结构形式一般分为（　　）。
    A. 平面结构　　B. 梁板结构　　C. 空间结构　　D. 折板结构　　E. 屋架

21. 平屋顶主要由（　　）组成。
    A. 屋面　　B. 承重结构　　C. 顶棚　　D. 保温隔热层　　E. 结合层

22. 墙体的作用主要有（　　）。
    A. 承重　　B. 围护　　C. 分隔　　D. 装修　　E. 调节环境

23. 墙体按施工方法不同，可以分为（　　）。
    A. 块材墙　　B. 板筑墙　　C. 板材墙　　D. 承重墙　　E. 非承重墙

24. 墙体按构造方式不同，可以分为（　　）。
    A. 实体墙　　B. 空体墙　　C. 组合墙　　D. 承重墙　　E. 非承重墙
25. 隔墙的类型主要有（　　）。
    A. 块材隔墙　　　　　　　B. 轻骨架隔墙
    C. 板材隔墙　　　　　　　D. 空体隔墙　　　　　　　E. 实体隔墙
26. 墙面装修的作用主要有（　　）。
    A. 保护墙体　　B. 改善墙体的使用功能　　C. 提高建筑的艺术效果，美化环境
    D. 分担墙体的承重　　　　　　　E. 隔热
27. 墙体室外装修要求采用（　　）的材料。
    A. 强度高　　B. 抗冻性强　　C. 耐水性好　　D. 具有抗腐蚀性　　E. 耐火性好
28. 墙体室内装修要求采用（　　）的材料。
    A. 强度好　　B. 抗冻性强　　C. 耐水性好　　D. 具有抗腐蚀性　　E. 耐火性好
29. 外墙接近室外地面的部分称为"勒脚"，其作用主要有（　　）。
    A. 防止外界机械性碰撞对墙体的损坏
    B. 防止冰冻对墙体的破坏
    C. 防止屋檐滴下的雨、雪水及地表水对墙的侵蚀
    D. 满足房屋排水的需要
    E. 美化建筑外观
30. 墙体的结构布置方案主要有（　　）。
    A. 横墙承重　　　　　　B. 纵墙承重　　　　　　C. 纵、横墙混合承重
    D. 部分框架承重　　　　E. 剪力墙承重
31. 墙体在设计上要求满足（　　）功能要求。
    A. 具有足够的强度和稳定性
    B. 满足保温隔热等热工方面的要求
    C. 满足美观上的要求
    D. 满足隔声要求
    E. 满足防水防潮要求
32. 提高墙体的保温要求的措施主要有（　　）。
    A. 增加墙体的厚度　　　　　B. 选择导热系数小的墙体材料
    C. 采取隔蒸汽措施　　　　　D. 采用浅色而平滑的外饰面
    E. 内部设通风间层
33. 提高墙体的隔声要求的措施主要有（　　）。
    A. 加强墙体缝隙的填密处理　　　　　　B. 增加墙厚和墙体的密实性
    C. 采用有空气间层式多孔性材料的夹层墙　　D. 尽量利用垂直绿化降噪声
    E. 选择导热系数小的墙体材料
34. 常用的建筑砂浆有（　　）。
    A. 水泥砂浆　　B. 石灰砂浆　　C. 混合砂浆　　D. 黏土砂浆　　E. 石膏砂浆
35. 墙身水平防潮层的做法主要有（　　）三种。
    A. 防水砂浆防潮层　　　　　B. 细石混凝土防潮层

C. 油毡防潮层　　　　D. 沥青防潮层　　　　E. 卷材防潮层

36. 门的尺度指门洞的高宽尺寸，应满足（　　）的要求，并应符合《建筑模数协调统一标准》的规定。

　A. 人流疏散　　B. 搬运家具　　C. 设备　　D. 通风　　E. 采光

37. 建筑遮阳措施主要有（　　）。

　A. 绿化　　B. 调整建筑物的构配件　　C. 在窗洞口周围设置专门的遮阳设施

　D. 覆盖　　E. 装饰

38. 楼层隔声的重点是对撞击声的隔绝，可从（　　）方面进行改善。

　A. 采用刚性楼面　　B. 采用弹性楼面　　C. 采用刚性垫层

　D. 采用弹性垫层　　E. 采用吊顶

39. 民用建筑按使用性质分类分为（　　）。

　A. 居住建筑　　B. 工业建筑　　C. 农业建筑　　D. 住宅建筑　　E. 厂房建筑

40. 民用建筑按施工方法分类分为（　　）。

　A. 全现浇式建筑　　B. 全装配式建筑　　C. 部分现浇、部分装配式建筑

　D. 砌筑类建筑　　E. 钢结构建筑

41. 建筑构件按燃烧性能分为三级，分别为（　　）。

　A. 不燃烧体　　B. 难燃烧体　　C. 可燃烧体　　D. 易燃体　　E. 燃烧体

42. 高层民用建筑的耐火等级，主要依据（　　）来划分。

　A. 建筑高度　　B. 建筑层数　　C. 建筑面积

　D. 建筑物的重要程度　　E. 火灾事故的隐患

43. 按基础的构造形式分类，基础可分为（　　）。

　A. 条形基础　　B. 独立基础　　C. 筏形基础　　D. 箱形基础　　E. 桩基础

44. 地下室按使用功能不同，可分为（　　）。

　A. 全地下室　　B. 半地下室　　C. 普通地下室　　D. 人防地下室　　E. 居住地下室

45. 刚性防水屋面的基本构造层次有（　　）。

　A. 结构层　　B. 找平层　　C. 隔离层　　D. 防水层　　E. 装饰层

46. 涂料按其主要成膜物的不同，可以分为（　　）。

　A. 有机涂料　　B. 无机涂料　　C. 水性涂料　　D. 溶剂性涂料　　E. 聚酯涂料

47. 常用的无机涂料有（　　）等。

　A. 石灰浆　　　　　　B. 大白浆　　　　　C. 可赛银浆

　D. 无机高分子涂料　　E. 无机合成涂料

48. 有机合成涂料依其主要成膜物质和稀释剂的不同，可分为（　　）。

　A. 溶剂型涂料　　　　B. 水溶性涂料　　C. 乳液型涂料

　D. 气硬性涂料　　　　E. 水硬性涂料

49. 窗框的安装方法一般有（　　）。

　A. 直接安装法　　B. 间接安装法　　C. 立口法　　D. 塞口法　　E. 预留洞口法

50. 铝合金窗一般采用塞口的方法安装，固定时，窗框与墙体之间采用（　　）等方式连接。

　A. 预埋铁件　　　　　B. 燕尾铁脚　　　　C. 膨胀螺栓

D. 射钉固定　　　　　　　　　E. 化学螺栓固定
51. 门的尺度指门洞的高宽尺寸，应满足（　　）的要求。
　　A. 人流疏散　　　　　　B. 搬运家具　　　　C. 设备要求
　　D. 符合《建筑模数协调统一标准》的规定　　　E. 美观要求
52. 楼板层主要由（　　）组成。
　　A. 面层　　B. 结合层　　C. 结构层　　D. 功能层　　E. 顶棚层
53. 地坪层主要由（　　）组成。
　　A. 面层　　B. 结构层　　C. 垫层　　D. 基层　　E. 下卧层
54. 楼板层的设计应满足建筑的（　　）等多方面的要求。
　　A. 使用　　B. 结构　　C. 施工　　D. 经济　　E. 美观
55. 设计对地坪层的要求主要有（　　）。
　　A. 具有足够的坚固性　　　　B. 具有良好的保温性能
　　C. 具有良好的隔声、吸声性能　　D. 具有一定的弹性　　　E. 防水要求
56. 按其施工方式不同，钢筋混凝土楼板可分为（　　）。
　　A. 现浇式　　B. 装配式　　C. 装配整体式　　D. 板式楼板　　E. 梁板式楼板
57. 现浇钢筋混凝土楼板根据受力和传力情况分（　　）。
　　A. 板式楼板　　　　　　B. 梁板式楼板　　　　C. 无梁楼板
　　D. 压型钢板组合板　　　E. 装配式楼板
58. 梁板式楼板主要是由（　　）组成的楼板。
　　A. 板　　B. 次梁　　C. 主梁　　D. 简支板　　E. 连续板
59. 压型钢板混凝土组合板主要由（　　）组成。
　　A. 楼面层　　B. 组合板　　C. 主梁　　D. 次梁　　E. 钢梁
60. 吊挂式顶棚一般由（　　）部分组成。
　　A. 吊筋　　B. 吊杆　　C. 骨架　　D. 底层　　E. 面层
61. 屋顶主要有（　　）的作用。
　　A. 承重　　　　　　　　B. 围护　　　　　　　C. 隔热
　　D. 防水　　　　　　　　E. 装饰建筑立面
62. 屋顶应具有（　　）的使用要求。
　　A. 坚固耐久　　B. 防水排水　　C. 保温隔热　　D. 抵御侵蚀　　E. 美观经济

三、判断题（正确的在括号内填"A"，错误的在括号内填"B"）

1. 民用建筑构造原理是研究房屋各组成部分的要求及构造的理论。　　（　　）
2. 钢筋砖过梁的跨度不得大于1.5m。　　（　　）
3. 民用建筑按使用功能不同，可分为居住建筑和公共建筑。　　（　　）
4. 圈梁及在同一水平面上封闭的梁，如被门窗洞口截断可不做处理。　　（　　）
5. 民用建筑按承重结构材料不同可分为混合结构和钢筋混凝土结构两种。　　（　　）
6. 隔墙是非承重墙，只能起到分割房间的作用。　　（　　）
7. 民用建筑一般由基础、墙或柱、楼板、楼梯、屋顶等主要部分组成。　　（　　）
8. 楼层的基本构造层有面层、垫层和地基层。　　（　　）

9. 楼梯是联系上下各层的主要垂直交通设施。　　　　　　　　　　　（　）
10. 屋顶构造设计应重点解决防水、防火、保温、隔热等问题。　　　（　）
11. 地基是承受基础传来荷载的土层。　　　　　　　　　　　　　　（　）
12. 屋顶构造设计应重点解决防水、防火、保温和隔热等问题。　　　（　）
13. 凡受刚性角限制的基础称为刚性基础。　　　　　　　　　　　　（　）
14. 控制墙体的高度与厚度的比例，是为了保证墙体的强度。　　　　（　）
15. 踢脚板的高度一般为150mm。　　　　　　　　　　　　　　　　（　）
16. 相邻定位轴线之间的距离称为轴间距，相邻横向定位轴线的轴间距称为进深。
　　　　　　　　　　　　　　　　　　　　　　　　　　　　　　　（　）
17. 压型钢板屋面的特点是自重轻、施工方便、装饰性与耐久性强等优点，一般用于对屋顶的装饰性要求较高的建筑中。　　　　　　　　　　　　　　　　（　）
18. 建筑屋面构造中的隔离层主要存在于刚性防水屋面中。　　　　　（　）
19. 钢筋混凝土屋面板承重的特点是节省木材，提高了建筑物的防火性能，构造简单，近年来常用于住宅建筑和风景园林建筑中。　　　　　　　　　　　（　）
20. 基础埋深小于5m的，称为浅基础。　　　　　　　　　　　　　　（　）
21. 地下室一般由墙、底板、顶板、门窗、楼梯和采光井六部分组成。（　）
22. 地下室的所有墙体都应设两道水平防潮层，一道设在地下室地坪附近，另一道设在室外地坪以上150～200mm处，以防地下室潮气沿地下墙身或勒脚处侵入室内。（　）
23. 防水等级为二级的设防做法是两道设防，一般为一道钢筋混凝土结构自防水和一道柔性防水。　　　　　　　　　　　　　　　　　　　　　　　　　　　（　）
24. 普通实心砖的规格为240mm×115mm×53mm。　　　　　　　　　（　）
25. 墙体细部构造包括墙身防潮、勒脚、散水、窗台、门窗过梁、圈梁和构造柱等。
　　　　　　　　　　　　　　　　　　　　　　　　　　　　　　　（　）
26. 当室内地面垫层为混凝土等密实材料时，防潮层设在垫层厚度中间位置，一般低于室内地坪60mm。　　　　　　　　　　　　　　　　　　　　　　　　（　）
27. 过梁为支承门窗洞口上部墙体荷载，并将其传给洞口两侧的墙体所设置的横梁。
　　　　　　　　　　　　　　　　　　　　　　　　　　　　　　　（　）
28. 圈梁的数量和位置与建筑物的高度、层数、地基状况和地震烈度有关。（　）
29. 遮阳为了防止阳光直接射入室内，避免夏季室内温度过高和产生眩光而采取的构造措施。　　　　　　　　　　　　　　　　　　　　　　　　　　　　　（　）
30. 一般楼梯的坡度在23°～45°之间，一般以30°为适宜坡度。　　　（　）
31. 建筑物的耐火等级是衡量建筑物耐火程度的标准，是根据组成建筑物构件的燃烧性能和耐火极限确定的。　　　　　　　　　　　　　　　　　　　　　　（　）
32. 我国《建筑设计防火规范》（GB 50016—2006）中规定，10层及10层以下的住宅建筑、建筑高度不超过28m的公共建筑、建筑高度超过24m的单层公共建筑、工业建筑等的耐火等级分为四级。　　　　　　　　　　　　　　　　　　　　（　）
33. 耐火极限指建筑构件从受到火的作用起，到失去支持能力或完整性被破坏或失去隔火作用为止的这段时间，用分钟表示。　　　　　　　　　　　　　　（　）
34. 由室内设计地面到基础底面的距离，称为基础的埋置深度，简称基础的埋深。

35. 当室内地面低于室外地面或内墙两侧的地面出现高差时，除了要分别设置两道水平防潮层外，还应对两道水平防潮层之间靠土一侧的垂直墙面做防潮处理。（　）

36. 身垂直防潮层的具体做法是在垂直墙面上先用水泥砂浆找平，再刷冷底子油一道、热沥青两道或采用防水砂浆抹灰防潮。（　）

37. 房屋散水的做法通常是在素土夯实上铺三合土、混凝土等材料，厚度60～100mm。（　）

38. 房屋散水与外墙交接处应设分格缝，分格缝用弹性材料嵌缝，防止外墙下沉时将散水拉裂。（　）

39. 钢筋混凝土构造柱是从构造角度考虑设置的，是防止房屋倒塌的一种有效措施。（　）

40. 构造柱必须与圈梁及墙体紧密相连，从而加强建筑物的整体刚度，提高墙体抗变形的能力。（　）

41. 构造柱下端应锚固于基础或基础圈梁内，并应与圈梁连接。（　）

42. 隔墙是分隔建筑物内部空间的非承重构件，本身重量由自己来承担。（　）

43. 裱糊类墙面装修是将各种装饰性的墙纸、墙布、织锦等材料裱糊在内墙面上的一种装修饰面。（　）

44. 板材类墙面装修系指采用天然木板或各种人造薄板借助于镶钉胶等固定方式对墙面进行装饰处理。（　）

45. 窗的尺度应根据采光、通风的需要来确定，同时兼顾建筑造型和《建筑模数协调统一标准》等的要求。（　）

46. 塑钢窗是以PVC为主要原料制成空腹多腔异型材，中间设置薄壁加强型钢，经加热焊接而成窗框料。（　）

47. 楼板层的结构层是楼板层的承重构件，承受楼板层上的全部荷载，并将其传给墙或柱，同时对墙体起水平支撑的作用，增强建筑物的整体刚度和墙体的稳定性。（　）

48. 楼板层的顶棚层是楼板层下表面的面层，也是室内空间的顶界面，其主要功能是保护楼板、装饰室内、敷设管线及改善楼板在功能上的某些不足。（　）

49. 地坪层的垫层是地坪层的承重层，它必须有足够的强度和刚度，以承受面层的荷载并将其均匀地传给垫层下面的土层。（　）

50. 地坪层的附加层是在楼地层中起隔声、保温、找坡和暗敷管线等作用的构造层。（　）

51. 压型钢板混凝土组合板是以压型钢板为衬板，与混凝土浇筑在一起，搁置在钢梁上构成的整体式楼板。（　）

52. 直接式顶棚是指在钢筋混凝土楼板下直接喷刷涂料、抹灰，或粘贴饰面材料的构造做法的顶棚。（　）

53. 材料找坡就是将屋面板水平搁置，然后在上面铺设炉渣等廉价轻质材料形成一定坡度的做法。（　）

54. 结构找坡就是将屋面板搁置在顶部倾斜的梁上或墙上形成屋面排水坡度的做法。（　）

55. 柔性防水屋面是指用具有良好的延伸性、能较好地适应结构变形和温度变化的材料做防水层的屋面,包括卷材防水屋面和涂膜防水屋面。（   ）
56. 屋面防水层的收头处,檐口的形式由屋面的排水方式和建筑物的立面造型要求来确定。（   ）
57. 刚性防水屋面的分格缝间距一般不宜大于3m,并应位于结构变形的敏感部位,分格缝的宽度为20～40mm,有平缝和凸缝两种构造形式。（   ）
58. 坡屋顶的横墙承重的特点是构造简单、施工方便、节约木材,有利于防火和隔声等优点,但房间开间尺寸受限制。适用于住宅、旅馆等开间较小的建筑。（   ）

四、案例题

1. 依据下面阶梯式基础图,回答问题：

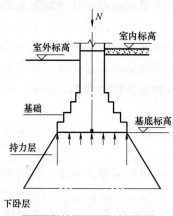

(1) 设计过程中地基与基础底面积及上部荷载之间应满足（   ）关系。
A. $N>AF$　　B. $N<AF$　　C. $N/A\leqslant F$　　D. $N/A\geqslant F$
(2) 基础埋深是指从（   ）到基底标高之间的垂直距离。
A. 室内标高　　B. 室外标高　　C. 基础顶面　　D. 圈梁顶面
(3) 基础的埋置深度一般不能小于（   ）mm。
A. 500　　B. 800　　C. 600　　D. 700
(4) 当相邻室内地面存在高差时,应设置的防潮层有（   ）。
① 水平防潮层　　② 迎水面的垂直防潮层　　③ 背水面的垂直防潮层
A. ①+②　　B. ①+③　　C. ②+③　　D. ①+②+③
(5) 墙体水平防潮层的顶面标高通常为（   ）。
A. 室外标高
B. 室内标高
C. 比室外标高低60mm
D. 比室内标高低60mm
(6) 阶梯式基础通常可采用等高式和间隔式两种,这种说法正确吗？（   ）
A. 正确　　B. 错误
(7) 阶梯式基础每次放出宽度一般为（   ）mm。
A. 60　　B. 120　　C. 180　　D. 240

2. 根据下面的建筑物图,回答问题：

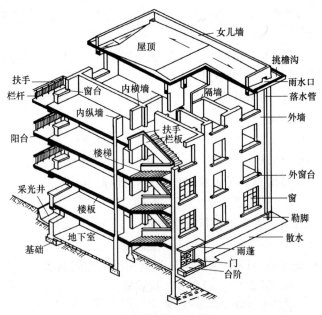

民用建筑的构造组成

(1) 该建筑物结构构件主要有（　　）。
A. 地基　　　B. 基础　　　C. 墙体　　　D. 楼层　　　E. 散水
(2) 该建筑物屋顶主要有（　　）作用。
A. 承重　　　B. 围护　　　C. 隔热　　　D. 防水　　　E. 装饰建筑立面
(3) 该建筑物坡屋顶的承重结构类型是（　　）。
A. 横墙承重　　B. 屋架承重　　C. 木构架承重　　D. 钢筋混凝土屋面板承重
(4) 该建筑物屋顶的坡度大小通常根据（　　）等因素来确定。
A. 屋面材料　　　　　　B. 当地降雨量　　　　　　C. 屋顶结构形式
D. 建筑造型要求　　　　E. 施工水平
(5) 该建筑物阳台栏杆的扶手高度一般不应低于（　　）。
A. 0.9m　　　B. 1.05m　　　C. 1.20m　　　D. 1.15m
(6) 该建筑物楼梯扶手高度一般不应低于（　　）。
A. 0.9m　　　B. 1.05m　　　C. 1.20m　　　D. 1.15m
(7) 该建筑物屋面的排水方式是（　　）。
A. 无组织排水　　B. 有组织排水　　C. 自由落水　　D. 内排水
(8) 该建筑物的楼梯为（　　）楼梯。
A. 直跑　　　B. 双跑　　　C. 拆线　　　D. 旋转
(9) 采用地下室防水处理还是采用地下室防潮处理的决定因素是（　　）。
A. 基础埋深　　B. 施工季节　　C. 地下水位　　D. 地基种类
(10) 该建筑物的墙脚散水宽度一般为（　　）mm，排水坡应不小于3%。
A. 500～1000　　B. 600～1200　　C. 600～1000　　D. 500～1200

3. 现根据业主的需求在某地区建造一幢5层住宅建筑，该建筑坐落于6年前曾用于养鱼的池塘上，现已经废弃不用了。该地区抗震设防裂度为6度，离此地20里远处有一水泥厂。

(1) 该建筑属于（　　）。
A. 民用建筑　　B. 工业建筑　　C. 农业建筑　　D. 军事建筑

(2) 该建筑宜采用（　　）结构类型建造。
A. 混凝土结构　B. 砌体结构　　C. 钢结构　　　D. 木结构

(3) 该建筑的承重方案宜采用（　　）。
A. 纵墙承重体系　　　　　　B. 横墙承重体系
C. 纵横墙混合承重体系　　　D. 内框架承重体系

(4) 该建筑物的建造地点，是否要对地基进行处理。（　　）
A. 需要　　　　B. 不需要　　　C. 不确定

(5) 该建筑物设计时是否要进行抗震设防？（　　）
A. 需要　　　　B. 不需要　　　C. 不确定

(6) 该建筑物的墙体中应设置（　　）提高房屋的空间刚度。
A. 构造柱　　　B. 圈梁　　　　C. 抗震缝
D. 变形缝　　　E. 伸缩缝

(7) 确定该建筑物的基础深度时应考虑的因素有（　　）。
A. 建筑物上部荷载大小　　　B. 地基土的性质
C. 地表水的影响　　　　　　D. 基土的冻结深度
E. 相邻建筑物基础埋深情况

(8) 该建筑物的基础应优先考虑（　　）基础形式。
A. 独立基础　　B. 条形基础　　C. 桩基础　　　D. 筏板基础

第3章　建筑测量

一、单项选择题

1. 下列是距离测量所用的常见仪器为（　　）。
A. 经纬仪　　　B. 水准仪　　　C. 钢尺　　　　D. 激光垂直仪

2. 对于地势平坦，通视又比较困难的施工场地，可采用的平面控制网形式为（　　）。
A. 三角网　　　B. 导线网　　　C. 建筑方格网　D. 建筑基线

3. 对于建筑物多为矩形且布置比较规则和密集的施工场地，可采用的平面控制网形式为（　　）。
A. 三角网　　　B. 导线网　　　C. 建筑方格网　D. 建筑基线

4. 轴线向上投测时，要求建筑物总高度 60m<H≤90m，要求竖向误差在本层内不超过（　　）。
A. 10mm　　　B. 5mm　　　　C. 15mm　　　　D. 20mm

5. 下列不是施工测量贯穿于整个施工过程中主要内容的有（　　）。
A. 施工前建立与工程相适应的施工控制网
B. 建（构）筑物的放样及构件与设备安装的测量工作，以确保施工质量符合设

要求

    C. 检查和验收工作

    D. 测定

6. 下列不是建筑基线的布设形式有（　　）。
    A. "一"字形   B. "L"形   C. "Y"形   D. "十"字形

7. 建筑基线上的基线点应不少于（　　）。
    A. 1个   B. 2个   C. 3个   D. 4个

8. 基线点位应选在通视良好和不易被破坏的地方，为能长期保存，要埋设（　　）。
    A. 永久性的混凝土桩   B. 临时混凝土桩
    C. 临时水准点   D. 永久水准点

9. 建筑方格网中，等级为Ⅱ级，边长在100～300，测角中误差（　　）。
    A. 10″   B. 20″   C. 5″   D. 8″

10. 建筑方格网中，等级为Ⅱ级，边长在100～300，边长相对中误差（　　）。
    A. 1/20 000   B. 1/30 000   C. 1/10 000   D. 1/40 000

11. 施工水准点是用来直接测设建筑物（　　）。
    A. 高程   B. 距离   C. 角度   D. 坐标

12. 轴线控制桩一般设置在基槽外（　　）处，打下木桩，桩顶钉上小钉，准确标出轴线位置，并用混凝土包裹木桩。
    A. 2～4m处   B. 4～5m处   C. 6～8m处   D. 8～10m处

13. 基础面的标高是否符合设计要求，可用水准仪测出基础面上若干点的高程和设计高程比较，允许误差为（　　）。
    A. ±5mm   B. ±15mm   C. ±25mm   D. ±10mm

14. 房屋基础墙是指（　　）以下的砖墙，它的高度是用基础皮数杆来控制的。
    A. ±0.500m   B. ±0.000m   C. ±1.000m   D. ±0.100m

15. 基坑挖到一定深度时，应在基坑四壁，离基坑底设计标高（　　）处，测设水平桩，作为检查基坑底标高和控制垫层的依据。
    A. 0.5m   B. 0.6m   C. 0.7m   D. 1.5m

16. 一条指向正南方向直线的方位角和象限角分别为（　　）。
    A. 90°，90°   B. 0°，90°   C. 180°，0°   D. 270°，90°

17. 闭合导线若按逆时针方向测量，则水平角测量一般观测（　　）角，即（　　）角。
    A. 左，外   B. 右，内   C. 左，内   D. 右，外

18. 比例尺最小为（　　），比例尺精度为（　　）。
    A. 1∶1000，50mm   B. 1∶500，50mm
    C. 1∶5000，500mm   D. 1∶500，500mm

19. 下列不属于全站仪在一个测站所能完成的工作的是（　　）。
    A. 计算平距、高差   B. 计算三维坐标
    C. 按坐标进行放样   D. 计算直线方位角

20. 经纬仪安置的步骤应为（　　）。

(1) 调节光学对中器
(2) 初步对中
(3) 垂球对中
(4) 精确对中
(5) 精确整平
(6) 再次精确对中、整平,并反复进行

  A. (1)(2)(3)(4)(5)(6)   B. (1)(2)(4)(5)(6)
  C. (3)(2)(4)(5)(6)   D. (2)(3)(4)(5)(6)

21. 一对普通水准尺的红面尺底分划为（　　）。
  A. 4687mm 和 4687mm   B. 0mm 和 0mm
  C. 4687mm 和 4787mm   D. 4787mm 和 4787mm

22. 关于测量坐标系和数学坐标系的描述中,正确的是（　　）。
  A. 测量坐标系的横轴是 X 轴,纵轴是 Y 轴
  B. 数学坐标系的象限是顺时针排列的
  C. 数学坐标系中的平面三角学公式,只有通过转换后才能用于测量坐标
  D. 在测量坐标系中,一般用纵轴表示南北方向,横轴表示东西方向

23. 某 AB 段距离往测为 100.50m,返测为 99.50m,则相对误差为（　　）。
  A. 0.995   B. 1/1000   C. 1/100   D. 0.01

24. 建筑物沉降观测是用（　　）的方法,周期性地观测建筑物上的沉降观测点和水准基点之间的高差变化值。
  A. 控制测量   B. 距离测量   C. 水准测量   D. 角度测量

二、多项选择题

1. 施工测量贯穿于整个施工过程中,其主要内容有（　　）。
  A. 施工前建立与工程相适应的施工控制网
  B. 建（构）筑物的放样及构件与设备安装的测量工作,以确保施工质量符合设计要求
  C. 检查和验收工作
  D. 变形观测工作
  E. 测定

2. 测设的基本工作包括（　　）。
  A. 水平距离的测设   B. 方位角的测设
  C. 水平角的测设   D. 高程的测设   E. 经纬度的测设

3. 导线的布置形式有（　　）。
  A. 闭合导线   B. 附合导线   C. 闭合水准路线
  D. 附合导水准路线   E. 支导线

4. 在多层建筑墙身砌筑过程中,为了保证建筑物轴线位置正确,可用（　　）将轴线投测到各层楼板边缘或柱顶上。
  A. 经纬仪   B. 水准仪   C. 钢尺

D. 激光垂直仪　　　　　　　　E. 吊锤球

5. 高层建筑物轴线的竖向投测主要有（　　）。

A. 利用皮数杆传递高程　　　B. 外控法　　　　　　C. 吊钢尺法

D. 利用钢尺直接丈量　　　　E. 内控法

6. 建筑基线的布设要求有（　　）。

A. 建筑基线应尽可能靠近拟建的主要建筑物，并与其主要轴线平行，以便使用比较简单的直角坐标法进行建筑物的定位

B. 建筑基线上的基线点应不少于三个，以便相互检核

C. 建筑基线应尽可能与施工场地的建筑红线相连系

D. 基线点位应选在通视良好和不易被破坏的地方

E. 能长期保存，要埋设永久性的混凝土桩

7. 施工测量前的准备工作（　　）

A. 熟悉设计图纸　　　　　　B. 现场踏勘

C. 施工场地整理　　　　　　D. 制定测设方案

E. 仪器和工具

8. 制定测设方案包括（　　）。

A. 测设方法　　　　　　　　B. 测设数据计算

C. 绘制测设略图　　　　　　D. 测定

E. 距离

9. 激光铅垂仪投测轴线其投测方法为（　　）。

A. 在首层轴线控制点上安置激光铅垂仪，利用激光器底端（全反射棱镜端）所发射的激光束进行对中，通过调节基座整平螺旋，使管水准器气泡严格居中

B. 在上层施工楼面预留孔处，放置接受靶

C. 接通激光电源，启辉激光器发射铅直激光束，通过发射望远镜调焦，使激光束汇聚成红色耀目光斑，投射到接受靶上

D. 移动接受靶，使靶心与红色光斑重合，固定接受靶，并在预留孔四周作出标记，此时，靶心位置即为轴线控制点在该楼面上的投测点

E. 读数

10. 厂房控制点（控制网为矩形）的测设检查内容为（　　）。

A. 检查水平夹角是否等于90°，其误差不得超过±10″

B. 检查高程

C. 检查 SP 是否等于设计长度，其误差不得超过 1/10000

D. 检查垂直角的限差

E. 检查方位角

11. 建筑物变形观测的主要内容有（　　）等。

A. 建筑物沉降观测　　　　　B. 建筑物倾斜观测

C. 建筑物裂缝观测　　　　　D. 位移观测

E. 角度测量

12. 水准基点是沉降观测的基准，因此水准基点的布设应满足的要求有（　　）。

A. 要有足够的稳定性　　　　　　B. 要满足一定的观测精度
C. 沉降观测点的数量　　　　　　D. 沉降观测点的位置
E. 要具备检核条件

13. 进行沉降观测的建筑物，应埋设沉降观测点，沉降观测点的布设应满足的要求有（　　）。

A. 沉降观测点的设置形式　　　　B. 要满足一定的观测精度
C. 沉降观测点的数量　　　　　　D. 沉降观测点的位置
E. 要具备检核条件

三、判断题（正确的在括号内填"A"，错误的在括号内填"B"）

1. 点位测量主要指点的三维坐标测量。（　　）
2. 建筑红线是由城市测绘部门测定的建筑用地界定基准线。（　　）
3. 施工控制网的特点与测图控制网相比，施工控制网具有控制范围大、控制点密度大、精度要求高及使用频繁等特点。（　　）
4. 为了施工时使用方便，一般在槽壁各拐角处、深度变化处和基槽壁上每隔3～4m测设一水平桩。（　　）
5. 在基础施工完毕后，在±0首层平面上，适当位置设置与轴线平行的辅助轴线。辅助轴线距轴线500～800mm为宜。（　　）
6. 吊线坠法是利用钢丝悬挂重锤球的方法，进行轴线竖向投测。（　　）
7. 柱子中心线应与相应的柱列轴线一致，其允许偏差为±10mm。（　　）
8. 建筑物的轴线投测用钢尺检核其间距，相对误差不得大于1/2000。（　　）
9. 基础垫层打好后，根据轴线控制桩或龙门板上的轴线钉，用经纬仪或用拉绳挂锤球的方法，把轴线投测到垫层上。（　　）
10. 从基础平面图上，可以查取基础边线与定位轴线的平面尺寸，这是测设基础轴线的必要数据。（　　）
11. 用测量仪器来测定建筑物的基础和主体结构倾斜变化的工作，称为倾斜观测。
（　　）

第4章　建筑力学

一、单项选择题

1. 加减平衡力系公理适用于（　　）。
A. 刚体　　B. 变形体　　C. 任意物体　　D. 由刚体和变形体组成的系统

2. 作用在一个刚体上的两个力 $\vec{F}_A$、$\vec{F}_B$，满足 $\vec{F}_A = -\vec{F}_B$ 的条件，则该二力可能是（　　）

A. 作用力和反作用力或一对平衡的力　　B. 一对平衡的力或一个力偶
C. 一对平衡的力或一个力和一个力偶　　D. 作用力和反作用力或一个力偶

3. 物体受五个互不平行的力作用而平衡，其力多边形是（   ）。
   A. 三角形　　　　B. 四边形　　　　C. 五边形　　　　D. 八边形
4. 下列约束类型中与光滑接触面类似，其约束反力垂直于光滑支承面的是（   ）。
   A. 活动铰支座　　B. 固定铰支座　　C. 光滑球铰链　　D. 固定端约束
5. 二力体是指所受两个约束反力必沿两力作用点连线且（   ）。
   A. 等值、同向　　B. 等值、反向　　C. 不等值、反向　　D. 不等值、共向
6. 如下图所示杆 ACB，其正确的受力图为（   ）。
   A. 图 A　　　　　B. 图 B　　　　　C. 图 C　　　　　D. 图 D

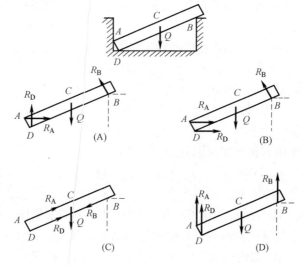

7. 爆炸力属于（   ）。
   A. 永久荷载　　　B. 偶然荷载　　　C. 恒荷载　　　　D. 可变荷载
8. 力的作用线都汇交于一点的力系称（   ）力系。
   A. 空间汇交　　　B. 空间一般　　　C. 平面汇交　　　D. 平面一般
9. 一个静定的平面物体系它由三个单个物体组合而成，则该物体系能列出（   ）个独立平衡方程。
   A. 3　　　　　　B. 6　　　　　　C. 9　　　　　　D. 12
10. 计算内力一般采用（   ）方法。
    A. 利用受力杆件的静力平衡方程　　B. 直接由外力确定
    C. 应用截面法　　　　　　　　　　D. 利用胡克定理
11. 材料在弹性范围内，正应力 σ 与应变 ε 成（   ）。
    A. 反比　　　　　　　　　　　　　B. 互为倒数
    C. 不成比例　　　　　　　　　　　D. 正比
12. 应用胡克定律时，不同的材料当 σ 相同时，弹性模量与变形的关系是（   ）。
    A. 弹性模量越小，变形越小　　　　B. 弹性模量越大，变形越小
    C. 弹性模量越大，变形越大　　　　D. 弹性模量越小，变形不变
13. 常用的应力单位是兆帕（MPa），1kPa=（   ）。
    A. $10^{-3} N/m^2$　　B. $10^6 N/m^2$　　C. $10^9 N/m^2$　　D. $10^3 N/m^2$

14. 梁正应力计算公式 $\sigma=M_y/I_z$ 中，I_z 叫（　　）。
　　A. 截面面积　　　B. 截面抵抗矩　　C. 惯性矩　　　D. 面积矩
15. 为了保证有足够的强度，必须满足强度条件：$\sigma=N/A$（　　）[σ]。
　　A. ≤　　　　　　B. ≥　　　　　　C. <　　　　　D. >
16. 桁架杆件是拉压构件，主要承受（　　）。
　　A. 轴向变形　　　B. 剪切　　　　　C. 扭转　　　　D. 弯曲
17. 永久荷载采用（　　）为代表值。
　　A. 准永久值　　　B. 组合值　　　　C. 频遇值　　　D. 标准值
18. 在平面内运动完全不受限制的一个点有（　　）个自由度。
　　A. 1　　　　　　B. 2　　　　　　C. 3　　　　　D. 4
19. 在平面内运动完全不受限制的一个刚片有（　　）个自由度。
　　A. 1　　　　　　B. 2　　　　　　C. 3　　　　　D. 4
20. 约束是使体系自由度数（　　）的装置。
　　A. 减少　　　　　B. 增加　　　　　C. 不变　　　　D. 不能确定

二、多项选择题

1. 物体系中的作用力和反作用力应是（　　）。
　　A. 等值　　　B. 同体　　　C. 反向　　　D. 共线　　　E. 异体
2. 力的三要素是（　　）。
　　A. 力的作用点　B. 力的大小　C. 力的方向　D. 力的矢量性　E. 力的接触面
3. 下列属于《建筑结构荷载规范》中规定的结构荷载范围的有（　　）。
　　A. 永久荷载　B. 温度荷载　C. 可变荷载　D. 偶然荷载　E. 以上都是
4. 材料力学的三个假定是（　　）。
　　A. 均匀、连续假定（材料及性质各点相同）
　　B. 不均匀、不连续假定（材料及性质各点不同）
　　C. 小变形假定（变形远比其本身尺寸小）
　　D. 大变形假定（变形远比其本身尺寸大）
　　E. 各向同性假定
5. 杆件的变形基本形式有（　　）。
　　A. 轴向拉伸或压缩　　　　　B. 剪切　　　　C. 扭转
　　D. 弯曲　　　　　　　　　　E. 失稳
6. 杆件的应力与杆件的（　　）有关。
　　A. 外力　　　B. 截面　　　C. 材料　　　D. 杆长　　　E. 以上都是
7. 下列（　　）因素不会使静定结构引起反力及内力。
　　A. 增加外力　B. 支座移动　C. 温度变化　D. 制造误差　E. 材料收缩
8. 单跨静定梁的基本形式是（　　）。
　　A. 斜梁　　　B. 简支梁　　C. 曲梁　　　D. 悬臂梁　　E. 伸臂梁
9. 平面静定刚架的形式有（　　）。
　　A. 多层多跨刚架　　　　　B. 悬臂刚架　　　　　　C. 简支刚架
　　D. 多跨等高刚架　　　　　E. 三铰刚架

10. 静定平面桁架计算内力的方法有（　　）。
A. 结点法　　B. 截面法　　C. 力矩分配法　　D. 联合法　　E. 投影法

三、判断题（正确的在括号内填"A"，错误的在括号内填"B"）

1. 在任何外力作用下，大小和形状保持不变的物体称刚体。（　　）
2. 物体受四个互不平行的力作用而平衡，其力多边形是三角形。（　　）
3. 在均匀分布的荷载作用面上，单位面积上的荷载值称为均布面荷载，其单位为 kN/m^2。（　　）
4. 作用力与反作用力总是一对等值、反向、共线、作用在同一物体上的力。（　　）
5. 合力一定比分力小。（　　）
6. 对非自由体的某些位移起限制作用的周围物体称为约束。（　　）
7. 平面汇交力系平衡的充要条件是力系的合力等于零。（　　）
8. 梁上任一截面的弯矩等于该截面任一侧所有外力对形心之矩的代数和。（　　）
9. 简支梁在跨中受集中力 P 作用时，跨中弯矩一定最大。（　　）
10. 有集中力作用处，剪力图有突变，弯矩图有尖点。（　　）

第5章　建筑材料

一、单项选择题

1. 材料具有憎水性的根本原因在于（　　）。
A. 水的特性　　B. 材料的分子结构　　C. 气候特征　　D. 地理环境因素
2. 只能在空气中硬化的胶凝性材料是（　　）。
A. 气硬性无机胶凝材料　　　　B. 水硬性无机胶凝材料
C. 气硬性有机胶凝材料　　　　D. 水硬性有机胶凝材料
3. 既能在空气中硬化，还能在水中硬化的胶凝性材料是（　　）。
A. 气硬性无机胶凝材料　　　　B. 水硬性无机胶凝材料
C. 气硬性有机胶凝材料　　　　D. 水硬性有机胶凝材料
4. 水泥是（　　）。
A. 气硬性无机胶凝材料　　　　B. 水硬性无机胶凝材料
C. 气硬性有机胶凝材料　　　　D. 水硬性有机胶凝材料
5. 属于不常用水泥品种的是（　　）。
A. 硅酸盐水泥　　B. 白水泥　　C. 普通水泥　　D. 矿渣水泥
6. 安定性不合格的水泥应做如下处理（　　）。
A. 照常使用　　B. 重新检验强度　　C. 废品　　D. 次品
7. 水泥的等级是由（　　）来确定的。
A. 外观质量　　　　　　　　　B. 抗压强度和抗折强度
C. 强度等级、耐久性和外观质量　　D. 耐久性
8. 抗渗性要求的水泥，宜选用（　　）水泥。

A. 矿渣　　　　　B. 火山灰　　　　　C. 粉煤灰　　　　D. (A+C)

9. 用沸煮法检验水泥体积安定性,只能检查出(　　)的影响。

A. 游离 CaO　　　B. 游离 MgO　　　C. 石膏　　　　　D. Ca(OH)$_2$

10. 大体积混凝土应选用(　　)。

A. 硅酸盐水泥　　B. 矿渣水泥　　　C. 普通水泥　　　D. 高铝水泥

11. 按相关规定规范,建筑水泥的存放期通常为(　　)个月。

A. 1　　　　　　B. 2　　　　　　　C. 3　　　　　　　D. 6

12. 国家标准规定,水泥的强度等级是以水泥胶砂试件在(　　)龄期的强度来评定的。

A. 3d　　　　　　B. 7d　　　　　　C. 3d 和 28d　　　D. 7d 和 28d

13. 石子粒径增大时,混凝土用水量应(　　)。

A. 增大　　　　　B. 减小　　　　　C. 不变　　　　　D. 不能确定

14. (　　)不能直接用于工程,使用前需要进行熟化。

A. 生石灰　　　　B. 欠火石灰　　　C. 过火石灰　　　D. 熟石灰

15. 石灰在熟化过程中会放出大量的热,同时体积增大(　　)倍。

A. 0.5~1　　　　B. 1~1.5　　　　C. 1.5~2　　　　D. 1~2.5

16. 建筑石膏的水化和凝结硬化过程是(　　)。

A. 硬化→凝结→水化　　　　　　　B. 凝结→硬化→水化

C. 水化→凝结→硬化　　　　　　　D. 水化→凝结

17. 配置 C25 现浇钢筋混凝土梁,断面尺寸为 200mm×500mm,钢筋直径为 20mm,钢筋间距最小中心距为 80mm,石子公称粒级宜选择(　　)。

A. 5~31.5　　　B. 5~40　　　　　C. 5~60　　　　　D. 20~40

18. 可以表示为混凝土立方体抗压强度标准值 30MPa≤$f_{cu,k}$<35 MPa 的混凝土等级的是(　　)。

A. C25　　　　　B. C30　　　　　　C. C35　　　　　　D. C40

19. 混凝土的(　　)主要与其密实度及内部孔隙的大小和构造有关。

A. 抗冻性　　　　B. 抗侵蚀性　　　C. 抗老化　　　　D. 抗渗性

20. 关于普通混凝土用砂的说法,正确的是(　　)。

A. 粒径大于 6mm 的骨料称为粗骨料

B. 在相同质量条件下,细砂的总比表面积较大,而粗砂较小

C. 细度模数越小,表示砂越粗

D. 配置混凝土时,宜优先选用Ⅰ区砂

21. 提高混凝土的抗渗性和抗冻性的关键是(　　)。

A. 选用合理砂率　　　　　　　　　B. 增大水灰比

C. 提高密实度　　　　　　　　　　D. 增加骨料用量

22. 结构设计中钢材强度的取值依据是(　　)。

A. 比例极限　　　B. 弹性极限　　　C. 屈服极限　　　D. 强度极限

23. (　　)是评价钢材可靠性的一个参数。

A. 强屈比　　　　B. 屈服比　　　　C. 弹性比　　　　D. 抗拉比

24. 热轧光圆钢筋进行力学和冷弯性能检测时应按批次进行，每批重量不大于（　　）。
   A. 40t　　　　　B. 50t　　　　　C. 60t　　　　　D. 70t
25. 烧结普通砖的标准尺寸为（　　）。
   A. 240mm×115mm×53mm　　　　　B. 240mm×115mm×90mm
   C. 240mm×120mm×60mm　　　　　D. 240mm×115mm×55mm
26. 关于普通混凝土的说法，正确的是（　　）。
   A. 坍落度或坍落扩展度越大表示流动性越小
   B. 稠度值越大表示流动性越小
   C. 砂率是影响混凝土和易性的最主要因素
   D. 砂率是指混凝土中砂的质量占砂、石总体积的百分率
27. 不能直接用于工程的材料是（　　）。
   A. 水泥　　　B. 生石灰（块灰）　　C. 三合土　　　D. 粉刷石膏
28. 石膏制品表面光滑细腻，主要原因是（　　）。
   A. 施工工艺好　　　　　　　　B. 表面修补加工
   C. 掺纤维等材料　　　　　　　D. 硬化后体积微膨胀
29. 石灰陈伏的时间（　　）是正确的。
   A. 3 天　　　　　B. 7 天　　　　　C. 10 天　　　　D. 15 天
30. 混凝土的强度的比较下列说法（　　）正确。
   A. 立方体抗压强度＞轴心抗压强度＞抗拉强度
   B. 立方体抗压强度＜轴心抗压强度＜抗拉强度
   C. 轴心抗压强度＞立方体抗压强度＞抗拉强度
   D. 轴心抗压强度＜立方体抗压强度＜抗拉强度
31. 砌筑砂浆的保水性用（　　）测定。
   A. 坍落度试验　　B. 水筛法　　　C. 分层度仪　　　D. 标准法维卡仪
32. 常用于混凝土地面压光的抹面砂浆配合比应为（　　）。
   A. 水泥：砂＝1：3～1：2.5　　　　B. 水泥：砂＝1：2～1：1.5
   C. 水泥：砂＝1：0.5～1：1　　　　D. 水泥：砂＝1：2～1：4
33. 空心率（　　）的砌块为实心砌块。
   A. ≥25%　　　　B. <25%　　　　C. ≤30%　　　　D. >30%
34. 天然大理石板材的干燥压缩强度不小于（　　）MPa。
   A. 20.0　　　　B. 30.0　　　　C. 40.0　　　　D. 50.0
35. 花岗岩构造致密、强度高、密度大、吸水率极低、质地坚硬、耐磨，属于（　　）。
   A. 酸性硬石材　　　　　　　B. 酸性软石材
   C. 碱性硬石材　　　　　　　D. 碱性软石材
36. 关于人造饰面石材的特点，下列各项中正确的是（　　）。
   A. 强度低　　　　　　　　　B. 耐腐蚀
   C. 价格高　　　　　　　　　D. 易污染
37. 瓷质卫生陶瓷的吸水率要求不大于（　　）。

A. 25％　　　　B. 10％　　　　　C. 1％　　　　　D. 0.5％

38. 陶质卫生陶瓷的吸水率为（　　）。

A. 5％～10％　B. 8％～10％　　C. 8％～15％　　D. 10％～15％

39. 当受到外力作用时，玻璃的压应力层可将部分拉应力抵消，避免玻璃的碎裂从而达到提高玻璃强度的目的，这种玻璃是（　　）。

A. 冰花玻璃　　B. 钢化玻璃　　　C. 夹丝玻璃　　　D. 夹层玻璃

40. 同时具备安全性、防火性、防盗性的玻璃是（　　）。

A. 钢化玻璃　　B. 夹层玻璃　　　C. 夹丝玻璃　　　D. 镀膜玻璃

41. 下列各项中，具有良好的隔热性能，可避免暖房效应，节约室内降温空调的能源消耗，并具有单向透视性的是（　　）。

A. 阳光控制镀膜玻璃　　　　　　B. 低辐射镀膜玻璃
C. 中空玻璃　　　　　　　　　　D. 着色玻璃

42. 下列各项中，对远红外线有较高反射比的是（　　）。

A. 着色玻璃　　B. 中空玻璃　　　C. Low-E玻璃　　D. 夹层玻璃

43. 同时具有光学性能良好、保温隔热降低能耗、防结露、良好的隔声性能等功能的是（　　）。

A. 夹层玻璃　　B. 净片玻璃　　　C. 隔声玻璃　　　D. 中空玻璃

44. 石油经过蒸馏提炼出来的轻质油品及润滑油以后的残留物可以制成（　　）。

A. 石油沥青　　B. 煤沥青　　　　C. 橡胶沥青　　　D. 沥青胶水

45. 沥青防水卷材适用于屋面防水等级为Ⅲ级的一般建筑物上时，其合理使用年限为（　　）年。

A. 3　　　　　B. 5　　　　　　C. 10　　　　　　D. 15

46. 下列防水材料中，属于刚性防水的是（　　）。

A. 防水砂浆　　B. 防水卷材　　　C. 防水涂料　　　D. 堵漏灌浆材料

47. 下列防水材料中，属于柔性防水的是（　　）。

A. 防水砂浆　　　　　　　　　　B. 防水混凝土
C. 掺有外加剂的砂浆　　　　　　D. 密封材料

48. 关于沥青防水卷材说法正确的是（　　）。

A. 拉伸强度和延伸率低　　　　　B. 温度稳定性好
C. 低温不易脆裂　　　　　　　　D. 耐老化性好

49. 哈尔滨某建筑屋面防水卷材选型，最宜选用的高聚物改性沥青防水卷材是（　　）。

A. 沥青复合胎柔性防水卷材　　　B. 塑性体改性沥青防水卷材
C. 弹性体改性沥青防水卷材　　　D. 自粘性橡胶改性沥青防水卷材

50. 以下（　　）属于防水卷材的主要性能。

A. 防水性、抗冻性、耐磨蚀性　　B. 防水性、机械力学性能、温度稳定性
C. 机械力学性能、大气稳定性、耐磨蚀性　　D. 防水性、大气稳定性、抗冻性

51. 混凝土外加剂的掺量一般不大于水泥质量的（　　）。

A. 1％　　　　B. 5％　　　　　C. 8％　　　　　D. 10％

52. 在保证混凝土坍落度不变的条件下，能减少拌合用水量的外加剂是（   ）。
   A. 减水剂   B. 早强剂   C. 速凝剂   D. 引气剂
53. 下列（   ）不属于引气剂的性能。
   A. 改善混凝土拌合物的和易性
   B. 显著提高混凝土的抗渗性
   C. 显著提高混凝土的抗冻性
   D. 提高混凝土强度
54. 将粉状外加剂先与水泥混合后，再加入骨料与水搅拌的方法叫（   ）。
   A. 同掺法   B. 先掺法   C. 后掺法   D. 分次加入法
55. 能提高混凝土早期强度，并对后期强度无显著影响的外加剂称为（   ）。
   A. 减水剂   B. 早强剂   C. 引气剂   D. 泵送剂

二、多项选择题

1. 材料与水有关的性质（   ）。
   A. 亲水性   B. 保水性   C. 吸水性
   D. 抗冻性   E. 抗渗性
2. 材料的硬度常用（   ）来测定。
   A. 刻划法   B. 回弹法   C. 压入法
   D. 超声波检测   E. 抗压强度测试
3. 回弹法用于测定混凝土的（   ）。
   A. 天然硬度   B. 表面硬度   C. 混凝土的强度
   D. 耐磨性   E. 脆性
4. 目前我国建筑工程中常用的通用水泥是（   ）。
   A. 铝酸盐水泥   B. 硅酸盐水泥
   C. 普通硅酸盐水泥 D. 矿渣硅酸盐水泥
   E. 火山灰硅酸盐水泥
5. 粉煤灰水泥的特性主要是（   ）。
   A. 水化热较小   B. 抗冻性较好   C. 抗裂性较高
   D. 干缩性较大   E. 耐蚀性较好
6. 下列材料中属于气硬性胶凝材料的是（   ）。
   A. 水泥   B. 石灰   C. 石膏
   D. 混凝土   E. 粉煤灰
7. 普通混凝土一般由（   ）组成。
   A. 水泥   B. 砂   C. 石
   D. 水   E. 外加剂
8. 改善混凝土拌合物流变性能的外加剂有（   ）。
   A. 减水剂   B. 引气剂   C. 泵送剂
   D. 缓凝剂   E. 早强剂
9. 建筑钢材的力学性能主要包括（   ）。

A. 抗拉性能　　　　B. 冲击韧性　　　　C. 耐疲劳性
D. 可焊性　　　　　E. 冷弯性能

10. 下列各项中,属于石膏的优良性质的有( )。
A. 强度较高　　　　B. 隔热　　　　　　C. 耐火
D. 吸声　　　　　　E. 耐潮湿

11. 烧结普通砖的缺陷指标有( )。
A. 烧结砖的泛霜　　　　　　　　B. 烧结砖的尺寸偏差
C. 烧结砖的石灰爆裂　　　　　　D. 欠火砖
E. 过火砖

12. 石材分为( )。
A. 天然石材　　　　B. 板材　　　　　　C. 不锈钢
D. 陶瓷　　　　　　E. 人造石材

13. 钢材中有害元素是( )。
A. 碳　　　　　　　B. 硫　　　　　　　C. 磷
D. 锰　　　　　　　E. 氧

14. 烧结普通砖的验收要求是( )。
A. 每 15 万块为一个验收批　　　B. 每 5 万块为一个验收批
C. 强度检验试样每组 15 块　　　D. 强度检验试样每组 10 块
E. 抽样数量为 1 组

15. 花岗岩的特性是( )。
A. 碱性硬石材　　　B. 酸性硬石材　　　C. 吸水率低
D. 密度大　　　　　E. 构造致密

16. 花岗石粗面板材适用于( )。
A. 室外地面　　　　B. 墙柱面　　　　　C. 小便池
D. 台阶　　　　　　E. 基座

17. 陶瓷卫生产品分为( )。
A. 釉面内砖　　　　B. 瓷质卫生陶瓷
C. 墙地砖　　　　　D. 陶制卫生陶瓷
E. 抛光砖

18. 安全玻璃包括( )。
A. 钢化玻璃　　　　B. 夹丝玻璃
C. 净片玻璃　　　　D. 夹层玻璃
E. 镀膜玻璃

19. 中空玻璃的特性( )。
A. 耐热性好　　　　B. 隔热性好　　　　C. 防结露
D. 隔声　　　　　　E. 安全性能好

20. 柔性防水材料有( )。
A. 聚合物防水砂浆　　　　　　　B. 沥青防水卷材
C. 合成高分子防水卷材　　　　　D. 高聚物改性沥青防水材料

E. 外加剂防水砂浆

21. 刚性防水材料有（   ）。

   A. 聚合物防水砂浆   B. 沥青防水卷材

   C. 合成高分子防水卷材   D. 高聚物改性沥青防水材料

   E. 外加剂防水砂浆

22. 下列说法正确的是（   ）。

   A. 在普通气候环境中优先选用矿渣水泥和火山灰水泥

   B. 在干燥环境中优先使用普通水泥

   C. 在高湿度环境中或长期处于水中优先选用矿渣水泥、火山灰水泥、粉煤灰水泥和复合水泥

   D. 厚大体积混凝土可选用硅酸盐水泥

   E. 有快硬早强要求的混凝土优先选用硅酸盐水泥

23. 下列关于配置混凝土时用砂的说法正确的有（   ）。

   A. 配置混凝土时优先选用Ⅱ区砂

   B. 选用Ⅰ区砂的时候，应适当增加砂用量

   C. 选用Ⅲ区砂应适当增加砂用量

   D. 级配良好的砂，其大小颗粒含量适当

   E. 级配良好的砂填充空隙用的水泥砂浆较少

24. 对于普通抹面砂浆说法正确的有（   ）。

   A. 底层砂浆是为了找平所用的砂浆

   B. 中层砂浆是为了增加抹面层与基层的粘结力的砂浆

   C. 面层砂浆起装饰作用

   D. 在加气混凝土砌块墙体表面上做抹灰时可在砂浆层中夹一层钢丝网面以防止开裂脱落

   E. 有防水要求时应采用水泥砂浆做中间层

25. 一般来说有（   ）因素会激发人们开发新型材料。

   A. 供不应求

   B. 现有的材料存在缺陷，不满足要求

   C. 贸易逆差

   D. 科学进步

   E. 社会环境变化

26. 属于新型建筑材料的是（   ）。

   A. 轻质高强材料

   B. 高耐久性材料

   C. 新型墙体材料

   D. 黏土砖

   E. 智能化材料

27. 混凝土外加剂按其主要功能分为四类，具有调节混凝土凝结时间、硬化性能的外加剂有（   ）。

A. 早强剂 B. 早强剂 C. 引气剂
D. 泵送剂 E. 缓凝剂

28. 下列（　　）属于引气剂的性能。
A. 改善混凝土拌合物的和易性
B. 显著提高混凝土的抗渗性
C. 显著提高混凝土的抗冻性
D. 提高混凝土强度
E. 降低混凝土强度

29. 混凝土泵送剂应具备以下（　　）特点。
A. 减水率高　　　B. 坍落度损失小　　　C. 具有一定的引气性
D. 与水泥有着良好的相容性　　　E. 强度高

30. 在相同条件下，（　　）等掺入方法对减小拌合物的坍落度损失效果很好，并可减少外加剂掺量。
A. 同掺法　　　B. 先掺法　　　C. 后掺法
D. 分次加入法　　　E. 外加剂先

31. 下列关于防冻剂的说法正确的有（　　）。
A. 防冻剂是能降低水的冰点，使混凝土在负温下硬化，并在规定养护条件下达到足够防冻强度的外加剂
B. 气温越低，防冻剂的掺量应适当减少
C. 在混凝土中掺加防冻剂的同时，水泥品种尽可能选择硅酸盐水泥或普通硅酸盐水泥
D. 有一些防冻剂（如碳酸钾）掺入后，混凝土后期强度损失较大
E. 当防冻剂中含有较多的 Na^+、K^+ 离子时，不得使用活性骨料

三、判断题（正确的在括号内填"A"，错误的在括号内填"B"）

1. 使用活性骨料，用户要求提供低碱水泥时，水泥的碱含量应小于水泥用量的0.6%或由供需双方商定。（　　）
2. 快硬硅酸盐水泥出厂两个月后仍可使用。（　　）
3. 石灰的"陈伏"是为了防止欠火石灰对砂浆或制品的影响而进行的。（　　）
4. "陈伏"时为了防止石灰炭化，石灰膏的表面须保存有一层水。（　　）
5. 拌合混凝土用的砂应该粗一点，提高砂的颗粒表面积大小，从而减少混凝土的用量。（　　）
6. 消石灰粉可以直接用于砌筑砂浆中。（　　）
7. 钢筋冷加工处理后，其力学性能得到提高。（　　）
8. 屈强比小的钢材，使用中比较安全可靠，但其利用率低，因此，屈强比也不宜过小。（　　）
9. 热轧钢从外形上分可分为光圆钢筋和带肋钢筋。（　　）
10. 钢筋实测抗拉强度与实测屈服强度之比不大于1.25。（　　）
11. 花岗石板材可用于室内与室外的装饰工程中。（　　）

12. 大理石板材可用于室内与室外的装饰工程中。（　　）
13. 陶瓷砖强度高、耐磨、吸水率大、抗冻。（　　）
14. 常用的卫生陶瓷洁具有洁面器、大小便器、浴缸。（　　）
15. 陶瓷砖进场后仅需要有出产合格证就可以使用。（　　）
16. 净片玻璃是指未经过深加工的平板玻璃。（　　）
17. 浮法玻璃是净片玻璃的一种。（　　）
18. 净片玻璃能有效地阻挡远红外波射线，从而产生"暖房效应"。（　　）
19. 钢化玻璃容易受风荷载引起的振动而自爆。（　　）
20. 大面积玻璃幕墙应选择钢化玻璃。（　　）
21. 内墙涂料耐碱性要好。（　　）
22. 防水砂浆属于柔性防水卷材。（　　）
23. 材料具有亲水性或憎水性的根本原因在于材料的分子结构。（　　）
24. 沥青能够防雨水、雪水、地下水。（　　）
25. 随着房屋的高度的增加，建筑材料对其轻质高强的要求越来越高。（　　）
26. 引气剂是指在混凝土拌合物搅拌过程中，能引入大量均匀、稳定而封闭的微小气泡（直径在 10~100μm）的外加剂。（　　）
27. 冬季复配防冻剂时，如配比不当，易出现结晶或沉淀，堵塞管道泵而影响混凝土生产或浇筑。（　　）
28. 木质素磺酸钙是一种常用的引气剂。（　　）
29. 将液体外加剂先与水混合，然后与其他材料一起拌合的方法称为先掺法。（　　）
30. 不同外加剂，掺量不一样，但同一种外加剂，掺量应一样。（　　）

四、计算题或案例分析题

1. 背景材料：某工程 C30 混凝土实验室配合比为 1∶2.12∶4.37，$W/C=0.62$，每立方米混凝土水泥用量为 290kg，现场实测砂子含水率为 3%，石子含水率为 1%。使用 50kg 一包袋装水泥，水泥整袋投入搅拌机。采用出料容量为 350L 的自落式搅拌机进行搅拌。

试根据上述背景材料，计算以下问题。（计算结果四舍五入，保留两位小数）

(1) 施工配合比为（　　）。
A. 1∶2.2∶4.26　　B. 1∶2.23∶4.27
C. 1∶2.18∶4.41　　D. 1∶2.35∶4.26

(2) 每搅拌一次水泥的用量为（　　）。
A. 300kg　　B. 200kg　　C. 100kg　　D. 75kg

(3) 每搅拌一次砂的用量为（　　）。
A. 170.3kg　　B. 218.0kg　　C. 660.0kg　　D. 681.0kg

(4) 每搅拌一次石的用量为（　　）。
A. 322.5kg　　B. 441kg　　C. 1278.0kg　　D. 1290.0kg

(5) 每搅拌一次需要加的水是（　　）。
A. 45kg　　B. 36kg　　C. 52kg　　D. 40.1kg

(6) 该混凝土按规定每搅拌（　　）盘做一组供强度检验用的试件。
  A. 10　　　　　B. 50　　　　　C. 100　　　　　D. 200
2. 某一块状材料的全干质量为100g，自然状态体积为40cm³，绝对密实状态下的体积为33cm³。问：
(1) 该材料的密度是（　　）g/cm³。
  A. 2.50　　　　B. 3.03　　　　C. 2.65　　　　D. 3.11
(2) 该材料的表观密度为（　　）g/cm³。
  A. 2.50　　　　B. 2.60　　　　C. 2.65　　　　D. 2.80
(3) 材料的密实度为（　　）。
  A. 77.5%　　　B. 82.5%　　　C. 88.0%　　　D. 91.5%
(4) 材料的孔隙率为（　　）。
  A. 17.5%　　　B. 20.0%　　　C. 18.0%　　　D. 21.2%
(5) 材料的孔隙率和空隙率是同一个概念。（　　）
  A. 正确　　　　B. 错误
3. 某混凝土试拌调整后，各材料用量分别为水泥3.1kg，水1.86kg，砂6.24kg、碎石12.84kg，并测得拌合物体积密度为2450kg/m³。问：
(1) 1m³混凝土中水泥的实际用量是（　　）g。
  A. 402　　　　B. 382　　　　C. 366　　　　D. 316
(2) 1m³混凝土中水的实际用量是（　　）g。
  A. 190　　　　B. 195　　　　C. 196　　　　D. 210
(3) 1m³混凝土中砂的实际用量是（　　）g。
  A. 636　　　　B. 1282　　　　C. 666　　　　D. 716
(4) 1m³混凝土中石子的实际用量是（　　）g。
  A. 1260　　　B. 1282　　　　C. 1309　　　　D. 1316
(5) 调整后的水胶比是（　　）。
  A. 0.45　　　　B. 0.50　　　　C. 0.55　　　　D. 0.60
4. 某一住宅使用石灰厂处理的下脚石灰做粉刷，数月后粉刷层多处向外拱起，还出现一些裂缝。
(1) 试分析造成此现象的原因是（　　）。
  A. 石灰中掺杂质太多
  B. 石灰没拌制均匀
  C. 石灰中含有大量的欠火石灰
  D. 石灰中含有大量的过火石灰
(2) 抹面用的石灰膏至少应陈伏（　　）才能使用。
  A. 7天　　　　B. 10天　　　　C. 15天　　　　D. 20天
(3) 下列（　　）品种的石灰与砂石、炉渣等可拌制成三合土。
  A. 生石灰粉　　B. 石灰乳　　　C. 石灰膏　　　D. 消石灰粉
(4) 生石灰中氧化镁的含量大于（　　）为镁质生石灰。
  A. 2%　　　　B. 3%　　　　C. 4%　　　　D. 5%

(5) 石灰陈伏的目的是为了降低水化时的放热量。（　　）
A. 正确　　　　　　B. 错误

5. 对一批牌号为 Q235 的钢筋进行抽检，钢板厚度为 20mm，得到各试样的屈服强度检测值分别为：227.5MPa、220.3MPa、222.0MPa、225.8MPa、229.3MPa；钢筋拉断后伸长率分别为：21%、20%、23%、27%、31%。

(1) 该批钢筋试样屈服强度检测平均值为（　　）。
A. 225.0MPa　　　B. 215.03MPa　　　C. 200.0MPa　　　D. 222.4MPa

(2) 该批钢筋试样伸长率平均值为（　　）。
A. 22.3MPa　　　B. 21.7MPa　　　C. 20.7MPa　　　D. 24.4MPa

(3) 该批钢筋是否满足拉伸性能要求？（　　）
A. 满足　　　　　B. 不满足　　　　C. 不能确定

(4) 该批钢筋为带肋钢筋。（　　）
A. 正确　　　　　B. 错误

(5) 钢材的力学性能随厚度的增加而降低。（　　）
A. 正确　　　　　B. 错误

第6章　建筑结构

一、单项选择题

1. 结构的可靠性是指（　　）。
A. 安全性、耐久性、稳定性　　　　B. 安全性、适用性、稳定性
C. 适用性、耐久性、稳定性　　　　D. 安全性、适用性、耐久性

2. 受弯构件正截面承载力计算基本公式的建立是依据（　　）形态建立的。
A. 少筋破坏　　B. 适筋破坏　　C. 超筋破坏　　D. 界限破坏

3. 下列哪个条件不能用来判断适筋破坏与超筋破坏的界限（　　）。
A. $\xi \leqslant \xi_b$　　B. $x \leqslant \xi_b h_0$　　C. $x \leqslant 2a_s'$　　D. $\rho \leqslant \rho_{max}$

4. 钢筋混凝土偏心受拉构件，判别大、小偏心受拉的根据是（　　）。
A. 截面破坏时，受拉钢筋是否屈服
B. 截面破坏时，受压钢筋是否屈服
C. 受压一侧混凝土是否压碎
D. 纵向拉力 N 的作用点的位置

5. 对于钢筋混凝土偏心受拉构件，下面说法错误的是（　　）。
A. 如果 $\xi > \xi_b$，说明是小偏心受拉破坏
B. 小偏心受拉构件破坏时，混凝土完全退出工作，全部拉力由钢筋承担
C. 大偏心构件存在混凝土受压区
D. 大、小偏心受拉构件的判断是依据纵向拉力 N 的作用点的位置

6. 钢筋混凝土梁中箍筋加密区的间距一般是（　　）。
A. 30mm　　　B. 50mm　　　C. 100mm　　　D. 200mm

7. 板内分布钢筋不仅可使主筋定位，分担局部荷载，还可（   ）。
   A. 承担负弯矩　　　　B. 承受收缩和温度应力
   C. 减少裂缝宽度　　　D. 增加主筋与混凝土的粘结

8. 梁在一类环境中混凝土保护层最小厚度可取（   ）mm。
   A. 15　　　　　B. 20　　　　　C. 25　　　　　D. 35

9. 普通受拉钢筋锚固长度的计算公式 $l_{ab}=\alpha \dfrac{f_y}{f_t}d$ 中 l_{ab} 的含义是（   ）。
   A. 锚固钢筋的外形系数　　　　B. 锚固长度
   C. 基本锚固长度　　　　　　　D. 锚固长度修正系数

10. 当锚固钢筋保护层厚度不大于 $5d$ 时，锚固长度范围内应配置（   ）构造筋。
    A. 纵向　　　　B. 横向　　　　C. 双向　　　　D. 以上都正确

11. 混凝土结构中的纵向受压钢筋，当计算中充分利用其抗压强度时，锚固长度不应小于相应受拉锚固长度的（   ）。
    A. 60%　　　　B. 85%　　　　C. 75%　　　　D. 70%

12. 《混凝土结构设计规范》规定，预应力混凝土构件的混凝土强度等级不应低于（   ）。
    A. C20　　　　B. C30　　　　C. C35　　　　D. C40

13. 为了设计上的便利，对于四边均有支承的板，当（   ）按单向板设计。
    A. $l_2/l_1 \leqslant 2$　　B. $l_2/l_1 > 2$　　C. $l_2/l_1 \leqslant 3$　　D. $l_2/l_1 > 3$

14. 按弹性方法计算现浇单向板肋梁楼盖时，对板和次梁采用折算荷载来进行计算，这考虑到（   ）。
    A. 在板的长跨方向能传递一部分荷载　　B. 塑性内力重分布的影响
    C. 支座转动的弹性约束将减小活荷载布置对跨中弯矩的不利影响
    D. 在板的短跨方向能传递一部分荷载

15. 在单板肋梁楼盖设计中，一般楼面板的最小厚度 h 可取为（   ）。
    A. ≥50mm　　　B. ≥60mm　　　C. ≥80mm　　　D. 没有限制

16. 砌体的抗拉强度最主要取决于（   ）。
    A. 砌块抗拉强度　　　B. 砂浆的抗拉强度
    C. 灰缝的厚度　　　　D. 砂浆中的水泥用量

17. 砌体沿齿缝截面破坏的抗拉强度，主要是由（   ）决定的。
    A. 块体强度　　　　　　　　　B. 砂浆强度
    C. 砂浆和块体的强度　　　　　D. 上述 A、B、C 均不对

18. 影响砌体结构房屋空间工作性能的主要因素是（   ）。
    A. 房屋结构所用块材和砂浆的强度等级
    B. 外纵墙的高厚比和门窗洞口的开设是否超过规定
    C. 圈梁和构造柱的设置是否满足规范的要求
    D. 房屋屋盖、楼盖的类别和横墙的间距

19. 下面关于圈梁的作用的说法不正确的是（   ）。
    A. 增强纵横墙连接，提高房屋整体性

B. 提高房屋的刚度和承载力
C. 提高房屋的空间刚度
D. 减轻地基的不均匀沉降对房屋的影响

20. 下面关于圈梁的构造要求不正确的是（　　）。

A. 钢筋混凝土圈梁的宽度宜与墙厚相同，当墙厚大于 240mm 时，其宽度不宜小于 2/3 墙厚

B. 圈梁高度不应小于 180mm

C. 圈梁纵向钢筋不应小于 4Φ10

D. 圈梁箍筋间距不应大于 300mm

21. 挑梁埋入砌体内长度与挑梁长度之比，下列（　　）正确（挑梁上无砌体）。
A. 宜大于 1　　　　B. 宜大于 1.5　　　　C. 宜大于 2　　　　D. 宜大于 2.5

22. 高层建筑结构的受力特点是（　　）。
A. 竖向荷载为主要荷载，水平荷载为次要荷载
B. 水平荷载为主要荷载，竖向荷载为次要荷载
C. 竖向荷载和水平荷载均为主要荷载
D. 不一定

23. 在框架—剪力墙结构体系中，水平荷载及地震作用主要由（　　）承担。
A. 框架　　　　B. 框架与剪力墙　　　　C. 基础　　　　D. 剪力墙

24. 多高层建筑结构的结构布置需要选择合理的结构体系，10 层以下的建筑通常采用（　　）结构。
A. 框架　　　　B. 剪力墙　　　　C. 框架—剪力墙　　　　D. 筒体

25. 钢结构的主要缺点是（　　）。
A. 结构的重量大　　B. 造价高　　　　C. 易腐蚀、不耐火　　　D. 施工困难多

26. 我国《高层建筑混凝土结构技术规程》规定 10 层及 10 层以上或房屋高度大于（　　）m 的住宅建筑以及房屋高度大于 24m 的其他高层民用建筑为高层建筑结构。
A. 28　　　　B. 25　　　　C. 24　　　　D. 30

27. 钢结构具有良好的抗震性能是因为（　　）。
A. 钢材的强度高　　　　　　　　B. 钢结构的质量轻
C. 钢材良好的吸能能力和延性　　D. 钢结构的材质均匀

28. 摩擦型高强度螺栓抗剪能力是依靠（　　）。
A. 栓杆的预拉力　　　　　　　　B. 栓杆的抗剪能力
C. 被连接板件间的摩擦力　　　　D. 栓杆被连接板件间的挤压力

29. 对于较厚的焊件 $t>20$mm，应采用 U 形缝、K 形缝和（　　）形缝。
A. X　　　　B. I　　　　C. V　　　　D. Y

30. 根据焊缝质量检查标准等级，其中（　　）级质量最好。
A. 一级　　　　B. 二级　　　　C. 三级　　　　D. 四级

31. 钢结构柱身截面有（　　）三种。
A. 实腹式、缀板式和缀条式　　　B. 实腹式、缀板式和分离式
C. 分离式、缀板式和缀条式　　　D. 分离式、实腹式和缀条式

32. 实腹式钢梁按材料和制作方法可分为（　　）两大类。
　　A. 型钢梁和组合梁　　　　　　　　B. 薄壁型钢和组合梁
　　C. 型钢梁和薄壁型钢　　　　　　　D. 以上都不正确
33. 受弯构件的整体失稳是（　　）屈曲。
　　A. 弯曲　　　B. 扭转　　　C. 弯扭　　　D. 弯剪
34. 地震烈度主要根据下列哪些指标来评定：（　　）。
　　A. 地震震源释放出的能量的大小
　　B. 地震时地面运动速度和加速度的大小
　　C. 地震时大多数房屋的震害程度、人的感觉以及其他现象
　　D. 地震时震级大小、震源深度、震中距、该地区的土质条件和地形地貌
35. 实际地震烈度与下列何种因素有关：（　　）。
　　A. 建筑物类型　　B. 离震中的距离　　C. 行政区划　　D. 城市大小
36. 某地区设防烈度为7度，乙类建筑抗震设计应按下列要求进行设计（　　）。
　　A. 地震作用和抗震措施均按8度考虑
　　B. 地震作用和抗震措施均按7度考虑
　　C. 地震作用按8度确定，抗震措施按7度采用
　　D. 地震作用按7度确定，抗震措施按8度采用
37. "两阶段设计"指（　　）。
　　A. 弹性阶段的概念设计和塑性阶段的抗震设计
　　B. 弹性阶段的概念设计和弹塑性阶段的抗震设计
　　C. 塑性阶段的概念设计和弹塑性阶段的抗震设计
　　D. 弹塑性阶段的概念设计和塑性阶段的抗震设计
38. 碎石土和砂土定名时下列方法正确的是（　　）。
　　A. 按粒组划分
　　B. 按粒组含量由大到小以最先符合者确定
　　C. 按粒组含量由小到大以最先符合者确定
　　D. 按有效粒径确定
39. 选定适宜的基础形式后，地基不加处理就可以满足要求的，称为（　　）。
　　A. 人工地基　　B. 深基础　　C. 天然地基　　D. 浅基础
40. 高层建筑为了减小地基的变形，下列形式较为有效的是（　　）。
　　A. 钢筋混凝土十字交叉基础　　　　B. 箱形基础
　　C. 筏形基础　　　　　　　　　　　D. 扩展基础

二、多项选择题

1. 以下属于建筑结构可靠性的是（　　）。
　　A. 安全性　　B. 适用性　　C. 稳定性
　　D. 耐久性　　E. 耐火性
2. 大跨结构多采用（　　）。
　　A. 框架结构　　B. 薄壳结构　　C. 膜结构

D. 网架结构　　　　　E. 悬索结构

3. 钢筋混凝土受弯构件正截面破坏形式有（　　）。

　A. 适筋破坏　　　　B. 超筋破坏　　　　C. 塑性破坏

　D. 少筋破坏　　　　E. 脆性破坏

4. 钢筋混凝土斜截面受剪截面破坏形式（　　）。

　A. 脆性破坏　　　　B. 剪压破坏　　　　C. 斜拉破坏

　D. 斜压破坏　　　　E. 塑性破坏

5. 关于单向板肋梁楼盖的结构平面布置，下列叙述正确的是（　　）。

　A. 单向板肋梁楼盖的结构布置一般取决于建筑功能要求，在结构上应力求简单、整齐、经济适用

　B. 柱网尽量布置成长方形或正方形

　C. 主梁有沿横向和纵向两种布置方案，沿横向布置主梁，房屋空间刚度较差，而且限制了窗洞的高度

　D. 梁格布置尽可能是等跨的，且边跨最好比中间跨稍小（约在10%以内）

　E. 梁格布置尽可能是等跨的，且中间跨最好比边跨稍小

6. 根据结构传力途径不同，楼梯的类型有（　　）。

　A. 梁式楼梯　　　　B. 板式楼梯　　　　C. 柱式楼梯

　D. 折线形楼梯　　　E. 螺旋楼梯

7. 钢筋混凝土雨棚通常需要进行下列计算（　　）。

　A. 正截面承载力　　B. 抗剪　　　　　　C. 抗拉

　D. 抗扭　　　　　　E. 抗倾覆

8. 砌体受压构件的承载力计算公式中 $N \leqslant \gamma_a \cdot \phi \cdot f \cdot A$，下面（　　）说法是正确的。

　A. A——扣除孔洞的净截面面积

　B. A——毛截面面积

　C. ϕ——考虑初始偏心 e_0 对受压构件强度的影响

　D. ϕ——考虑高厚比和轴向力的偏心距 e 对受压构件强度的影响

　E. ϕ——考虑高厚比对受压构件强度的影响

9. 无筋砌体局部受压的破坏形态有（　　）。

　A. 因纵向裂缝发展而引起的破坏　　　B. 失稳破坏　　　　C. 劈裂破坏

　D. 与垫板直接接触的砌体局部破坏　　E. 因横向裂缝发展而引起的破坏

10. 按照框架布置方向的不同，框架结构体系可分为（　　）三种框架结构形式。

　A. 内廊式　　　　　B. 纵向布置　　　　C. 任意布置

　D. 横向布置　　　　E. 双向布置

11. 钢结构的连接通常有（　　）。

　A. 焊接　　　　　　B. 刚性连接　　　　C. 铆接

　D. 柔性连接　　　　E. 螺栓连接

12. 螺栓在构件上的排列有两种形式：并列和错列。应满足三方面要求：（　　）。

　A. 受力要求　　　　B. 施工要求　　　　C. 构造要求

D. 安全要求   E. 使用要求

13. 《建筑抗震设计规范》(GB 50011—2010) 提出了"三水准两阶段"的抗震设防目标。其中"三水准"是指（   ）。

A. 大震不倒   B. 小震不坏   C. 中震可修
D. 大震可修   E. 中震不坏

14. 土的实测指标包括（   ）。

A. 天然密度   B. 比重   C. 干密度
D. 含水量   E. 孔隙率

15. 按桩的施工方法分类，可分为（   ）。

A. 摩擦型桩   B. 预制桩   C. 端承型桩
D. 灌注桩   E. 挤土桩

三、判断题（正确的在括号内填"A"，错误的在括号内填"B"）

1. 单筋矩形截面受弯构件正截面承载力计算中 $A_s/bh \geqslant \rho_{min}$，保证这一条件，可以防止发生少筋破坏。（   ）

2. 为了防止超筋破坏，《混凝土结构设计规范》规定受扭箍筋和纵筋应满足其最小配筋率的要求与构造要求。（   ）

3. 后张拉预应力的传递是依靠钢筋和混凝土之间的粘结强度完成的。（   ）

4. 先张法构件第一批预应力损失值的组合是 $\sigma_{l1}+\sigma_{l2}+\sigma_{l3}+\sigma_{l4}$。（   ）

5. 单向板短向布置分布筋，在长向布置受力筋。（   ）

6. 板式楼梯由踏步板、斜梁和平台板、平台梁组成。（   ）

7. 雨篷梁是受弯、剪、扭的作用的构件。（   ）

8. 内框架承重体系竖向荷载的主要传递路线是：楼（屋）面荷载——横墙——基础——地基。（   ）

9. 墙、柱的高厚比验算是保证砌体房屋施工阶段和使用阶段稳定性与刚度的一项重要构造措施。（   ）

10. 高层结构应根据房屋的高度、高宽比、抗震设防类别、场地类别、结构材料、施工技术等因素，选用适当的结构体系。（   ）

11. 直接承受动力荷载或振动荷载且需要验算疲劳的结构可选用 Q235 沸腾钢。（   ）

12. 震源到地面的垂直距离称为震源深度。（   ）

13. 我国抗震设防的范围为地震烈度为 7 度、8 度和 9 度地震区。（   ）

14. 塑限指土从塑性状态转变为液性状态时的界限含水量。（   ）

15. 地基承载力不足，须加大基础底面积，但布置单独基础在平面位置上又受到限制时可采用柱下条形基础。（   ）

四、计算题或案例分析题

1. 某框架结构阳台悬挑梁，悬挑长度 2.5m，该梁上所受的均布线荷载设计值为 20kN/m，该框架所在地区抗震 8 度。该梁用某程序计算时，未作竖向地震计算。

（1）阳台悬挑梁支座负弯矩 M_0 大小为（   ）kN·m。

A. 62.50　　　　　　B. 83.13
C. 75.00　　　　　　D. 68.75

（2）若阳台发生倾覆，则该结构超过承载力极限状态。（　　）

A. 正确　　　　　　B. 错误

（3）若阳台承受风荷载、雪荷载，则这些荷载属于（　　）。

A. 永久荷载　　　　B. 可变荷载
C. 偶然荷载　　　　D. 特殊荷载

（4）该阳台悬挑梁的悬挑端部增加围护隔墙，则属于增加（　　）。

A. 均布面荷载　　B. 线荷载　　C. 点荷载　　D. 集中荷载

（5）该框架结构为普通民用住宅，则设计年限为（　　）年。

A. 30　　　　B. 70　　　　C. 50　　　　D. 100

2. 某楼层为钢筋混凝土梁板结构，单向板支撑在梁上。单向板的跨度为3m，装修时，楼板上铺了40mm厚素混凝土。

（1）装修给楼板增加了面荷载。（　　）

A. 正确　　　　　　B. 错误

（2）梁的两侧都有板，则梁上所承受的是（　　）。

A. 均布面荷载　　B. 线荷载　　C. 点荷载　　D. 集中荷载

（3）单向板只布置单向钢筋，双向板需布置双向钢筋。（　　）

A. 正确　　　　　　B. 错误

（4）由于单向板上的荷载主要沿一个方向传递，所以仅需在板中该方向配置钢筋即可。（　　）

A. 正确　　　　　　B. 错误

（5）对于跨度相差小于10%的现浇钢筋混凝土连续梁、板，可按等跨连续梁进行内力计算。（　　）

A. 正确　　　　　　B. 错误

第7章　施工项目管理

一、单项选择题

1. 质量管理的首要任务是（　　）。
A. 确定质量方针、目标和职责
B. 建立有效的质量管理体系
C. 质量策划、质量控制、质量保证和质量改进
D. 确保质量方针、目标的实施和实现

2. 不属于影响项目质量因素中人的因素是（　　）。
A. 建设单位　　　　　　　　　　B. 政府主管及工程质量监督
C. 材料价格　　　　　　　　　　D. 供货单位

3. 某工程在施工的过程中,地下水位比较高,若在雨季进行基坑开挖,遇到连续降雨或排水困难,就会引起基坑塌方或地基受水浸泡影响承载力,这属于(　　)对工程质量的影响。
A. 现场自然环境因素　　　　　　　　B. 施工质量管理环境因素
C. 施工作业环境因素　　　　　　　　D. 方法的因素

4. 施工质量保证体系运行的 PDCA 循环原理是(　　)。
A. 计划、检查、实施、处理　　　　　B. 计划、实施、检查、处理
C. 检查、计划、实施、处理　　　　　D. 检查、计划、处理、实施

5. 初步设计文件,符合规划、环境等要求,设计规范等属于设计交底中的(　　)。
A. 施工注意事项　　　　　　　　　　B. 设计意图
C. 施工图设计依据　　　　　　　　　D. 自然条件

6. 工序质量控制的实质是(　　)。
A. 对工序本身的控制　　　　　　　　B. 对人员的控制
C. 对工序的实施方法的控制　　　　　D. 对影响工序质量因素的控制

7. 选定施工方案后,制定施工进度时,必须考虑施工顺序、施工流向,主要分部分项工程的施工方法,特殊项目的施工方法和(　　)能否保证工程质量。
A. 技术措施　　　B. 管理措施　　　C. 设计方案　　　D. 经济措施

8. 计量控制作为施工项目质量管理的基础工作,其主要任务是(　　)。
A. 统一计量工具制度,组织量值传递,保证量值统一
B. 统一计量工具制度,组织量值传递,保证量值分离
C. 统一计量单位制度,组织量值传递,保证量值分离
D. 统一计量单位制度,组织量值传递,保证量值统一

9. 在工程验收过程中,经具有资质的法定检测单位对个别检验批检测鉴定后,发现其不能够达到设计要求。但经原设计单位核算后认为能满足结构安全和使用功能的要求。对此,正确的做法是(　　)。
A. 可予以验收　　　　　　　　　　　B. 禁止验收
C. 由建设单位决定是否通过验收　　　D. 需要返工

10. 在工程质量问题中,如混合结构出现的裂缝可能随环境温度的变化而变化,或随荷载的变化及负担荷载的时间而变化,这是属于工程质量事故的(　　)特点。
A. 复杂性　　　B. 严重性　　　C. 可变性　　　D. 多发性

11. 未搞清地质情况就仓促开工,边设计边施工,无图施工,不经竣工验收就交付使用等,这是施工项目质量问题中(　　)的原因。
A. 违背建设程序　　B. 违反法规行为
C. 地质勘察失真　　D. 施工与管理不到位

12. 某安装公司在钢结构安装过程中发生整体倾覆事故,正在施工的工人 5 人死亡,6 人重伤。按照事故造成损失的严重程度,该事故可判定为(　　)。
A. 一般质量事故　　B. 较大质量事故
C. 重大质量事故　　D. 特别重大事故

13. 某工程在混凝土施工过程中,由于称重设备发生故障,导致工人向混凝土中掺入超量聚羧酸盐系高效减水剂,导致质量事故。该事故应判定为(　　)。

A. 指导责任事故   B. 社会、经济原因引发的事故
C. 技术原因引发的事故   D. 管理原因引发的事故

14. 施工进度目标的确定，施工组织设计编制，投入的人力及施工设备的规模，施工管理水平等影响进度管理的因素属于（   ）。
    A. 业主   B. 勘察设计单位   C. 承包人   D. 建设环境

15. 建筑市场状况、国家财政经济形势、建设管理体制等影响进度管理的因素属于（   ）。
    A. 业主   B. 勘察设计单位   C. 承包人   D. 建设环境

16. 同一施工过程在不同施工段上的流水节拍相等，但是不同施工过程在同一施工段上的流水节拍不全相等，而成倍数关系，叫做（   ）。
    A. 等节拍流水   B. 成倍节拍专业流水
    C. 加快成倍节拍专业流水   D. 无节奏专业流水

17. 依次施工的缺点是（   ）。
    A. 由于同一工种工人无法连续施工造成窝工，从而使得施工工期较长
    B. 由于工作面拥挤，同时投入的人力、物力过多而造成组织困难和资源浪费
    C. 一种工人要对多个工序施工，使得熟练程度较低
    D. 容易在施工中遗漏某道工序

18. 等节拍专业流水是指各个施工过程在各施工段上的流水节拍全部相等，并且等于（   ）的一种流水施工。
    A. 流水节拍   B. 持续时间   C. 施工时间   D. 流水步距

19. 网络计划中的虚工作（   ）。
    A. 既消耗时间，又消耗资源   B. 只消耗时间，不消耗资源
    C. 既不消耗时间，也不消耗资源   D. 不消耗时间，只消耗资源

20. 在建设工程常用网络计划表示方法中，（   ）是以箭线及其两端节点的编号表示工作的网络图。
    A. 单代号网络图   B. 双代号网络图
    C. 单代号时标网络图   D. 单代号搭接网络图

21. 按照工程网络计划的原理，关键工作是指在网络计划中（   ）最小的工作。
    A. 总时差   B. 自由时差   C. 持续时间   D. 时间间隔

22. 双代号时标网络图中，用（   ）来表示自由时差。
    A. 实箭线   B. 虚箭线   C. 波形线   D. 点画线

23. 某分部工程双代号网络计划图如下图所示，其关键线路有（   ）条。

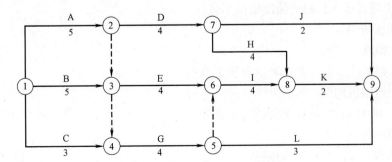

63

A. 2 　　　　　　B. 3 　　　　　　C. 4 　　　　　　D. 5

24. 在网络计划执行过程中，如果只发现工作 M 出现进度偏差，且拖延的时间超过其总时差，则（　　）。

A. 工作 M 不会变为关键工作

B. 将使工程总工期延长

C. 不会影响其紧后工作的总时差

D. 不会影响其后续工作的原计划安排

25. 工程项目施工进度计划是针对（　　）为对象编制的。

A. 分部分项工程　　　B. 作业班组

C. 整个企业　　　　　D. 一个具体的工程项目

26. 建立图纸审查、及时办理工程变更和设计变更手续的措施属于施工方进度控制的（　　）。

A. 组织措施　　　B. 合同措施　　　C. 技术措施　　　D. 经济措施

27. （　　）是指将在项目实施中检查实际进度收集的信息，经整理后直接用横道线并标于原计划的横道线处，进行直观比较的方法。

A. 横道图比较法　　　　　　B. S 形曲线比较法

C. 香蕉型曲线比较法　　　　D. 前锋线法

28. 若工作的进度偏差大于该工作的（　　），说明此偏差对后续工作产生影响，应根据后续工作允许的影响程度来确定如何调整。

A. 自由时差　　　B. 相关时差　　　C. 相对时差　　　D. 总时差

29. 施工项目（　　）就是根据成本信息和施工项目的具体情况，运用一定的专门方法对未来的成本水平及其可能发展趋势做出科学的估计，其实质就是在施工之前对成本进行估算。

A. 成本核算　　　B. 成本计划　　　C. 成本预测　　　D. 成本分析

30. 施工项目成本管理就是要在保证工期和质量满足要求的情况下，利用施工项目成本管理的措施，把成本控制在计划范围内，并进一步寻求最大程度的（　　）。

A. 成本控制　　　B. 成本估算　　　C. 成本考核　　　D. 成本节约

31. 实行项目经理责任制，落实施工成本管理的组织机构和人员，明确各级施工成本管理人员的任务和职能分工、权利和责任，编制本阶段施工成本控制工作和详细的工作流程图等，这是属于施工项目成本措施的（　　）。

A. 组织措施　　　B. 技术措施　　　C. 经济措施　　　D. 合同措施

32. 施工项目成本计划的编制依据不包括（　　）。

A. 合同报价书

B. 施工预算

C. 有关财务成本核算制度和财务历史资料

D. 企业组织机构图

33. 施工项目成本可以按成本构成分解为人工费、材料费、施工机械使用费、（　　）、措施费。

A. 间接费　　　B. 直接费　　　C. 企业费　　　D. 利息

34. 工程量清单漏项或设计变更引起的新的工程量清单项目，其相应综合单价由（ ）提出，经发包人确认后作为结算的依据。
   A. 承包人　　　　B. 建设单位　　　　C. 监理单位　　　　D. 设计单位

35. 我国现行工程变更价款的确定方法不包括（ ）。
   A. 合同中已有适用于变更工程的价格
   B. 合同中只有类似于变更工程的价格
   C. 合同中没有适用或类似于变更工程的价格
   D. FIDIC施工合同条件下工程变更的估价

36. 某建设工程工期为3个月，承包合同价为100万元，工程结算宜采用的方式是（ ）。
   A. 按月结算　　B. 分部结算
   C. 分段结算　　D. 竣工后一次结算

37. 施工项目成本控制的步骤是（ ）。
   A. 比较—分析—预测—纠偏—检查　　B. 预测—比较—分析—纠偏—检查
   C. 比较—分析—预测—检查—纠偏　　D. 预测—分析—比较—纠偏—检查

38. 施工项目成本控制的方法中，偏差分析可采用不同的方法，常用的有横道图法、（ ）和曲线法。
   A. 比率法　　　　B. 表格法　　　　C. 比较法　　　　D. 差额法

39. 具有形象直观，但反映的信息量少，一般在项目的较高管理层应用的施工成本偏差分析方法是（ ）。
   A. 横道图法　　　B. 表格法　　　　C. 排列法　　　　D. 曲线法

40. 施工成本分析的依据中，对经济活动进行核算范围最广的是（ ）。
   A. 会计核算　　　B. 成本核算　　　C. 统计核算　　　D. 业务核算

41. 贯彻安全第一方针，必须强调（ ）。
   A. 预防为主　　　B. 检查为主　　　C. 调整为主　　　D. 改进为主

42. 施工安全管理体系的建立，必须适用于工程施工全过程的（ ）。
   A. 安全管理和控制　　　　　　B. 进度管理和控制
   C. 成本管理和控制　　　　　　D. 质量管理和控制

43. 以下施工安全技术保证体系组成不包括（ ）。
   A. 施工安全的组织保证体系　　B. 施工安全的制度保证体系
   C. 施工安全的技术保证体系　　D. 施工安全的合同保证体系

44. 安全生产6大纪律中规定，（ ）以上的高处、悬空作业、无安全设施的，必须系好安全带，扣好保险钩。
   A. 2m　　　　　B. 3m　　　　　C. 4m　　　　　D. 5m

45. 塔吊的防护，以下说法错误的是（ ）。
   A. "三保险"、"五限位"齐全有效，夹轨器要齐全
   B. 路轨接地两端各设一组，中间间距不大于25m，电阻不大于4Ω
   C. 轨道横拉杆两端各设一组，中间杆距不大于6m
   D. 轨道中间严禁堆杂物，路轨两侧和两端外堆物应离塔吊回转台尾部35cm以上

46. 工地行驶的斗车、小平车的轨道坡度不得大于（　　），铁轨终点应有车挡，车辆的制动闸和挂钩要完好可靠。

　　A. 2%　　　　　　B. 3%　　　　　　C. 4%　　　　　　D. 5%

47. 施工安全教育主要内容不包括（　　）。

　　A. 现场规章制度和遵章守纪教育

　　B. 本工种岗位安全操作及班组安全制度、纪律教育

　　C. 安全生产须知

　　D. 交通安全须知

48. 安全教育和培训要体现（　　）的原则，覆盖施工现场的所有人员，贯穿于从施工准备、工程施工到竣工交付的各个阶段和方面，通过动态控制，确保只有经过安全教育的人员才能上岗。

　　A. 安全第一，预防为主　　　　　　B. 安全保证体系

　　C. 安全生产责任制　　　　　　　　D. 全面、全员、全过程

49. 安全检查的主要内容是（　　）。

　　①查思想；②查管理；③查隐患；④查整改；⑤查事故处理。

　　A. ②③④　　　B. ①②③④　　　C. ①②③⑤　　　D. ①②③④⑤

50. 采用人工挖土时，人与人之间的操作间距不得小于（　　）m。

　　A. 1.5　　　　　B. 2.0　　　　　C. 2.5　　　　　D. 3

51. 槽、坑、沟边（　　）m以内不得堆土、堆料、停置机具。

　　A. 0.5　　　　　B. 1　　　　　　C. 1.5　　　　　D. 2

52. 基坑施工深度达到（　　）m时必须设置1.2m高的两道护身栏杆，并按要求设置固定高度不低于18cm的挡脚板，或搭设固定的立网防护。

　　A. 0.5　　　　　B. 1　　　　　　C. 1.5　　　　　D. 2

53. 施工质量保证体系运行的PDCA循环原理是（　　）。

　　A. 计划、检查、实施、处理　　　　B. 计划、实施、检查、处理

　　C. 检查、计划、实施、处理　　　　D. 检查、计划、处理、实施

54. 设计交底和施工图纸会审已经完成，属于（　　）的质量预控。

　　A. 全面施工准备阶段

　　B. 分部分项工程施工作业准备

　　C. 冬、雨季等季节性施工准备

　　D. 施工作业技术活动

55. 下列说法错误的是（　　）。

　　A. 定额工期指在平均建设管理水平、施工工艺和机械装备水平及正常的建设条件（自然的、社会经济的）下，工程从开工到竣工所经历的时间

　　B. 合同工期的确定可参考定额工期或计划工期，不可根据投产计划来确定

　　C. 工程进度管理是一个动态过程，影响因素多，风险大，应认真分析和预测，采取合理措施，在动态管理中实现进度目标

　　D. 参与工程建设的每一个单位均要编制和自己任务相适应的进度计划

56. 在工程网络计划的执行过程中，发现原来某工作的实际进度比其他计划进度拖后

5天，影响总工期2天，则工作原来的总时差为（　　）天。

  A. 2   B. 3   C. 5   D. 7

57. 根据工程网络规划的有关理论，下列关于双代号网络图的说法不正确的是（　　）。

  A. 用箭线和两端节点编号来表示工作

  B. 只有一个开始节点

  C. 只有一个结束节点

  D. 工作之间允许搭接进行

58. 在工程施工以前对成本进行估算的，属于（　　）的内容。

  A. 施工成本预测   B. 施工成本控制

  C. 施工成本分析   D. 施工成本计划

59. 将项目总施工成本分解到单项工程和单位工程中，再进一步分解为分部工程和分项工程，该种施工成本计划的编制方式是（　　）编制施工成本计划。

  A. 按施工成本组成   B. 按子项目组成

  C. 按工程进度   D. 按合同结构

60. 关于施工成本计划的编制，下列说法中，不正确的是（　　）。

  A. 按时间进度的施工成本计划，通常可利用控制项目进度的网络图进一步扩充而得

  B. 编制施工成本计划的各种方式是相互独立的

  C. 可以将按子项目分解项目总施工成本与按施工成本构成分解项目总施工成本两种方法结合起来

  D. 可以将按子项目分解项目总施工成本计划与按时间分解项目总施工成本计划结合起来

61. （　　）是以承包商为某项索赔工作所支付的实际开支为根据，向业主要求费用补偿。

  A. 总费用法   B. 修正的总费用法   C. 计划费用法   D. 实际费用法

62. 某混凝土工程，采用以直接费为计算基础的全费用综合单价计价，直接费为400元/m³，间接费费率为13%，利润率为10%，综合计税系数为3.41%。则该混凝土工程的全费用综合单价为（　　）。

  A. 498元/m³   B. 514元/m³   C. 536元/m³   D. 580元/m³

63. 安全生产必须把好"七关"，这"七关"包括教育关、措施关、交底关、防护关、验收关、检查关和（　　）。

  A. 监控关   B. 文明关   C. 改进关   D. 计划关

64. 对结构复杂、施工难度大、专业性强的项目，除制定项目总体安全技术保证计划外，还必须制定（　　）的安全施工措施。

  A. 单位工程或分部分项工程   B. 单项工程或单位工程

  C. 单位工程或分部工程   D. 分部工程或分项工程

65. 施工安全技术措施可按施工准备阶段和施工阶段编写，其中，施工准备阶段主要包括技术准备、物资准备、施工现场准备和（　　）。

  A. 设备准备   B. 资料准备

C. 施工方案准备 D. 施工队伍准备

66. 施工安全管理的工作目标要求按期开展安全检查活动，对查出的事故隐患的整改应达到整改"五定"要求，即：定整改责任人、定整改措施、定整改完成时间、定整改完成人和（　　）。

A. 定整改验收人 B. 定整改预算
C. 定整改方案 D. 定整改目标

二、多项选择题

1. 材料质量控制的要点有（　　）。
   A. 掌握材料信息，优选供货厂家
   B. 合理组织材料供应，确保施工正常进行
   C. 合理组织材料使用，减少材料的损失
   D. 加强材料检查验收，严把材料质量关
   E. 降低采购材料的成本

2. 施工机械设备管理要健全各项管理制度，包括（　　）等。
   A. "人机不固定"制度 B. "操作证"制度
   C. 岗位责任制度 D. 交接班制度
   E. "安全使用"制度

3. 现场进行质量检查的方法有（　　）。
   A. 目测法 B. 实测法 C. 试验检查法
   D. 仪器测量 E. 系统监测

4. 在特殊过程中施工质量控制点的设置方法（种类）有（　　）。
   A. 以质量特性值为对象来设置
   B. 以工序为对象来设置
   C. 以设备为对象来设置
   D. 以管理工作为对象来设置
   E. 以项目的复杂程度为对象来设置

5. 工程质量事故具有（　　）的特点。
   A. 复杂性 B. 固定性 C. 严重性
   D. 多发性 E. 可变性

6. 施工项目质量问题的原因有很多，（　　）是属于施工与管理不到位的原因。
   A. 未经设计单位同意擅自修改设计
   B. 未搞清工程地质情况仓促开工
   C. 水泥安定性不良
   D. 采用不正确的结构方案
   E. 施工方案考虑不周，施工顺序颠倒

7. 某工程施工中，发生支模架坍塌事故，造成15人死亡，20人受伤。经调查，该事故主要是由于现场技术管理人员生病请假，工程负责人为了不影响施工进度，未经技术交底就吩咐工人自行作业造成的。该工程质量应判定为（　　）。
   A. 技术原因引发的事故 B. 管理原因引发的事故

C. 特别重大事故　　　　　　　　D. 指导责任事故

E. 重大质量事故

8. 影响施工项目进度的因素有（　　）。

A. 业主的干扰因素　　　　　　　B. 勘察设计单位干扰因素

C. 环境干扰因素　　　　　　　　D. 施工单位干扰因素

E. 监理单位干扰因素

9. 工程工期可以分为（　　）。

A. 定额工期　　　B. 合同工期　　　C. 计算工期

D. 竣工工期　　　E. 完工工期

10. 施工段的划分应当遵循的基本原则是（　　）。

A. 同一施工过程在各流水段上的工作量（工程量）大致相等，以保证各施工班组连续、均衡地施工

B. 每个施工段要有足够的工作面，使其所容纳的劳动力人数或机械台数，能满足合理劳动组织的要求

C. 结合建筑物的外形轮廓、变形缝的位置和单元尺寸划分流水段

D. 当流水施工有空间关系时（分段又分层），对同一施工层，应使最少流水段数大于或等于主要施工过程数

E. 对于多层的拟建项目，既要划分施工段，又要划分施工层，以保证相应的专业工作队在施工段与施工层之间组织有节奏、连续、均衡的施工

11. 属于绘制双代号网络图规则的是（　　）。

A. 网络图中不允许出现回路

B. 网络图中不允许出现代号相同的箭线

C. 网络图中的节点编号不允许跳跃顺序编号

D. 在一个网络图中只允许一个起始节点和一个终止节点

E. 双代号网络图节点编号顺序应从小到大，可不连续，但严禁重复

12. 在网络计划中，当计算工期等于计划工期时，（　　）是关键工作。

A. 自由时差最小的工作

B. 总时差最小的工作

C. 最早开始时间与最迟开始时间相等的工作

D. 最早完成时间与最迟完成时间相等的工作

E. 双代号网络计划中箭线两端节点的最早时间与最迟时间分别相等的工作

13. 下面双代号网络图中，工作 A 的紧后工作有（　　）。

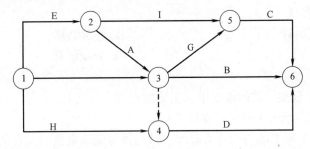

A. 工作 I B. 工作 B C. 工作 C
D. 工作 D E. 工作 G

14. 进度控制的技术措施主要包括（   ）。
A. 采用多级网络计划技术和其他先进适用的计划技术
B. 组织流水作业，保证作业连续、均衡、有节奏
C. 采用电子计算机控制进度的措施
D. 采用先进高效的技术和设备
E. 建立图纸审查、及时办理工程变更和设计变更手续的措施

15. 将收集的资料整理和统计成与计划进度具有可比性的数据后，用实际进度与计划进度的比较方法进行比较分析，通常采用的比较方法有（   ）。
A. 横道图比较法 B. S形曲线比较法
C. "香蕉"型曲线比较法 D. 网络计划比较法
E. 前锋线比较法

16. 施工成本管理的任务主要包括（   ）。
A. 成本预测 B. 成本计划 C. 成本执行评价
D. 成本核算 E. 成本分析和成本考核

17. 施工项目成本管理的措施主要有（   ）。
A. 管理措施 B. 技术措施 C. 经济措施
D. 合同措施 E. 组织措施

18. 按时间进度编制施工成本计划时的主要做法有（   ）。
A. 通常利用控制项目进度的网络图进一步扩充而得
B. 除确定完成工作所需时间外，还要确定完成这一工作的成本支出
C. 将按子项目分解的成本计划与按成本构成分解的成本计划相结合
D. 要求同时考虑进度控制和成本支出对项目划分的要求，做到二者兼顾
E. 应考虑进度控制对项目划分要求，不必考虑成本支出对项目划分的要求

19. 索赔费用的组成包括（   ）。
A. 人工费 B. 材料费 C. 施工机械使用费
D. 利润 E. 工程预付款

20. 承包工程价款的主要结算方式有（   ）。
A. 按月结算 B. 竣工后一次结算 C. 分段结算
D. 按周结算 E. 结算双方约定的其他结算方式

21. 在工程项目实施阶段，建安工程费用的结算可以根据不同情况采取多种方式，其中主要的结算方式有（   ）。
A. 竣工后一次结算 B. 分部结算
C. 分段结算 D. 分项结算
E. 按月结算

22. 下列有关工程预付款的说法中，正确的有（   ）。
A. 工程预付款是承包人预先垫支的工程款
B. 工程预付款是施工准备和所需材料、结构件等流动资金的主要来源

C. 工程预付款又被称作预付备料款

D. 工程预付款预付时间不得迟于约定开工日前 7 天

E. 工程预付款扣款方式由发包人决定

23. 施工成本控制的依据包括以下内容（ ）。

   A. 工程承包合同　　B. 施工组织设计、分包合同文本
   C. 进度报告　　　　D. 施工成本计划　　E. 工程变更

24. 施工成本分析的基本方法有（ ）。

   A. 比较法　　　　　B. 因素分析法
   C. 差额计算法　　　D. 比率法　　　　　E. 曲线法

25. 单位工程竣工成本分析的内容包括（ ）。

   A. 竣工成本分析　　　　　　　　B. 主要资源节超对比分析
   C. 月（季）度成本分析　　　　　D. 主要技术节约措施及经济效果分析
   E. 年度成本分析

26. 施工企业在建立施工安全管理体系时，应遵循的原则有（ ）。

   A. 要建立健全安全生产责任制和群防群治制度
   B. 项目部可自行制定本项目的安全管理规程
   C. 必须符合法律、行政法规及规程的要求
   D. 必须适用于工程施工全过程
   E. 企业可以建立统一的施工安全管理体系

27. 除了制度保证体系外，施工安全保证体系还包括（ ）。

   A. 组织保证体系　　B. 技术保证体系
   C. 投入保证体系　　D. 管理保证体系
   E. 信息保证体系

28. 施工准备阶段现场准备的安全技术措施包括（ ）的内容。

   A. 按施工总平面图要求做好现场施工准备
   B. 电器线路，配电设备符合安全要求，有安全用电防护措施
   C. 场内道路畅通，设交通标志，危险地带设危险信号及禁止通行标志
   D. 保证特殊工种使用工具、器械质量合格，技术性能良好
   E. 现场设消防栓，有足够的有效的灭火器材、设施

29. 混凝土工程安全技术交底内容包括（ ）。

   A. 车道板单车行走宽度不小于 1.2m，双车道宽度不小于 2.4m
   B. 当塔吊放下料斗时，操作人员应主动避让，防止料斗碰头和料头碰人坠落
   C. 离地面 2m 以上浇筑过梁、雨棚和小阳台等，不准站在搭接头上操作
   D. 使用振动机前应检查电源电压，输电应安装漏电开关，保护电源线路良好，电源线不得有接头，机械运转要正常
   E. 井架吊篮起吊时，应关好井架安全门，头、手不准伸入井架内，待吊篮停稳后，方可进入吊篮内工作

30. 金属脚手架工程安全技术交底内容正确的是（ ）。

   A. 架设金属扣件双排脚手架时，应严格执行国家行业和当地建设主管部门的有关

规定

B. 架设前应严格进行钢管的筛选，凡严重锈蚀、薄壁、弯曲及裂变的杆件不宜采用

C. 脚手架的基础除按规定设置外，应做好防水处理

D. 高层建筑金属脚手架的拉杆，可以使用铅丝攀拉

E. 吊运机械允许搭设在脚手架上，不一定另立设置

31. 班组安全生产教育由班组长主持，进行本工种岗位安全操作及班组安全制度、安全纪律教育的主要内容有（　　）。

A. 本班组作业特点及安全操作规程

B. 本岗位易发生事故的不安全因素及其防范对策

C. 本岗位的作业环境及使用的机械设备、工具安全要求

D. 爱护和正确使用安全防护装置（设施）及个人劳动防护用品

E. 高处作业、机械设备、电气安全基础知识

32. 下列属于安全生产须知内容的是（　　）。

A. 进入施工现场，必须戴好安全帽、扣好帽带

B. 建筑材料和构件要堆放整齐稳妥，不要过高

C. 危险区域要有明显标志，要采取防护措施，夜间要设红灯示警

D. 手推车装运物料时，应注意平稳，掌握重心，不得猛跑或撒把溜放

E. 工具用好后要随时放在地上

33. "三宝"是指（　　）。

A. 防护罩　　　　B. 安全帽　　　　C. 安全带

D. 安全网　　　　E. 安全绳

34. 下列属于进度纠偏的管理措施的是（　　）。

A. 调整进度管理的方法和手段　　　B. 强化合同管理

C. 改变施工方法　　D. 改变施工机具　　E. 及时解决工程款支付

35. 检验批的质量应该按（　　）验收。

A. 重要项目　　　　B. 主要项目　　　　C. 次要项目

D. 主控项目　　　　E. 一般项目

36. 施工平面图应根据（　　）的要求进行规范设计和布置。

A. PDCA 循环　　B. 全面质量管理　　C. 质量管理体系

D. 施工总体方案　　E. 施工进度计划

37. 根据工程项目的实际阶段，工程的进度可划分为（　　）。

A. 设计进度计划　　　　　　　　B. 建设施工组织计划

C. 施工进度计划　　　　　　　　D. 物资设备供应计划

E. 建设工程施工安全计划

38. 流水施工过程中的空间参数主要包括（　　）。

A. 工作面　　　　B. 施工段　　　　C. 施工层

D. 流水节拍　　　E. 间歇时间

三、判断题（正确的在括号内填"A"，错误的在括号内填"B"）

1. 质量管理的核心是确定质量方针、明确质量目标和岗位职责。（　）
2. 施工质量的影响因素主要有人、材料、机械、方法及环境等五大方面，即4M1E。（　）
3. 对于重要的工序或对工程质量有重大影响的工序，应严格执行"三检"制度，未经监理工程师（或建设单位技术负责人）检查认可，不得进行下道工序施工。（　）
4. 工程质量的验收均应在施工单位自行检查评定的基础上进行。（　）
5. 质量事故处理的基本要求是：安全可靠，不留隐患，满足建筑功能和使用要求，技术可行，经济合理，施工方便。（　）
6. 混凝土墙表面轻微麻面，必须做专门处理，不可通过后续的抹灰、喷涂或刷白等工序弥补。（　）
7. 等节拍专业流水是指各个施工过程在各施工段上的流水节拍全部相等，并且等于间歇时间的一种流水施工。（　）
8. 定额工期指在平均建设管理水平、施工工艺和机械装备水平及正常的建设条件（自然的、社会经济的）下，工程从开工到竣工所经历的时间。（　）
9. 合同工期的确定可参考定额工期或计划工期，不可根据投产计划来确定。（　）
10. 在双代号网络计划中，以波形线表示工作的自由时差。（　）
11. 一个网络计划只能有1条关键线路。（　）
12. 关键线路上的工作不一定是关键工作。（　）
13. 在进度计划的调整过程中通过改变某些工作的逻辑关系可以达到缩短工作持续时间的作用。（　）
14. 进度控制的组织措施不包括建立进度控制小组，将进度控制任务落实到个人。（　）
15. 施工项目成本预测是施工项目成本计划与决策的依据。（　）
16. 一般来说，一个施工项目成本计划应包括从开工到竣工所必需的施工成本。（　）
17. 工程施工项目成本偏差分析就是从预算成本、计划成本和实际成本的相互对比中找差距原因，促进成本管理，提高控制能力。（　）
18. 进行成本分析时，预算成本来自于施工预算。（　）
19. 动态比率的计算，通常采用基期指数和环比指数两种方法。（　）
20. 我国建筑企业的安全生产方针是"安全第一，预防为主"。（　）
21. 单项工程、单位工程均有安全技术措施，分部分项工程有安全技术具体措施，施工前由项目经理向参加施工的有关人员进行安全技术交底，并应逐级和保存"安全交底任务单"。（　）
22. 对大中型项目工程、结构复杂的重点工程除了必须在施工组织总体设计中编制施工安全技术措施外，还应编制单位工程或分部分项工程安全技术措施。（　）
23. 人货两用电梯下部三面搭设双层防坠棚，搭设宽度正面不小于2.8m，两侧不小于1.8m，搭设高度为3m。（　）
24. 事前、事中、事后质量三大环节控制不是互相孤立和截然分开的，它们共同构成

有机的系统过程，实质上也就是质量管理 PDCA 循环的具体化。 （　　）

25. 对计划实施过程进行的各种检查指的是包括作业者自检，互检，专职管理者专检。 （　　）

26. 监理单位干扰因素是影响施工项目进度的因素之一。 （　　）

27. 如果由于承包商管理不善，造成材料损坏失效，能列入索赔计价。 （　　）

28. 贯彻安全第一方针，必须强调检查为主。 （　　）

29. 制度保证体系的构成：岗位管理、措施管理、投入和物资管理。 （　　）

四、计算题或案例分析题

1. 某工程总承包企业承接了某大型交通枢纽工程的项目总承包业务，并与业主签订了建设项目工程总承包合同。为了实现业主提出的建设总进度目标，工程总承包方开展了如下一系列工作：

（1）分析和论证了总进度目标实现的可能性，编制了总进度纲要论证文件；

（2）编制了项目总进度计划，形成了由不同编制深度，不同功能要求和不同计划周期的进度计划组成的进度计划系统；

（3）明确了工程总承包方进度控制的目的和任务，提出了进度控制的各种措施。

根据场景，回答下列问题：

（1）建设工程项目的总进度目标是在项目的（　　）。

A. 决策

B. 设计前准备

C. 设计

D. 施工

（2）工程总承包方在进行项目总进度目标控制前，首先应（　　）。

A. 确定项目的总进度目标

B. 分析和论证目标实现的可能性

C. 明确进度控制的目的和任务

D. 编制项目总进度计划

（3）建设工程项目总进度目标论证的工作有：①确定项目的工作编码；②调查研究和收集资料；③进行项目结构分析；④进行进度计划系统的结构分析；等等。其工作步骤为（　　）。

A. ①-②-③-④　　B. ②-①-④-③　　C. ①-④-②-③　　D. ②-③-④-①

（4）大型建设工程项目总进度论证的核心工作是（　　）。

A. 明确进度控制的措施

B. 分析影响施工进度目标实现的主要因素

C. 通过编制总进度纲要论证总进度目标实现的可能性

D. 编制各层（各级）进度计划

（5）下列进度控制的各项措施中，属于组织措施的是（　　）。

A. 编制进度控制的工作流程

B. 选择合理的合同结构，以避免过多合同界面而影响工程的进度

C. 分析影响进度的风险并采取相应措施，以减少进度失衡的风险量

D. 选择科学、合理的施工方案，对施工方案进行技术经济分析并考虑其对进度的影响

2. 某工程包含两个单项工程，分别发包给甲、乙两个承包商。在施工中发生如下事件。

事件一：该工程签约时的计算工程价款为1000万元，该工程固定要素的系数为0.2；在结算时，各参加调值的品种，除钢材的价格指数增长了10%外均未发生变化，钢材费用占调值部分的50%。

事件二：混凝土工程当年六月开始施工，当地气象资料显示每年七月份为雨期，在此期间承包商由于采取防雨排水措施而增加费用1.5万元；另由于业主原因致使工程在八月份暂停一个月。承包商拟提出索赔。

事件三：工程竣工后，发包人在收到甲递交的竣工结算报告及资料后2个月还没支付结算价款；发包人认可竣工验收报告已经1个月，但乙一直未提交完整的竣工结算报告及资料。

根据场景，回答下列问题：

（1）针对事件一，在工程动态结算时，采用调值公式法进行结算需要做好（　　）等工作。

A. 确定调值品种

B. 确定调值幅度

C. 商定调整因素

D. 确定考核地点和时间

E. 确定价格调值系数

（2）FIDIC合同条件下，在应用调值公式法进行工程价款动态结算时，价格的调整需要确定时点价格，这里的时点价格包括（　　）。

A. 开工时的市场价格

B. 政府指定的价格

C. 基准时期的市场价格

D. 工程价款结算时的指令价格

E. 特定付款证书有关的期间最后一天的49天前的时点价格

（3）针对事件二，承包商可索赔（　　）。

A. 防雨排水措施增加量

B. 不可辞退工人窝工费

C. 材料的超期储存费

D. 延期一个月应得利润

E. 增加的现场管理费

（4）针对事件三，以下说法正确的有（　　）。

A. 发包人应按银行同期存款利率向甲支付拖欠的利息，并承担违约责任

B. 甲可与发包人协议将工程折价，并从工程折价的价款中优先受偿

C. 甲可以申请法院将工程依法拍卖，并从拍卖的价款中优先受偿

D. 若发包人要求交付工程，乙承包商应当交付

E. 若发包人不要求交付工程，乙承包商应承担保管责任

(5) 索赔证据的基本要求是（　　）。

A. 真实性　　　　B. 及时性　　　　C. 全面性

D. 关联性　　　　E. 科学性

(6) 索赔成立的前提条件有（　　）。

A. 与合同对照，事件已造成了承包人工程项目成本的额外支出或直接工期损失

B. 造成费用增加或工期损失的原因，按合同约定不属于承包人的行为责任或风险责任

C. 承包人按合同规定的程序和时间提交索赔意向通知和索赔报告

D. 由于监理工程师对合同文件的歧义解释，技术资料不确切，或由于不可抗力导致施工条件的改变，造成了时间、费用的增加

E. 发包人违反合同给承包人造成时间、费用的损失

(7) 当承包人提出索赔后，工程师要对其提供的证据进行审查，属于有效证据的包括（　　）。

A. 招标文件中的投标须知

B. 施工会议纪要

C. 招标阶段发包人对承包人质疑书面解答

D. 检查和试验记录

E. 工程师书面命令

3. 某地下工程合同约定，计划1月份开挖土方80000m^3，2月份开挖160000m^3，合同单价均为85元/m^3；计划3月份完成混凝土工程量500m^3，4月份完成450m^3。合同单价均为600元/m^3。而至各月底，经确认的工程实际进展情况为，1月份实际开挖土方90000m^3，2月份开挖180000m^3，实际单价均为72元/m^3；3月份和4月份实际完成的混凝土工程量均为400m^3，实际单价700元/m^3。

(1) 到1月底，该工程的费用偏差（CV）为（　　）万元。

A. 117　　　　B. －117　　　　C. 85　　　　D. －85

(2) 到2月底，该工程的以工作量表示的进度偏差（SV）为（　　）万元。

A. 170　　　　B. －170　　　　C. 255　　　　D. －225

(3) 至3月底，该工程的费用绩效指数（CPI）为（　　）。

A. 0.800　　　　B. 1.176　　　　C. 0.857　　　　D. 1.250

(4) 至4月底，该工程的进度绩效指数（SPI）为（　　）。

A. 0.857　　　　B. 1.117　　　　C. 1.125　　　　D. 1.167

第8章　建筑施工技术

一、单项选择题

1. 从建筑施工的角度，根据土的（　　），可将土分为8大类。

A. 颗粒级配　　　　　B. 沉积年代　　　　　C. 坚硬程度　　　　　D. 承载能力

2. 自然状态下的土，经过开挖后，其体积因松散而增加，以后虽经回填压实，仍不能恢复到原来的体积，这种性质称为（　　）。

A. 土的流动性　　　　B. 土的可松性　　　　C. 土的渗透性　　　　D. 土的结构性

3. 土的渗透性用渗透系数表示，渗透系数的表示符号是（　　）。

A. K　　　　　　　　B. kN　　　　　　　C. E　　　　　　　　D. V

4. 填土的密度常以设计规定的（　　）作为控制标准。

A. 可松性系数　　　　B. 孔隙率　　　　　　C. 渗透系数　　　　　D. 压实系数

5. 一般排水沟的横断面和纵向坡度不宜小于（　　）。

A. 0.4m×0.4m，0.1%　　　　　　　　　　B. 0.5m×0.5m，0.1%
C. 0.4m×0.4m，0.2%　　　　　　　　　　D. 0.5m×0.5m，0.2%

6. "流砂"现象产生的原因是由于（　　）。

A. 地面水流动的作用
B. 地下水动水压力大于或等于土的浸水密度
C. 土方开挖的作用
D. 基坑降水不当

7. 下面防治流砂的方法中，（　　）是根除流砂的最有效的方法。

A. 水下挖土法　　　　B. 打钢板桩法　　　　C. 土壤冻结法　　　　D. 井点降水法

8. 移挖作填以及基坑和管沟的回填上，当运距在100m以内时，可采用（　　）施工。

A. 反铲挖土机　　　　B. 推土机　　　　　　C. 铲运机　　　　　　D. 摊铺机

9. 具有"后退向下，强制切土"挖土特点的土方机械是（　　）。

A. 正铲　　　　　　　B. 反铲　　　　　　　C. 拉铲　　　　　　　D. 抓铲

10. 土方的开挖顺序、方法必须与设计工况相一致，并遵循开槽支撑，（　　），严禁超挖的原则。

A. 先撑后挖，分层开挖　　　　　　　　　B. 先挖后撑，分层开挖
C. 先撑后挖，分段开挖　　　　　　　　　D. 先挖后撑，分段开挖

11. 观察验槽的重点应选择在（　　）。

A. 基坑中心线　　　　　　　　　　　　　B. 基坑边角处
C. 受力较大的部位　　　　　　　　　　　D. 最后开挖的部位

12. （　　）适用于处理碎石土、砂土、低饱和度的黏性土、粉土、湿陷性黄土及填土地基等的深层加固方法。

A. 强夯法　　　　　　B. 重锤夯实法　　　　C. 挤密桩法　　　　　D. 砂石桩法

13. 泥浆护壁成孔灌注桩施工中有以下步骤：①成孔；②清孔；③水下浇筑混凝土；④埋设护筒；⑤测定桩位；⑥下钢筋笼；⑦制备泥浆。其工艺流程顺序为（　　）。

A. ④⑤⑦①②⑥③　　　　　　　　　　　B. ⑦⑤④①②⑥③
C. ⑦④⑤①②③⑥　　　　　　　　　　　D. ⑤④⑦①②⑥③

14. 根据桩的（　　）进行分类，桩可分为预制桩和灌注桩两类。

A. 承载性质　　　　　B. 使用功能　　　　　C. 使用材料　　　　　D. 施工方法

77

15. 钢筋混凝土预制桩制作时，达到（　　）的设计强度方可起吊。
   A. 30%　　　　　B. 40%　　　　　C. 70%　　　　　D. 100%

16. 打桩时宜采用（　　）的方式，方可取得良好的效果。
   A. "重锤低击，低提重打"　　　　　B. "轻锤高击，高提重打"
   C. "轻锤低击，低提轻打"　　　　　D. "重锤高击，高提重打"

17. 混凝土预制长桩一般应分节制作，在现场接桩，分节沉入，只适用于软土层的接桩方法为（　　）。
   A. 焊接接桩　　　　　　　　　　B. 法兰接桩
   C. 套筒接桩　　　　　　　　　　D. 硫磺胶泥锚接接桩

18. 关于打桩质量控制，下列说法错误的是（　　）。
   A. 桩尖所在土层较硬时，以贯入度控制为主
   B. 桩尖所在土层较软时，以贯入度控制为主
   C. 桩尖所在土层较硬时，以桩尖设计标高控制为辅
   D. 桩尖所在土层较软时，以桩尖设计标高控制为主

19. 人工挖孔灌注桩，施工照明应采用安全矿灯或（　　）V以下的安全灯。
   A. 12　　　　　B. 24　　　　　C. 36　　　　　D. 120

20. 垂直导管法浇筑地下连续墙水下混凝土时，导管间距最大不得超过（　　）。
   A. 3m　　　　　B. 4m　　　　　C. 5m　　　　　D. 6m

21. 多立杆脚手架的立杆与纵、横向扫地杆的连接应用（　　）固定。
   A. 直角扣件　　　B. 旋转扣件　　　C. 对接扣　　　D. 承插件

22. 架设安全网时，伸出墙面的宽度应不小于（　　）m，外口要高于里口500mm。
   A. 1　　　　　B. 1.5　　　　　C. 2　　　　　D. 3

23. 脚手架的安全措施中描述正确的是（　　）。
   A. 脚手架必须按楼层与结构拉结牢固，拉结点垂直距离不得超过4m，水平距离不得超过3m
   B. 在脚手架的操作面上必须满铺脚手板，离墙面不得大于200mm，不得有空隙、探头板和飞跳板
   C. 在脚手架的操作面上应设置护身栏杆和挡脚板，防护高度为0.8m
   D. 在同一垂直面内上下交叉时，可设置安全隔板，下方操作人员需戴安全帽

24. 垂直运输机械应随搭设高度设置一定数量的缆风绳，高度不超过（　　）m时，设一道缆风绳。
   A. 10　　　　　B. 12　　　　　C. 15　　　　　D. 18

25. 一般用作砌筑地面以上砖石砌体的砂浆是（　　）。
   A. 水泥砂浆　　　B. 水泥混合砂浆　　　C. 石灰砂浆　　　D. 纸筋灰砂浆

26. 黏土砖应在砌筑前（　　）浇水湿润，以水浸入砖内深度1～1.5cm为宜。
   A. 1～2h　　　　B. 3～4h　　　　C. 1～2d　　　　D. 3～4d

27. 用灰勺、大铲或铺灰器在墙顶上铺一段砂浆，然后双手拿砖或单手拿砖，用砖挤入砂浆中一定厚度之后把砖放平，达到下齐边、上齐线、横平竖直的要求。这种砌砖方法是（　　）。

A. 摊大灰法 B. 刮浆法
C. 挤浆法 D. "三一"砌砖法

28. 对抗震设防烈度为 6 度、7 度的地区留直槎时拉结钢筋伸入墙内不应小于（ ）mm，末端应有 90°弯钩。
A. 300 B. 500 C. 1000 D. 1500

29. 下列墙体或部位中，可留设脚手眼的是（ ）。
A. 半砖墙和砖柱 B. 宽度大于 1m 的窗间墙
C. 砖砌体门窗洞口两侧 200mm 的范围内 D. 转角处 450mm 的范围内

30. 改善砂浆和易性，砖应隔夜浇水，严禁干砖砌筑，铺灰长度不得超过 500mm，宜采用"三一"砌砖法进行砌筑。这是预防（ ）质量问题的有效措施。
A. 砂浆强度偏低、不稳定 B. 砂浆和易性差、沉底结硬
C. 砌体组砌方法错误 D. 灰缝砂浆不饱满

31. 砌块砌筑施工的工艺顺序是（ ）。
A. 铺灰、砌块安装就位、镶砖、灌缝、校正
B. 铺灰、镶砖、砌块安装就位、灌缝、校正
C. 铺灰、砌块安装就位、灌缝、校正、镶砖
D. 铺灰、砌块安装就位、校正、灌缝、镶砖

32. 砌块密实度差，灰缝砂浆不饱满，特别是竖缝；墙体存在贯通性裂缝；门窗框固定不牢，嵌缝不严等。这些都是砌块砌体产生（ ）质量问题的主要原因。
A. 砌体强度偏低、不稳定 B. 墙体裂缝
C. 墙面渗水 D. 层高超高

33. 砖墙水平灰缝的砂浆饱满度应达到（ ）以上。
A. 90% B. 80% C. 75% D. 70%

34. 砌砖墙留斜槎时，斜槎长度不应小于高度的（ ）。
A. 1/2 B. 1/3 C. 2/3 D. 1/4

35. 当混凝土小型空心砌块砌体的竖向灰缝宽度为（ ）时，应采用 C20 以上的细石混凝土填实。
A. 15～20mm B. 20～30mm
C. 30～150mm D. 150～300mm

36. 跨度为 6m、混凝土强度为 C30 的现浇混凝土板，当混凝土强度至少应达到（ ）时方可拆除模板。
A. 15N/mm^2 B. 21N/mm^2 C. 22.5N/mm^2 D. 30N/mm^2

37. 混凝土必须养护至其强度达到（ ）时，才能够在其上行人或安装模板支架。
A. 1.2MPa B. 1.8MPa C. 2.4MPa D. 3MPa

38. 框架结构模板的拆除顺序一般是（ ）。
A. 柱→楼板→梁侧板→梁底板 B. 梁侧板→梁底板→楼板→柱
C. 柱→梁侧板→梁底板→楼板 D. 梁底板→梁侧板→楼板→柱

39. 混凝土必须养护至其强度达到（ ）时，才能够在其上行人或安装模板支架。
A. 1.2MPa B. 1.8MPa C. 2.4MPa D. 3MPa

40. 某混凝土梁的受拉钢筋图纸上原设计用 φ12 钢筋（HRB335），现准备用 φ20 钢筋（HRB335）代换，应按（　　）原则进行代换。
　　A. 钢筋强度相等　　　　　　　　　　B. 钢筋面积相等
　　C. 钢筋面积不小于代换前的面积　　　D. 钢筋受拉承载力设计值相等

41. （　　）焊接方法主要用于现浇钢筋混凝土结构构件内竖向或斜向（倾斜度在 4∶1 的范围内）钢筋的焊接。
　　A. 闪光对焊　　　B. 电渣压力焊　　　C. 电阻点焊　　　D. 三个都可以

42. 6 根 φ10 钢筋代换成 φ6 钢筋应为（　　）。
　　A. 10φ6　　　　B. 13φ6　　　　C. 17φ6　　　　D. 21φ6

43. 某梁纵向受力钢筋为 5 根直径为 20mm 的 HRB335 级钢筋（抗拉强度为 300N/mm²），现在拟用直径为 25mm 的 HPB300 级钢筋（抗拉强度为 270N/mm²）代换，所需钢筋根数为（　　）。
　　A. 3 根　　　　B. 4 根　　　　C. 5 根　　　　D. 6 根

44. 混凝土搅拌机按搅拌原理不同，可分为（　　）式和强制式两类。
　　A. 简易　　　　B. 附着　　　　C. 自落　　　　D. 便携

45. 采用"一次投料法"在投料斗中投料时，投料顺序为（　　）。
　　A. 砂、石、水泥　　　　　　　　　　B. 水泥、砂、石
　　C. 砂、水泥、石　　　　　　　　　　D. 石、水泥、砂

46. 浇筑混凝土时，自高处倾落的自由高度不应超过（　　）m。
　　A. 1　　　　B. 1.5　　　　C. 2　　　　D. 3

47. 混凝土在运输时不应产生离析、分层现象，如有离析现象，则必须在浇筑混凝土前进行（　　）。
　　A. 加水　　　B. 二次搅拌　　　C. 二次配合比设计　　　D. 振捣

48. 混凝土构件的施工缝的留设位置不正确的是（　　）。
　　A. 柱应留在基础的顶面、梁或吊车梁牛腿的下面、无梁楼盖柱帽的下面
　　B. 双向受力板、拱、薄壳应按设计要求留设
　　C. 单向板留置在平行于板的长边任何位置
　　D. 有主次梁的留置在次梁跨中的 1/3 范围内

49. 开始浇筑柱子时，底部应先浇筑一层厚（　　）。
　　A. 5～10mm 相同成分的细石混凝土
　　B. 5～10mm 相同成分的水泥砂浆或水泥浆
　　C. 50～100mm 相同成分的细石混凝土
　　D. 50～100mm 相同成分的水泥砂浆或水泥浆

50. 大体积混凝土浇筑时，若结构的长度超过厚度 3 倍时，可采用（　　）的浇筑方案。
　　A. 全面分层　　　B. 分段分层　　　C. 斜面分层　　　D. 分部分层

51. 后浇带处的混凝土，宜用（　　），强度等级宜比原结构的混凝土提高 5～10N/mm，并保持不少于 15d 的潮湿养护。
　　A. 细石混凝土　　　B. 微膨胀混凝土　　　C. 抗冻混凝土　　　D. 高性能混

凝土

52. 普通硅酸盐水泥配制的混凝土，采用洒水养护，养护时间不少于（　　）d。
   A. 3   B. 7   C. 14   D. 28

53. 浇筑混凝土时，为了避免混凝土产生离析，自由倾落高度不应超过（　　）。
   A. 1.5m   B. 2.0m   C. 2.5m   D. 3.0m

54. 当混凝土浇筑高度超过（　　）时，应采取串筒、溜槽或振动串筒下落。
   A. 2m   B. 3m   C. 4m   D. 5m

55. 某C25混凝土在30℃时初凝时间为210min，若混凝土运输时间为60min，则混凝土浇筑和间歇的最长时间应是（　　）。
   A. 120min   B. 150min   C. 180min   D. 90min

56. 在梁板柱等结构的接缝和施工缝处，产生"烂根"的原因之一是（　　）。
   A. 混凝土强度偏低　　　　　　　　B. 养护时间不足
   C. 配筋不足　　　　　　　　　　　D. 接缝处模板拼缝不严，漏浆

57. 当梁的高度大于（　　）时，可单独浇筑。
   A. 0.5m   B. 0.8m   C. 1m   D. 1.2m

58. 悬挑长度为1.5m、混凝土强度为C30的现浇阳台板，当混凝土强度至少应达到（　　）时方可拆除底模。
   A. 15N/mm²   B. 22.5N/mm²   C. 21N/mm²   D. 30N/mm²

59. 当日平均气温降到（　　）以下时，混凝土工程必须采取冬期施工技术措施。
   A. 0℃   B. −2℃   C. 5℃   D. 10℃

60. 冬期施工中，配制混凝土用的水泥用量不应少于（　　）。
   A. 300kg/m³   B. 310kg/m³   C. 320kg/m³   D. 330kg/m³

61. 预应力混凝土是在结构或构件的（　　）预先施加压应力而成的混凝土。
   A. 受压区   B. 受拉区   C. 中心线处   D. 中性轴处

62. 预应力先张法施工适用于（　　）。
   A. 现场大跨度结构施工　　　　　　B. 构件厂生产大跨度构件
   C. 构件厂生产中、小型构件　　　　D. 现在构件的组并

63. 后张法施工较先张法的优点主要是（　　）。
   A. 不需要台座、不受地点限制　　　B. 工序少
   C. 工艺简单　　　　　　　　　　　D. 锚具可重复利用

64. 无粘结预应力混凝土施工的特点主要是（　　）。
   A. 需留孔道和灌浆　　　　　　　　B. 张拉时摩擦阻力大
   C. 易用于多跨连续梁板　　　　　　D. 预应力筋沿长度方向受力不均

65. 先张法施工时，当混凝土强度达到设计强度标准值的（　　）时，方可放张。
   A. 50%   B. 70%   C. 85%   D. 100%

66. 起重机吊物上升时，吊钩距起重臂端不得小于（　　）。
   A. 0.5m   B. 0.8m   C. 1m   D. 1.5m

67. 卷扬机使用时，必须用（　　）予以固定，以防止工作时产生滑动造成倾覆。
   A. 木桩   B. 钢筋混凝土桩   C. 地锚   D. 锚杆

68. 屋架的吊装，吊索与水平线的夹角不宜小于（　　），以免屋架承受过大的横向压力，必要时可采用横吊梁。

　　A. 30°　　　　　B. 45°　　　　　C. 60°　　　　　D. 75°

69. 起重机的起重能力主要用（　　）来表示的。

　　A. 静力矩 M（kN·m）　　　　　B. 动力矩 M（kN·m）

　　C. 重力矩 M（kN·m）　　　　　D. 倾覆力矩 M（kN·m）

70. 柱子在安装之前，应在柱身三面弹出（　　）。

　　A. 安装中心线　　B. 几何中心线　　C. 安装准线　　D. 轴线

71. 地下工程若采用防水卷材防水，其设置与施工的方法为（　　）法。

　　A. 外防外贴　　B. 外防内贴　　C. 内防外贴　　D. 内防内贴

72. 防水混凝土底板与墙体的水平施工缝应留在（　　）。

　　A. 底板下表面处　　　　　　B. 底板上表面处

　　C. 距底板上表面不小于300mm的墙体上　　D. 距孔洞边缘不少于100mm处

73. 地下结构防水混凝土的抗渗能力不应小于（　　）。

　　A. 0.6MPa　　B. 0.3MPa　　C. 0.8MPa　　D. 1MPa

74. 地下防水混凝土结构，钢筋保护层厚度迎水面不应小于（　　）。

　　A. 10mm　　B. 20mm　　C. 30mm　　D. 50mm

75. 普通细石混凝土屋面的防水混凝土浇筑完成后，应在12h内进行养护，养护时间不应少于（　　），养护初期不得上人。

　　A. 48h　　　　B. 72h　　　　C. 7d　　　　D. 14d

76. 当屋面坡度小于3%时，沥青防水卷材的铺帖方向宜（　　）。

　　A. 平行于屋脊　　　　　　B. 垂直于屋脊

　　C. 与屋脊呈45度角　　　　D. 下层平行于屋脊，上层垂直于屋脊

77. 当屋面坡度大于15%或受振动时，防水卷材的铺贴方向应（　　）。

　　A. 平行于屋脊　　　　　　B. 垂直于屋脊

　　C. 与屋脊呈45度角　　　　D. 上下层相互垂直

78. 当屋面坡度大于（　　）时，应采取防止防水卷材下滑的固定措施。

　　A. 3%　　　　B. 10%　　　　C. 15%　　　　D. 25%

79. 粘贴高聚物改性沥青防水卷材使用最多的是（　　）。

　　A. 热粘结剂法　　B. 热熔法　　C. 冷粘法　　D. 自粘法

80. 冷粘法是指用（　　）粘贴卷材的施工方法。

　　A. 喷灯烘烤　　　　　　B. 胶粘剂

　　C. 热沥青胶　　　　　　D. 卷材上的自粘胶

81. 在涂膜防水屋面施工的工艺流程中，节点部位增强处理后，紧跟的工作是（　　）。

　　A. 基层清理　　　　　　B. 喷涂基层处理剂

　　C. 涂布大面防水涂料　　D. 铺贴大面胎体增强材料

82. 防水涂膜可在（　　）进行施工。

　　A. 气温为20℃的雨天　　　　B. 气温为-5℃的雪天

C. 气温为38℃的无风晴天　　　　　　　D. 气温为25℃且有三级风的晴天

83. 屋面刚性防水层的细石混凝土最好采用（　　）拌制。
   A. 火山灰水泥　　　　　　　　　　　B. 矿渣硅酸盐水泥
   C. 普通硅酸盐水泥　　　　　　　　　D. 粉煤灰水泥

84. 热熔法施工时，待卷材底面热熔后立即滚铺，并（　　）等工序。
   A. 采取搭接法铺贴卷材　　　　　　　B. 应采用胶粘剂粘结卷材与基层
   C. 喷涂基层处理剂　　　　　　　　　D. 进行排气辊压

85. 在涂膜防水屋面施工的工艺流程中，喷涂基层处理剂后，紧跟的工作是（　　）。
   A. 节点部位增强处理　　　　　　　　B. 表面基层清理
   C. 涂布大面防水涂料　　　　　　　　D. 铺贴大屋面胎体增强材料

86. 适用于防水混凝土的养护方法是（　　）。
   A. 蒸养法　　　　B. 电热法养护　　　C. 自然养护　　　D. 都适合

87. 卫生间的防水基层必须用1：3的水泥砂浆找平，凡遇到阴、阳角处，要抹成半径不小于（　　）mm的小圆弧。
   A. 10　　　　　　B. 20　　　　　　　C. 30　　　　　　D. 40

88. 防止钢结构焊缝产生（　　）措施之一是控制焊缝的化学成分。
   A. 冷裂纹　　　　B. 热裂纹　　　　　C. 气孔　　　　　D. 弧坑缩孔

89. 能有效防止钢材焊接冷裂纹的方法是（　　）。
   A. 焊前预热　　　　　　　　　　　　B. 焊后速冷
   C. 焊后缓冷　　　　　　　　　　　　D. 焊后热处理

90. 防止钢结构焊缝出现未焊透缺陷的措施不包括（　　）。
   A. 选用合适的规范参数　　　　　　　B. 提高操作技术
   C. 对焊条和焊剂要进行烘焙　　　　　D. 选用合理的坡口形式

91. 钢结构安装时，螺栓的紧固顺序是（　　）。
   A. 从两边开始，对称向中间进行　　　B. 从中间开始，对称向两边进行
   C. 从一端开始，向另一端进行　　　　D. 从中间开始，向四周扩散

92. 在用高强度螺栓进行钢结构安装中，（　　）是目前被广泛采用的基本连接形式。
   A. 摩擦型连接　　B. 摩擦—承压型连接　C. 承压型连接　　D. 张拉型连接

93. 钢结构安装时，螺栓的紧固次序应按（　　）进行。
   A. 从两边对称向中间　　　　　　　　B. 从中间开始对称向两边
   C. 从一端向另一端　　　　　　　　　D. 从中间向四周扩散

94. 大六角高强度螺栓转角法施工分（　　）两步进行。
   A. 初拧和复拧　　B. 终拧和复拧　　　C. 试拧和终拧　　D. 初拧和终拧

95. 钢结构的涂装环境温度应符合涂料产品说明书的规定，说明书若无规定时，环境温度应控制在（　　）之间。
   A. 4～38℃　　　 B. 4～40℃　　　　 C. 5～38℃　　　 D. 5～40℃

96. 钢结构涂装后至少在（　　）内应保护，免受雨淋。
   A. 1h　　　　　　B. 2h　　　　　　　C. 3h　　　　　　D. 4h

97. 对钢结构构件进行涂饰时，（　　）适用于油性基料的涂料。

A. 弹涂法　　　　　B. 刷涂法　　　　　C. 擦拭法　　　　　D. 喷涂法

98. 钢结构构件的防腐施涂的刷涂法的施涂顺序一般为（　　）先左后右、先内后外。

   A. 先上后下、先难后易　　　　　B. 先上后下、先难后易
   C. 先下后上、先难后易　　　　　D. 先下后上、先易后难

99. 扭剪型高强度螺栓连接施工中，（　　）标志着终拧结束。

   A. 螺母旋转角度达到要求　　　　B. 扭矩值达到要求
   C. 轴向力达到要求　　　　　　　D. 梅花头拧掉

100. 外墙外保温在正确使用和正常维护的条件下，使用年限不应少于（　　）年。

   A. 5 年　　　　B. 10 年　　　　C. 20 年　　　　D. 25 年

101. EPS 板薄抹灰外墙外保温系统施工工艺流程中，依次填入正确的是（　　）。
基面检查或处理→工具准备→（　　）→基层墙体湿润→（　　）→粘贴 EPS 板→（　　）→配制聚合物砂浆→EPS 板面抹聚合物砂浆，门窗洞口处理，粘贴玻纤网，面层抹聚合物砂浆→（　　）→外饰面施工。

①阴阳角、门窗膀挂线
②配制聚合物砂浆，挑选 EPS 板
③质量检查与验收
④EPS 板塞缝，打磨、找平墙面
⑤找平修补，嵌密封膏

   A. ②①④③　　　B. ①②④⑤　　　C. ①③④⑤
   D. ①②③⑤　　　E. ④①②③

102. EPS 板薄抹灰外墙外保温系统施工时，当建筑物高度在（　　）以上时，在受负风压作用较大的部位宜使用锚栓辅助固定。

   A. 5m　　　　B. 10m　　　　C. 20m　　　　D. 25m

103. EPS 板薄抹灰外墙外保温系统施工时，网布必须在聚苯板粘贴（　　）以后进行施工，应先安排朝阳面贴布工序。

   A. 4 小时　　　B. 6 小时　　　C. 12 小时　　　D. 24 小时

104. EPS 板薄抹灰外墙外保温系统施工时，粘贴玻纤网格布要求是：网布周边搭接长度不得小于（　　）。

   A. 50mm　　　B. 70mm　　　C. 100mm　　　D. 200mm

105. EPS 板薄抹灰外墙外保温系统施工，门窗洞口四角处的 EPS 板不得拼接，应采用整块 EPS 板切割成形，EPS 板接缝应离开角部至少（　　）。

   A. 100mm　　　B. 200mm　　　C. 250mm　　　D. 300mm

106. 胶粉 EPS 颗粒保温浆料宜分遍抹灰，每遍间隔时间应在 24h 以上，每遍厚度不宜超过（　　）。

   A. 10mm　　　B. 15mm　　　C. 20mm　　　D. 25mm

107. 软土基坑必须分层均衡开挖，层高不宜超过（　　）。

   A. 0.5m　　　B. 1m　　　　C. 1.5m　　　D. 2m

108. 悬臂式现浇钢筋混凝土地下连续墙厚度不宜小于（　　）。

A. 600mm B. 500mm C. 400mm D. 300mm

109. 大体积混凝土保温养护的持续时间不得少于（ ）。
A. 7 天 B. 14 天 C. 20 天 D. 28 天

110. 浇筑有主次梁的肋形楼板时，混凝土施工缝宜留在（ ）。
A. 主梁跨中 1/3 的范围内 B. 主梁边跨 1/3 的范围内
C. 次梁跨中 1/3 的范围内 D. 次梁边跨 1/3 的范围内

111. 预应力筋张拉时，当设计无具体要求时，不低于设计的混凝土抗压强度标准值的（ ）。
A. 50% B. 70% C. 75% D. 100%

112. 基坑一般采用"开槽支撑、（ ）、严禁超挖"的开挖原则。
A. 先挖后撑，分段开挖 B. 先挖后撑，分层开挖
C. 先撑后挖，分段开挖 D. 先撑后挖，分层开挖

113. 面层喷射混凝土终凝后（ ）小时应喷水养护，养护时间宜在 3～7d。
A. 1 B. 2 C. 3 D. 4

114. 大体积混凝土浇筑施工，当结构的长度超过厚度的 3 倍时，宜采用（ ）的浇筑方案。
A. 全面分层 B. 斜面分层 C. 分段分层 D. 均可

115. 适用于建筑施工和维修，也可在高层建筑施工中运送施工人员的是（ ）。
A. 塔式起重机 B. 龙门架 C. 施工升降机 D. 井架

116. 在下列运输设备中，既可作水平运输也可作垂直运输的是（ ）。
A. 井架运输 B. 快速井式升降机 C. 龙门架 D. 塔式起重机

117. （ ）表明混凝土拌合物已被振实。
A. 表面有气泡排出 B. 拌合物下沉 C. 表面泛出水泥浆 D. ABC 都对

118. 在预应力张拉时，锚固段的强度应大于（ ）后方可张拉。
A. 10MPa B. 15MPa C. 20MPa D. 10MPa

119. 在预应力筋张拉时，构件混凝土强度不应低于设计强度标准值的（ ）。
A. 50% B. 75% C. 30% D. 100%

120. （ ）是属于隐蔽工程。
A. 混凝土工程 B. 模板工程 C. 钢筋工程 D. A 和 C

121. 大体积混凝土必须进行（ ）工作，以提高混凝土的抗裂性。
A. 二次振捣 B. 二次抹面 C. 外部降温 D. 内部冷却

122. 地下连续墙施工工艺流程中，"挖槽"的下一道工序是（ ）。
A. 修筑导墙 B. 吊放钢筋笼 C. 质量验收 D. 浇筑混凝土

123. 深基坑干作业成孔锚杆支护施工工艺流程中，"一次灌浆"的下一道工序是（ ）。
A. 钻孔并清孔 B. 安装锚索 C. 二次高压灌浆 D. 张拉

124. 混凝土施工缝宜留在结构受（ ）较小且便于施工的部位。
A. 压力 B. 弯矩 C. 剪力 D. 荷载

125. 模板工程设计的原则不包括（ ）。

A. 经济性　　　　　B. 安全性　　　　　C. 耐久性　　　　　D. 实用性

126. 当基坑开挖时,地下水含丰富的潜水、承压水时应选用的处理方法是(　　)。

A. 截水　　　　　B. 管井降水　　　　C. 真空井点降水　　D. 集水明排

127. 挡墙的监测项目主要有(　　)①侧压力;②弯曲应力;③轴力;④变形。

A. ①②③　　　　B. ②③④　　　　　C. ①②④　　　　　D. ①②④

128. 开挖监控时,位移观测基准点数量不应少于(　　)点,且应设在影响范围以外。

A. 一　　　　　　B. 二　　　　　　　C. 三　　　　　　　D. 四

129. 在楼板施工中,以下不合理的模板施工方法的是(　　)。

A. "滑一浇一"法　　　　　　　　　B. 框模法
C. 先滑墙体楼板跟进法　　　　　　D. 楼板降模法

130. 模板拆除时,要保证混凝土的强度不得小于(　　)。

A. 1.2N/mm²　　　　　　　　　　　B. 2.5N/mm²
C. 设计强度的25%　　　　　　　　D. 设计强度的50%

131. 由于(　　)的挡水效果差,故有时将它与深层搅拌水泥土桩组合使用,前者抗弯,后者挡水。

A. 钢板桩挡墙　　　　　　　　　　B. 钻孔灌注桩挡墙
C. 地下连续墙　　　　　　　　　　D. 环梁支护

132. 挡墙的监测项目不包括(　　)。

A. 侧压力　　　　B. 弯曲应力　　　　C. 轴力　　　　　　D. 变形

133. 下列(　　)是地下连续墙的特点。

A. 施工振动大　　　　　　　　　　B. 施工噪声大
C. 可用于逆作法施工　　　　　　　D. 不适宜逆作法施工

134. 地下连续墙的接头有(　　)。

A. 接头管接头　　　　　　　　　　B. 钢板接头
C. 隔板式接头　　　　　　　　　　D. 以上都是

135. 湿作业成孔灌注桩施工中,如果混凝土坍落度太小,可能引起的质量事故是(　　)。

A. 桩孔偏斜　　　B. 孔壁坍落　　　　C. 缩孔　　　　　　D. 断桩

136. 大体积混凝土施工常用浇筑方法(　　)。

A. 全面分层　　　B. 全面分层　　　　C. 分段分层　　　　D. 以上都是

137. 以下不属于逆作法施工优点的是(　　)。

A. 缩短工期　　　　　　　　　　　B. 基坑变形小
C. 节省支护结构的支撑　　　　　　D. 对围护结构施工精度要求低

138. 水下灌注混凝土地下连续墙混凝土强度等级宜大于(　　)。

A. C10　　　　　B. C20　　　　　　C. C30　　　　　　D. C40

139. 土钉支护施工必须进行土钉的现场的(　　)试验,且应在专门设置的(　　)上进行试验。

A. 抗拔试验;工作钉　　　　　　　B. 抗压试验;工作钉

C. 抗拔试验；非工作钉　　　　　　　　D. 抗压试验；非工作钉

140. 监测混凝土内部的温度，可采用在混凝土内不同部位埋设（　　），用混凝土温度测定记录仪进行施工全过程的跟踪和监测。
   A. 光纤光栅　　　B. 应变片　　　C. 铜热传感器　　　D. 土压力盒

141. 为了控制混凝土裂缝的产生，应在一开始就对（　　）进行实测。
   A. 原材料、混凝土的拌合　　　　　B. 入模温度
   C. 浇筑温度　　　　　　　　　　　D. 以上都是

142. 混凝土分层浇筑时，每层的厚度不应超过振捣棒的（　　）倍。
   A. 1.25　　　B. 1.5　　　C. 2　　　D. 2.25

143. 振捣柱、梁及基础混凝土宜采用（　　）。
   A. 内部振动器　　B. 外部振动器　　C. 表面振动器　　D. 振动台

144. 普通硅酸盐水泥拌制的混凝土浇水养护时间不得小于（　　）。
   A. 3 昼夜　　　B. 7 昼夜　　　C. 14 昼夜　　　D. 28 昼夜

145. 电梯井、管道井等选用（　　）施工有较大优势。
   A. 平模　　　B. 大角模　　　C. 小角模　　　D. 筒模

146. 当混凝土分层浇筑到模板高度的（　　），且第一层混凝土的强度达到出模强度时，方可进行初滑。
   A. 1/3　　　B. 2/3　　　C. 3/4　　　D. 1/2

二、多项选择题

1. 土方工程施工的特点有（　　）。
   A. 工期短　　　B. 土方量大　　　C. 工期长
   D. 施工速度快　　E. 施工条件复杂

2. 土方调配图表的编制过程是（　　）。
   A. 划分调配区　　B. 计算土方量　　C. 确定场地零线
   D. 计算调配区之间的平均运距
   E. 确定土方最优调配方案，绘制土方调配图、调配平衡表

3. 土方开挖前需做好准备工作，包括（　　）等。
   A. 清除障碍物　　B. 设置排水设施　　C. 设置测量控制网
   D. 修建临时设施　　E. 地基验槽

4. 轻型井点系统的平面布置主要取决于基坑的平面形状和开挖深度，应尽可能将基坑内各主要部分都包围在井点系统中，一般采用（　　）形式。
   A. 单层井点　　B. 双层井点　　C. 单排线状井点
   D. 双排线状井点　　E. 环状井点

5. 管井的井点管埋设方法，可采用（　　）。
   A. 干作业钻孔法　　　　　　　B. 打拔管成孔法
   C. 用泥浆护壁冲击钻孔方法　　　D. 泥浆护壁钻孔方法
   E. 钻孔压浆法

6. 土方的开挖应遵循（　　）。
   A. 开槽支撑　　B. 先撑后挖　　C. 先挖后撑

87

D. 分层开挖　　　　E. 严禁超挖

7. 在土方进行回填时，对回填土方压实的方法有（　　）。
   A. 碾压法　　　　B. 夯实法　　　　C. 振动压实法
   D. 运土工具压实法　E. 水浸法

8. 影响填土压实的主要因素有（　　）。
   A. 土的含水量　　B. 土的孔隙特征　　C. 每层铺土厚度
   D. 压实遍数　　　E. 压实方法

9. 填方所用土料若设计无要求时，则（　　）可用作表层以下的填料。
   A. 膨胀土　　　　B. 碎块草皮和有机质含量大于8%的土
   C. 碎石类土　　　D. 爆破石碴　　　E. 淤泥质土

10. （　　）不应作为基坑填土土料。
    A. 含水溶性硫酸盐大于5%的土　　B. 爆破石渣
    C. 冻土　　　　　D. 碎石类土　　　E. 淤泥质土

11. 观察验槽主要包括（　　）内容。
    A. 观察土的坚硬程度
    B. 观察土的含水量
    C. 观察基坑护壁情况
    D. 检查槽底是否已挖至老土层（地基持力层）
    E. 检查基槽（坑）的位置、标高、尺寸

12. 预制桩根据沉入土中的方法不同，可分为（　　）等。
    A. 锤击沉桩法　　B. 振动沉桩法　　C. 静力压桩法
    D. 沉管灌注桩法　E. 钻孔压浆成桩法

13. 按成孔方法不同，灌注桩可分为（　　）等。
    A. 钻孔灌注桩法　B. 挖孔灌注桩　　C. 冲孔灌注桩
    D. 静力压桩　　　E. 沉管灌注桩

14. 现场制作预制桩可采用（　　）等。
    A. 并列法　　　　B. 间隔法　　　　C. 并列重叠法
    D. 间隔重叠法　　E. 重叠法

15. 桩架的高度，应同考虑（　　）再加1~2m的余量用作吊桩锤之用。
    A. 桩长　　　　　B. 桩锤高度　　　C. 桩帽厚度
    D. 滑轮组高度　　E. 室外地面的高度

16. 预制桩的接桩工艺包括（　　）。
    A. 硫磺胶泥浆锚法接桩　　　　B. 挤压法接桩　　　C. 焊接法接桩
    D. 法兰螺栓接桩法　　　　　　E. 直螺纹接桩法

17. 按桩的承载力性状不同，桩可分为（　　）。
    A. 摩擦型桩　　　B. 预制桩　　　　C. 灌注桩
    D. 端承桩　　　　E. 管桩

18. 预制桩的现场堆放要求有（　　）。
    A. 场地平整坚实　B. 场地排水良好　C. 垫木应在同一垂直线上

D. 堆放层数不宜超过 5 层（管桩 3 层） E. 把不同规格的桩统一堆放

19. 钢筋混凝土预制桩当桩规格、埋深、长度不同时，宜采用（ ）方式施打。
    A. 先远后近   B. 先小后大   C. 先长后短
    D. 先深后浅   E. 先高后低

20. 静力压桩法与锤击沉桩相比，它具有施工（ ）和提高施工质量等特点。
    A. 无噪声   B. 有振动   C. 浪费材料
    D. 降低成本   E. 沉桩速度慢

21. 架设安全网时，要求（ ）等。
    A. 伸出墙面宽度应不小于 2m
    B. 外口要高于里口 500mm
    C. 两网搭接处宜绑扎牢固
    D. 每块支好的安全网应能承受 0.6kN 的冲击荷载
    E. 安全网应随楼层逐层上升

22. 在砖墙组砌时，应用丁砖组砌的部位有（ ）。
    A. 墙的台阶水平面上   B. 砖墙最上一皮
    C. 砖墙最下一皮   D. 砖挑檐腰线
    E. 门洞侧边

23. 砖砌体的组砌原则有（ ）。
    A. 砖块之间要错缝搭接   B. 砖体表面不能出现游丁走缝
    C. 砌体内外不能有过长通缝   D. 要尽量少砍砖
    E. 要有利于提高生产率

24. 扣件式钢管脚手架的杆件中，下列属于"受力杆"的有（ ）。
    A. 纵向水平杆   B. 力杆   C. 剪力撑
    D. 横向水平杆   E. 连横杆

25. 纯水泥砂浆中可掺入（ ），来提高其和易性和保水性。
    A. 粉煤灰   B. 石灰   C. 粗砂
    D. 黏土   E. 石膏

26. 保水性差的砂浆，在砌筑施工使用中容易产生（ ）现象。
    A. 灰缝不平   B. 泌水   C. 粘结强度低
    D. 离析   E. 干缩性增大

27. 对砌体结构中的构造柱，施工做法不正确的有（ ）。
    A. 马牙槎从柱角开始，应先进后退
    B. 沿高度每 500mm 设 2Φ6 钢筋，每边深入墙内不应少于 1000mm
    C. 砖墙应砌成马牙槎，每一马牙槎沿高度方向的尺寸不超过 500mm
    D. 应先绑扎钢筋，后砌砖墙，最后浇筑混凝土
    E. 构造柱应与圈梁连接

28. 砌筑工程施工中常用的垂直运输工具有（ ）。
    A. 汽车式起重机   B. 塔式起重机   C. 井架
    D. 龙门架   E. 施工升降机

29. 砌砖宜采用"三一砌筑法",既( )的砌筑方法。
   A. 一把刀   B. 一铲灰   C. 一块砖
   D. 一揉压   E. 一铺灰

30. 砌筑工程质量的基本要求是( )。
   A. 横平竖直   B. 砂浆饱满   C. 上下错缝
   D. 内外搭接   E. 砖强度高

31. 影响砌筑砂浆饱满度的因素有( )。
   A. 砖的含水量   B. 铺灰方法   C. 砂浆等级
   D. 砂浆和易性   E. 水泥种类

32. 砖墙砌筑的工序包括( )等。
   A. 抄平   B. 放线   C. 立皮数杆
   D. 挂准线   E. 砌砖

33. 砌体工程冬期施工的方法主要有( )。
   A. 掺盐砂浆法   B. 加热法   C. 红外线法
   D. 暖棚法   E. 冻结法

34. 模板及支架应具有足够的( )。
   A. 刚度   B. 强度   C. 稳定性
   D. 密闭性   E. 湿度

35. 模板拆除的一般顺序是( )。
   A. 先支的先拆   B. 先支的后拆   C. 后支的先拆
   D. 后支的后拆   E 先拆模板后拆柱模

36. 钢筋连接的接头设置要求是( )。
   A. 宜设置在剪力较大处
   B. 宜设置在弯矩较大处
   C. 同一纵向受力钢筋在同一根杆件里不宜设置两个接头
   D. 同一纵向受力钢筋在同一根杆件里不宜设置两个以上接头
   E. 钢筋接头末端至钢筋弯起点的距离不应小于钢筋直径的 10 倍

37. 钢筋焊接分为压焊和熔焊两种形式,压焊包括( )。
   A. 闪光对焊   B. 电渣压力焊   C. 电弧焊
   D. 气压焊   E. 电阻点焊

38. 钢筋的加工包括( )。
   A. 除锈   B. 铲边   C. 切断、接长
   D. 气割   E. 弯曲成型

39. 泵送混凝土工艺对混凝土的配合比提出的要求是( )。
   A. 最小水泥用量为 350kg/m³
   B. 水胶比宜为 0.4~0.6
   C. 砂宜用中砂,砂率宜控制在 38%~45%
   D. 碎石最大粒径与输送管内径之比宜为 1∶2
   E. 不同的泵送高度对泵送混凝土的坍落度有不同要求

40. 大体积混凝土结构的分层浇筑方案有（　　）几种。
   A. 全面分层　　　　B. 全面分段　　　　C. 分段分层
   D. 斜面分段分层　　E. 斜面分层

41. 后浇带处的混凝土，要求（　　）。
   A. 宜用微膨胀混凝土
   B. 强度宜比原结构提高 10%
   C. 强度宜比原结构提高 5~10N/mm²
   D. 保持不少于 7d 的潮湿养护
   E. 保持不少于 15d 的潮湿养护

42. 钢筋混凝土柱的施工缝，一般应留在（　　）。
   A. 基础顶面　　　　B. 梁的下面　　　　C. 无梁楼板柱帽下面
   D. 吊车梁牛腿下面　E. 柱子中间 1/3 范围内

43. 在施工缝处继续浇筑混凝土时，应先做到（　　）。
   A. 清除混凝土表面疏松物质及松动石子
   B. 将施工缝处冲洗干净，不得有积水
   C. 已浇筑混凝土的强度达到 1.2N/mm²
   D. 已浇筑的混凝土的强度达到 0.5N/mm²
   E. 在施工缝处先铺一层与混凝土成分相同的水泥砂浆

44. 为避免大体积混凝土由于温度应力作用产生裂缝，可采取的措施有（　　）。
   A. 提高水灰比
   B. 减少水泥用量
   C. 降低混凝土的入模温度，控制混凝土内外的温差
   D. 留施工缝
   E. 优先选用低水化热的矿渣水泥拌制混凝土

45. 冬期施工为提高混凝土的抗冻性可采取的措施有（　　）。
   A. 配制混凝土时掺引气剂
   B. 配制混凝土减少水灰比
   C. 优先选用水化热量大的硅酸盐水泥
   D. 采用粉煤灰硅酸盐水泥配制混凝土
   E. 采用较高等级水泥配制混凝土

46. 控制大体积混凝土裂缝的方法有（　　）。
   A. 增加水泥用量　　　　　　　　　B. 在保证强度的前提下，降低水灰比
   C. 控制混凝土内外温差　　　　　　D. 优先选用低水化热的水泥
   E. 及时对混凝土覆盖保温

47. 防止混凝土产生温度裂缝的措施有（　　）。
   A. 控制温度差　　B. 减少边界约束作用　　C. 改善混凝土抗裂性能
   D. 改进设计构造　E. 预留施工缝

48. 在冬期施工时，混凝土养护方法有（　　）。
   A. 洒水法　　　　B. 涂刷沥青乳液法　　　C. 蓄热法

D. 加热法 E. 掺外加剂法

49. 预应力提高了混凝土结构（构件）的（　　）。
A. 强度 B. 刚度 C. 抗裂度
D. 抗冻性 E. 耐磨性

50. 以下与后张法施工相关的工序包括（　　）。
A. 台座准备 B. 放松预应力筋 C. 预埋螺旋管
D. 抽管 E. 孔道灌浆

51. 结构安装工程中常用的起重机械有（　　）。
A. 桅杆起重机 B. 自行杆式起重机（履带式、汽车式和轮胎式）
C. 塔式起重机 D. 浮吊
E. 卷扬机等

52. 结构安装工程中常用的索具设备有（　　）。
A. 钢丝绳 B. 吊具（卡环、横吊梁）
C. 滑轮组 D. 卷扬机
E. 锚板等

53. 塔式起重机的类型很多，按其引走装置不同可分为（　　）。
A. 履带式 B. 汽车式 C. 轮胎式
D. 轨道式 E. 自行式

54. 吊车梁吊装时的校正，主要包括（　　）。
A. 标高校正 B. 垂直度校正 C. 绑扎校正
D. 平面位置校正 E. 就位校正

55. 履带式起重机的主要技术性能参数有（　　）。
A. 起重量 Q B. 起重半径 R C. 起重高度 H
D. 起重臂长度 L E. 起重臂仰角 α

56. 地下卷材防水层铺贴施工的正确做法包括（　　）。
A. 选用高聚物改性沥青类或合成高分子类卷材
B. 冷粘法施工的卷材防水层，应固化 7d（天）以上方可遇水
C. 冷粘法施工时气温不得低于 5℃，热熔法施工时气温不得低于 −10℃
D. 用外防外贴法铺贴防水层时，应先铺立面，后铺平面
E. 卷材接缝不得在阴角处

57. 屋面卷材铺贴时，应按（　　）的顺序。
A. 先高跨后低跨 B. 先低跨后高跨 C. 先近后远
D. 先远后近 E. 先做好泛水，然后铺设大屋面

58. 采用热风焊接法铺设合成高分子防水卷材，焊接顺序是（　　）。
A. 先焊长边搭接缝 B. 后焊长边搭接缝 C. 后焊短边搭接缝
D. 先焊短边搭接缝 E. 卷材铺放应平整顺直

59. 为避免基层变形导致涂膜防水层开裂，涂膜层应加铺胎体增强材料，胎体增强材料一般采用（　　）。
A. 玻纤网布 B. 油毛毡 C. 聚酯无纺布

D. 合成高分子卷材　　E. 聚合物高分子卷材

60. 用普通混凝土做屋面防水层时，水泥胶凝材料宜用（　　）。
A. 普通硅酸盐水泥　　B. 硅酸盐水泥　　　　C. 矿渣硅酸盐水泥
D. 火山灰水泥　　　　D. 粉煤灰水泥

61. 普通细石在防水混凝土的浇筑、养护中，正确的是（　　）。
A. 每个分格板块的混凝土应一次浇筑完成，不得留施工缝
B. 抹压时宜在表面洒水、加水泥浆或撒干水泥
C. 混凝土收水后应进行二次压光
D. 混凝土浇筑12～24h（小时）后应进行养护
E. 养护时间不应少于7d（天），养护初期屋面不得上人

62. 对卷材屋面防水层开裂，可采取的防治措施有（　　）。
A. 在预制板接缝处铺一层卷材做缓冲层
B. 做好砂浆找平层，必要时在找平层上设置分格缝
C. 涂油要匀，封边严密
D. 提高柔韧性，防止过早老化
E. 严格控制原材料质量

63. 防止细石混凝土防水屋面开裂的措施有（　　）。
A. 在混凝土防水层下设置卷材隔离层
B. 防水层进行分格
C. 严格控制水泥用量和水灰比
D. 加强抹灰与捣实
E. 混凝土养护不少于7d（天）

64. 屋面防水卷材铺贴应采用搭接法连接，做法正确的有（　　）。
A. 平行于屋脊的搭接缝顺水流方向搭接
B. 垂直于屋脊的搭接缝顺年最大频率风向搭接
C. 垂直于屋脊的搭接缝应顺流水方向搭接
D. 上下层卷材的搭接缝错开
E. 平行于屋脊的搭接顺年最大频率风向搭接

65. 不保温屋面与保温屋面相比，缺少的构造层是（　　）。
A. 保护层　　　　　　B. 卷材防水层　　　　C. 基层处理剂
D. 保温层　　　　　　E. 隔气层

66. 钢结构制作的号料方法有（　　）。
A. 单独号料法　　　　B. 集中号料法　　　　C. 余料统一号料法
D. 统计计算法　　　　E. 套料法

67. 钢结构的焊接变形可分为波浪形失稳变形和（　　）。
A. 线性缩短　　　　　B. 线性伸长　　　　　C. 角变形
D. 弯曲变形　　　　　E. 扭曲变形

68. 钢结构焊接质量无损检验包括（　　）。
A. 外观检查　　　　　B. 致密性检验　　　　C. 无损探伤
D. 气密性检验　　　　E. 水密性检验

69. 钢结构焊接变形有（　　）。
   A. 线性缩短　　　B. 塑性伸长　　　C. 扭曲变形
   D. 角变形　　　　E. 拉伸变形

70. 钢结构中，焊缝形式按施焊位置分为（　　）。
   A. 平焊　　　　　B. 立焊　　　　　C. 仰焊
   D. 俯焊　　　　　E. 横焊

71. 高强度螺栓摩擦面处理后的抗滑移系数值应符合设计的要求，摩擦面的处理可采用（　　）等方法。
   A. 喷砂　　　　　B. 喷丸　　　　　C. 电镀
   D. 酸洗　　　　　E. 砂轮打磨

72. 钢结构采用螺栓连接时，常用的连接形式主要有（　　）。
   A. 平接连接　　　B. 搭接连接　　　C. T形连接
   D. Y形连接　　　 E. X形连接

73. 目前国内外对于钢结构的防腐主要采用涂装法，刷防腐涂料的一般顺序是（　　）。
   A. 先上后下　　　B. 先下后上　　　C. 先内后外
   D. 先外后内　　　E. 先左后右

74. 新型聚苯板外墙外保温的特点有（　　）。
   A. 节能　　　　　B. 牢固　　　　　C. 隔热
   D. 防水　　　　　E. 易燃

75. 外墙外保温主要由（　　）构成。
   A. 基层　　　　　B. 结合层　　　　C. 抹面层
   D. 保温层　　　　E. 饰面层

76. 当地下水位高于基坑底面时，可采用的方法是（　　）。
   A. 降水　　　　　B. 排桩加截水帷幕　　　C. 逆作拱墙
   D. 水泥土墙　　　E. 地下连续墙

77. 某基坑安全等级为二级，以下基坑支护方式可选用的是（　　）。
   A. 放坡　　　　　B. 土钉墙　　　　C. 逆作拱墙
   D. 水泥土墙　　　E. 地下连续墙

78. 锚杆布置应符合（　　）。
   A. 锚杆上下排垂直间距不宜小于2.0m
   B. 锚杆上下排水平间距不宜小于1.5m
   C. 锚杆锚固体上覆土层厚度不宜小于4.0m
   D. 锚杆倾角宜为15°～25°，且不应大于45°
   E. 锚杆倾角应大于45°

79. 锚杆长度设计应符合（　　）。
   A. 土层锚杆锚固段长度不宜小于4m
   B. 锚杆杆体下料长度应为锚杆自由段、锚固段之和
   C. 锚杆杆体下料长度应为锚杆自由段、锚固段及外露长度之和

D. 锚杆自由段长度不宜小于 5m
E. 锚杆自由段应超过潜在滑裂面 1.5m

80. 大体积混凝土的浇筑方案主要有（ ）等方式。
A. 全面分层   B. 分段分层   C. 斜面分层
D. 均匀分层   E. 交错分层

81. 混凝土施工缝继续浇筑混凝土时应进行如下处理（ ）。
A. 施工缝处应凿毛清洗干净   B. 先铺 10～15mm 水泥砂浆
C. 剔除钢筋上的砂浆   D. 施工缝处加强振捣
E. 已浇混凝土抗压强度不小于 $1.0N/mm^2$

82. 以下关于混凝土施工缝留设的位置，正确的是（ ）。
A. 宜留在结构剪力较小的部位   B. 宜设在门槛洞口上
C. 混凝土墙的施工缝不得留在纵横墙交接处
D. 施工缝应留在次梁跨度的中间 1/3 长度范围内
E. 大截面梁应留在板底面以下 50mm 处

83. 控制大体积混凝土有害裂缝的措施有（ ）。
A. 选用低水化热水泥   B. 降低混凝土入模温度
C. 提高混凝土极限抗拉强度   D. 掺早强剂水泥
E. 选用粒径较小的骨料

84. 通常预应力筋张拉方式有（ ）。
A. 一端张拉   B. 两端张拉   C. 分批张拉
D. 分阶段张拉   E. 冷拉

85. 模板系统的施工技术要求是（ ）。
A. 保证结构构件的形状、尺寸、位置准确   B. 模板面平整光滑
C. 有足够的强度、刚度、稳定性   D. 拼缝严密、不漏浆
E. 便于后续钢筋和混凝土工序的施工

86. 大模板的构造由于面板材料的不同亦不完全相同，通常由（ ）等组成。
A. 面板   B. 骨架   C. 支撑系统
D. 附件   E. 平模

87. 可选用的地下水控制方法有（ ）。
A. 集水明排   B. 降水   C. 截水
D. 回灌   E. 注浆

88. 桩较密时，合理的打桩顺序是（ ）。
A. 自边沿向中间沉设   B. 分段沉设
C. 自中间向四周沉设   D. 逐排沉设   E. 由浅及深沉设

89. 用灌注桩作为深基坑开挖时的土壁支护结构具有（ ）。
A. 布置灵活   B. 施工简便   C. 成桩慢
D. 价格低   E. 价格高

90. 当因降水而危及基坑及周边环境安全时，宜采用（ ）方法。
A. 截水   B. 管井降水   C. 真空井点降水

D. 集水明排　　　　E. 回灌

三、判断题（正确的在括号内填"A"，错误的在括号内填"B"）

1. 从建筑施工的角度，根据土的开挖难易程度（坚硬程度），将土分为松软土、普通土、坚土、砂砾坚土、软石、次坚石、坚石、特坚石共8类土。（　　）
2. 砂土现场鉴别中在观察颗粒粗细进行分类时，应将鉴别的土样从表中颗粒最粗类别逐级查对，当首先符合某一类的条件时，即按该类土定名。（　　）
3. 一般排水沟的横断面不小于0.5m×0.5m，纵向坡度一般不小于0.2%。平坦地区，如出水困难，其纵向坡度可减至0.1%。（　　）
4. 防治流砂应着眼于增大动水压力。（　　）
5. 井点管应布置在地下水流的上游一侧，两端适当加以延伸，延伸宽度宜不小于槽宽。（　　）
6. 环状井点，有时亦可布置成"U"形，以利挖土机和运土车辆出入基坑。（　　）
7. 土方的开挖应遵循"开槽支撑，后撑先挖，分层开挖，严禁超挖"的原则。（　　）
8. 土方边坡用边坡坡度和坡系数表示，两者互为倒数，工程中常以$h:b$表示坡度。（　　）
9. 推土机是在拖拉机上安装推土板等工作装置而成的机械，适用于运距200m以内的推土，最快速度为60m/min。（　　）
10. 基坑开挖深度超过2.0m时，必须在坑顶边沿设两道护身栏杆，夜间加设红灯标志。（　　）
11. 砂和砂石地基底面宜铺设在同一标高上，如深度不同时基底面应挖成阶梯或斜坡形搭接，搭接处应注意压实，施工应按先浅后深的顺序进行。（　　）
12. 钢筋混凝土独立基础验槽合格后垫层混凝土应待1～2d（天）后灌筑，以保护地基。（　　）
13. 箱形基础采取内外墙与顶板分次支模浇筑方法施工，其施工缝应留设在墙体上，位置应在底板以上300mm。（　　）
14. 预制桩打桩过程中，如突然出现桩锤回弹，贯入度突增，锤击时桩弯曲、倾斜、颠动、桩顶破坏加剧等，则表明桩身可能被破坏或遇到了地下障碍。（　　）
15. 桩身混凝土强度等级不应低于C30，宜用机械搅拌，机械振捣，浇筑时应由桩尖向桩顶连续浇筑捣实，一次完成，严禁中断。（　　）
16. 直角扣件用于两根任意交叉钢管的连接。（　　）
17. 脚手架必须按楼层与结构拉结牢固，拉结点垂直距离不得超过4m，水平距离不得超过6m，拉结材料必须有可靠的强度。（　　）
18. 混合砂浆具有较好的和易性，尤其是保水性，常用来砌筑地面以上的砖石砌体。（　　）
19. 皮数杆是指在其上划有每皮砖和砖缝厚度，以及门窗洞口、过梁、楼板、预埋件等标高位置的一种木制标杆。（　　）
20. 宽度小于1m的窗间墙，应选用整砖砌筑，半砖和破损的砖，应分散使用于墙心

或受力较小部位。( )

21. 砌块上下皮错缝搭接长度一般为砌块长度的 1/2（较短的砌块必须满足这个要求），或不得小于砌块皮高的 1/3。( )

22. 砌块当竖缝宽度大于或等于 150mm，或楼层不是砌块加灰缝的整数倍时，都要用黏土砖镶砌。( )

23. 同一纵向受力钢筋在同一根杆件里不宜设置两个或两个以上接头，钢筋接头末端至钢筋弯起点的距离不应小于钢筋直径的 10 倍。( )

24. 钢筋套筒挤压连接的挤压接顺序应从两端逐步向中间压接。( )

25. 自落式搅拌机宜用于搅拌干硬性混凝土和轻骨料混凝土。( )

26. 搅拌时间是指从原材料全部投入搅拌筒时起，到全部卸出时为止所经历的时间。( )

27. 混凝土自高处倾落的自由高度不应超过 3m，在竖向结构中限制自由倾落高度不宜超过 4m，否则应沿串筒、斜槽、溜管或振动溜管等下料。( )

28. 混凝土必须养护至其强度达到 $1.2N/mm^2$ 以上，才能够在上面行人或安装模板。( )

29. "后浇带"是在现浇钢筋混凝土结构中，在施工期间留设的临时性的温度和收缩变形预置设施。( )

30. 自然养护，即在平均气温高于 0℃ 的条件下于一定时间内使混凝土保持湿润状态的方法。( )

31. 预应力结构的混凝土强度等级不宜低于 C25。( )

32. 锚具是锚固后张法预应力钢筋、钢丝或钢绞线的一种工具，它锚固在构件端部，并与构件一起共同受力，且永久性留在构件中。( )

33. 7 股钢绞线由于面积较大、柔软、施工定位方便，是目前国内外应用最广的一种预应力筋。( )

34. 夹具是在先张法施工中，为保持预应力筋的张拉力并将其固定在张拉台座或设备上所使用的临时性锚固装置。( )

35. 先张法进行孔道灌浆时，宜用 32.5 级硅酸盐水泥或普通硅酸盐水泥调制的水泥浆，水灰比不应大于 0.45，强度不应小于 20MPa。( )

36. 缆风绳与地面夹角为 30°～45°。( )

37. 起升高度是指起重滑轮组中动滑轮吊钩钩口到停机面的垂直距离。( )

38. 滑轮横吊梁由吊环、滑轮和轮轴等部分组成，一般用于吊装 100kN 以下的柱。( )

39. 构件的吊装工艺的工序包括绑扎、吊升、对位、临时固定、校正。( )

40. 进行结构安装时，要统一用哨声、红绿旗、手势等指挥，只要吊装指挥作业人员熟悉各种信号就可以了。( )

41. 基层与突出屋面结构的转角处，找平层应做成半径不小于 50mm 的圆弧或钝角。( )

42. 对同一坡面，则应先铺好大屋面的防水层，然后顺序铺设水落漏斗、天沟、女儿墙、沉降缝部位。( )

43. 热熔法施工是采用火焰加热器熔化热熔型防水卷材底面的热熔胶进行粘结的施工

方法。( )

44. 涂膜防水屋面保护层采用水泥砂浆或块材时，应在涂膜层与保护层之间设置隔离层。( )

45. 刚性防水屋面结构层用预制混凝土屋面板时，板缝宽度大于40mm或上窄下宽时，板缝内应设置构造钢筋。( )

46. 普通细石混凝土防水施工，混凝土收水后可进行二次压光。( )

47. 保温层关键必须坚实、平整，不影响其导热系数，这是施工必须控制好的关键。( )

48. 扭剪型高强度螺栓连接副含一个螺栓、一个螺母、二个垫圈。( )

49. 高强度螺栓在终拧以后，螺栓丝扣外露应为2～3扣，其中允许有10%的螺栓丝扣外露1扣或4扣。( )

50. 钢材堆放时每隔3～4层放置楞木，其间距以不引起钢材明显的弯曲变形为宜，楞木要上下对齐，在同一垂直面内。( )

51. 涂料、涂装遍数、涂层厚度均应符合设计要求。当设计时涂层厚度无要求时，建设单位可自定涂层厚度。( )

52. 厚涂型防火涂料涂装前，钢材表面可不做除锈处理。( )

53. 三级对接焊缝应按二级焊缝标准进行外观质量检验。( )

54. 钢结构在形成空间刚度单元后，对柱底板和基础顶面的空隙浇灌可暂缓进行。( )

55. 胶粉EPS颗粒保温浆料保温层的设计厚度不宜超过100mm，必要时应设置抗裂分隔缝。( )

56. EPS板薄抹灰外墙外保温施工中，配制聚合物砂浆时应随用随配，配好的砂浆最好在3小时之内用完。( )

57. EPS板薄抹灰外墙外保温施工中，粘贴EPS板时，板应按顺砌方式粘贴，竖缝应逐行对齐。( )

58. 外墙外保温系统的抹面层，对于具有薄抹面层的系统，保护层厚度应不小于5mm并且不宜大于10mm。( )

59. EPS板薄抹灰外墙外保温系统（简称EPS板薄抹灰系统）由EPS板保温层、薄抹面层和饰面涂层构成。( )

60. 浇筑大体积的混凝土后，应重视养护工作，即勤于浇水覆盖。( )

61. 混凝土搅拌时间越长其效果越好。( )

62. 水泥在搅拌站的入机温度不宜大于60℃。( )

63. 混凝土浇筑层厚度应根据所用振捣器的作用深度及混凝土的和易性确定，整体连续浇筑时宜为300～500mm。( )

64. 水下灌注混凝土地下连续墙混凝土强度等级宜大于C15。( )

65. 地下结构工程施工过程中应及时进行夯实回填土施工。( )

66. 锚杆锚固体宜采用水泥浆或水泥砂浆，其强度等级不宜低于M10。( )

67. 当筏形与箱型基础的长度超过20m时，应设置永久性的沉降缝和温度收缩缝。( )

68. 软土基坑必须分层均衡开挖，层高不宜超过 2m。（　　）

69. 当基坑在实际地下水位以上且土质较好，暴露时间较短时，可不对桩间土进行防护处理。（　　）

70. 大模板一次性的消耗比较大，用钢量较多，所以周转次数越多越能节约成本。（　　）

71. 提升架的作用是约束固定围圈的位置，避免模板的侧向变形，并增强模板系统和操作平台的整体性。（　　）

72. 当锚固段的强度大于 15MPa 并达到设计强度等级的 75% 后方可进行张拉。（　　）

73. 施工监测仅需要在基坑开挖前期进行，当变形趋于稳定后，可以停止。（　　）

74. 对跨度为 9m 的现浇钢筋混凝土梁、板，其模板应按设计要求起拱；当设计无具体要求时，起拱高度应为跨度的 3‰～5‰。（　　）

四、计算题或案例分析题

1. 某场地土方平整，用方格网法计算土方工程量，绘制的方格网如下图中所示，已知方格的边长为 20m×20m，不考虑土的可松性，场地的排水坡度 $i_x = i_y = 0.3\%$。

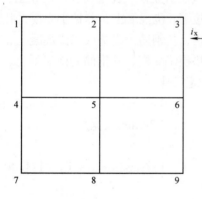

角点	天然地面标高（m）
1	42.45
2	43.11
3	43.81
4	43.15
5	43.21
6	43.40
7	42.70
8	42.75
9	42.80

试计算并回答下列问题：

(1) 用挖填土方平衡法计算场地的设计标高 H_0 为（　　）。

A. 43.0m　　　　B. 43.09m　　　　C. 43.15m　　　　D. 43.21m

(2) 场地的排水，经计算可知方格网角点 3 的施工高度 h 为（　　）。

A. －0.4m　　　　B. －0.6m　　　　C. 0.5　　　　D. 0.6m

(3) 施工高度 h 为正值时，表示该点为（　　）。

A. 挖方点　　　　B. 填方点　　　　C. 零点　　　　D. 分界点

(4) 场地的零线是场地的（　　）的分界线。

A. 排水区　　　　B. 挖方区　　　　C. 填方区　　　　D. 挖方区与填方区

(5) 在进行土方调配时应考虑的原则有（　　）。

A. 挖方和填方基本平衡就近调配

B. 考虑施工与后期利用

C. 合理布置挖、填分区线，选择恰当的调配方向、运输路线

D. 好土用在回填质量高的地区

E. 保证施工机械和人员的安全

2. 某钢筋混凝土单层排架式厂房,有 42 个 C20 独立混凝土基础,基础剖面如下图所示,基础底面积为 2400mm(宽)×3200mm(长),每个 C20 独立基础和 C15 素混凝土垫层的体积共为 12.37m³,基础下为 C15 素混凝土垫层厚 100mm。基坑开挖采用四边放坡,坡度为 1∶0.5。土的最初可松性系数 $k_s=1.10$,最终可松性系数 $k_s'=1.03$。(单项选择题)

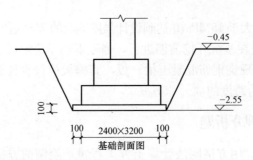

基础剖面图

(1) 基础施工程序正确的是( )。
A. ⑤定位放线⑦验槽②开挖土方④浇垫层①立模、扎钢筋⑥浇混凝土、养护③回填
B. ⑤定位放线④浇垫层②开挖土方⑦验槽⑥浇混凝土、养护①立模、扎钢筋③回填
C. ⑤定位放线②开挖土方⑦验槽①立模、扎钢筋④浇垫层⑥浇混凝土、养护③回填
D. ⑤定位放线②开挖土方⑦验槽④浇垫层①立模、扎钢筋⑥浇混凝土、养护③回填

(2) 定位放线时,基坑上口白灰线长、宽尺寸( )。
A. 2400mm(宽)×3200mm(长)   B. 3600mm(宽)×4400mm(长)
C. 4600mm(宽)×5400mm(长)   D. 4700mm(宽)×5500mm(长)

(3) 基坑土方开挖量是( )。
A. 1432.59m³   B. 1465.00m³   C. 1529.83m³   D. 2171.40m³

(4) 基坑回填需土(松散状态)量是( )。
A. 975.10m³   B. 1009.71m³   C. 1485.27m³   D. 1633.79m³

(5) 回填土可采用( )。
A. 含水量趋于饱和的黏性土   B. 爆破石碴作表层土
C. 有机质含量为 2% 的土   D. 淤泥和淤泥质土

3. 某基槽槽底宽度为 3.5m,自然地面标高为 −0.5m,槽底标高为 −4.5m,地下水为 −1.0m。基坑放坡开挖,坡度系数为 0.5m,采用轻型井点降水,降水深至坑下 0.5m。(单项选择题)

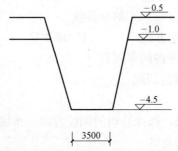

(1) 轻型井点的平面布置宜采用（　　）。
A. 单排布置　　　　B. 双排布置　　　　C. 环型布置　　　　D. 三种都可

(2) 井点管距离坑壁宜为（　　）。
A. 0.2m　　　　　　B. 0.8m　　　　　　C. 1.6m　　　　　　D. 2.0m

(3) 水力坡度 I 宜取（　　）。
A. 1/5　　　　　　　B. 1/8　　　　　　　C. 1/10　　　　　　D. 1/12

(4) 井点管的埋设深度宜大于或等于（　　）。
A. 4.0m　　　　　　B. 4.5m　　　　　　C. 5.13m　　　　　D. 5.76m

(5) 井点管的铺设工艺为（　　）。
A. ①铺设集水总管③冲孔②沉设井点管④填砂滤料、上部填黏土密封⑥用弯联管连接井点管与总管⑤安装抽水设备
B. ③冲孔②沉设井点管④填砂滤料、上部填黏土密封①铺设集水总管⑥用弯联管连接井点管与总管⑤安装抽水设备
C. ⑤安装抽水设备③冲孔②沉设井点管④填砂滤料、上部填黏土密封①铺设集水总管⑥用弯联管连接井点管与总管
D. ⑤安装抽水设备③冲孔②沉设井点管④填砂滤料、上部填黏土密封⑥用弯联管连接井点管与总管①铺设集水总管

4. 某工程基坑底长 60m，宽 25m，深 5m，拟采用四边放坡开挖，边坡坡度定为 1：0.5。测得土的 $K_s=1.20$，$K'_s=1.05$。若混凝土基础和地下室占有的体积为 3000m³。（计算结果取整）

(1) 该基坑开挖时，基坑上口面积为（　　）。
A. 1950m²　　　　　B. 1500m²　　　　　C. 1650m²　　　　　D. 1900m²

(2) 该基坑开挖时，基坑中部面积为（　　）。
A. 1719m²　　　　　B. 1675m²　　　　　C. 1788m²　　　　　D. 1825m²

(3) 基坑土方开挖的工程量为（　　）。
A. 7380m³　　　　　B. 7820m³　　　　　C. 2880m³　　　　　D. 8604m³

(4) 如以自然状态土的体积计，该基坑应预留的回填土为（　　）。
A. 6505m³　　　　　B. 6405m³　　　　　C. 5604m³　　　　　D. 5337m³

(5) K_s 为土的最后可松性系数（　　）。
A. 正确　　　　　　B. 错误

5. 某工程基坑开挖至设计标高后，组织了基坑验槽，发现基坑底部土质情况与设计要求相符，只是在东南角上出现两处局部土体强度偏低，必须进行处理。设计单位提出了相应的处理办法，施工单位按设计单位的要求进行了处理。试回答以下问题：

(1) 基坑验槽应由（　　）来组织。
A. 项目经理　　　　B. 设计负责人　　　C. 勘察负责人　　　D. 总监或建设单位项目负责人

(2) 参加基坑验槽的单位主要有（　　）。
A. 勘察设计单位　　B. 施工单位　　　　C. 监理单位
D. 建设单位　　　　E. 质量监督部门

(3) 基坑验槽的主要方法有（   ）。

  A. 表面检查验槽法   B. 洛阳铲钎探验槽法

  C. 钎探检查验槽法   D. 轻型动力触探验槽法

  E. 专家评估法

(4) 观察验槽的内容包括（   ）。

  A. 检查基坑（槽）开挖的平面位置、尺寸、槽底深度、标高和边坡等是否符合设计要求

  B. 仔细观察槽壁、槽底土质类型、均匀程度和有关异常土质是否存在，核对基坑土质和地下水情况

  C. 槽底土的均匀程度和含水量情况是否与勘察报告相符

  D. 检查采取的降水措施是否合理，降水效果是否良好

  E. 检查基槽之中是否有旧建筑物基础、古井、古墓、洞穴、地下掩埋物及地下人防工程等

(5) 观察验槽的重点应选择在（   ）。

  A. 基坑中心线   B. 基坑边角处

  C. 受力较大的部位   D. 最后开挖的部位

(6) 钎探打钎时，对同一工程应保证（   ）一致。

  A. 锤重   B. 步径   C. 用力

  D. 锤径   E. 锤击数

(7) 出现的局部土体强度偏低的处理办法可采用（   ）。

  A. 清除原来的软弱土后用砂石进行回填压实

  B. 将坑底暴晒 2~3 天后再进行基础施工

  C. 将坑底预压 7 天后再进行基础施工

  D. 直接在上面用砂石进行回填后压实

6. 某多层住宅工程，位于 6 度抗震设防区，共 5 层，层高 3m，坡屋面。基础为钢筋混凝土条形基础，基础墙采用 MU15 的烧结普通标准砖砌筑，上部墙体采用 MU15 的烧结多孔砖砌筑，所用的砂浆有 M10 的水泥砂浆和 M7.5 的混合砂浆。砌筑时外部采用了扣件式钢管脚手架，里面采用了角钢折叠式里脚手架。楼板和梁为 C30 混凝土现浇的，屋面为钢筋混凝土坡屋面。整个工程历时 280 天完成，施工良好，无安全事故发生。

(1) 脚手架是在施工现场为安全防护、工人操作以及解决少量上料和堆料而搭设的临时结构，其基本要求有（   ）。

  A. 构造合理、受力可靠和传力明确

  B. 能满足工人操作、材料堆置和运输的需要

  C. 搭拆简单，搬移方便，节约材料，能多次周转使用

  D. 与结构拉结可靠，局部稳定和整体稳定好

  E. 外形美观，并与周边环境协调

(2) 扣件式钢管脚手架的扣件有（   ）种。

  A. 回转扣件   B. 直角扣件   C. 斜角扣件

  D. 拉接扣件   E. 对接扣件

(3) 该工程在选用垂直运输设施，可能会考虑（   ）。

A. 塔式起重机　　　B. 井字架　　　C. 独杆提升机　　　D. 建筑施工电梯

（4）该工程基础墙一般采用（　　）砂浆砌筑。

A. 石灰　　　　　B. 水泥　　　　C. 混合　　　　　D. 石膏

（5）砖墙的砌筑工艺为：抄平→放线→摆砖样→立皮数杆→挂线→砌砖→清理等工序。（　　）

A. 正确　　　　　B. 错误

（6）该工程构造柱处的砌筑要求是（　　）。

A. 砌成马牙槎，每 300mm 为一个槎口　　　B. 先退后进砌　　　C. 先进后退砌

D. 每 500mm 设 2Φ6 拉接筋（一砖墙）　　　E. 拉接筋伸出槎口 500mm

7. 某建筑物第一层现浇楼面有 L1 梁，其钢筋保护层厚度定为 20mm，断面图及各钢筋（HPB300）的下料情况如下图所示。

计算资料：

钢筋的量度差近似值及钢筋弯钩增加长度表

钢筋弯起角度	30°	45°	60°	90°	135°	180°
量度差近似值	0.3d	0.5d	1d	2d	3d	—
弯钩增加长度	—	—	—	3.5d	4.9d	6.25d

箍筋调整值表

箍筋量度方法	箍筋直径(mm)			
	4～5	6	8	10～12
量外包尺寸(mm)	40	50	60	70
量内皮尺寸(mm)	80	100	120	150～170

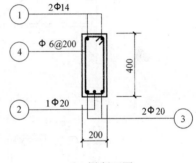

L1 梁断面图

试计算下列问题：

（1）编号为①钢筋的下料长度为（　　）。

A. 4190mm　　　B. 4238mm　　　C. 4365mm　　　D. 4980mm

（2）编号为②弯起钢筋的量度差合计为（　　）。

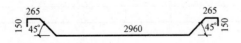

A. 40mm　　　　B. 80mm　　　　C. 120mm　　　　D. 160mm

（3）编号为②弯起钢筋的下料长度为（　　）。

A. 4490mm　　　B. 4654mm　　　C. 4698mm　　　D. 4850mm

（4）编号为③钢筋的下料长度为（　　）。

③

|100 | 4190 | 100|

A. 4390mm　　　　B. 4490mm　　　　C. 4560m　　　　D. 4650mm

（5）编号为④钢筋（135°/135°式）的下料长度为（　　）。（量外包，按箍筋下料调整值计算）

A. 1090mm　　　　B. 1138mm　　　　C. 1300mm　　　　D. 1480mm

8. 建筑物某简支梁的配筋（HPB300）情况如下图所示，图中的钢筋保护层厚度为20mm，梁的编号为L1。（计算结果四舍五入取整数）

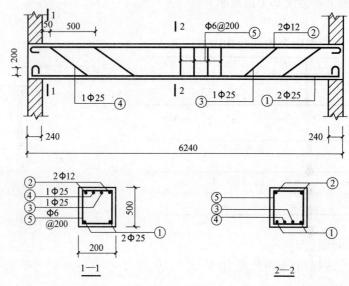

计算资料：

钢筋的量度差近似值及钢筋弯钩增加长度

钢筋弯起角度	30°	45°	60°	90°	135°	180°
量度差近似值	0.3d	0.5d	1d	2d	3d	—
弯钩增加长度	—	—	—	3.5d	4.9d	6.25d

箍筋调整值表

箍筋直筋(mm)	4~5	6	8	10~12
量外包时(mm)	40	50	60	70
量内包时(mm)	80	100	120	150~170

试计算以下问题：

（1）编号为①钢筋的下料长度为（　　）。

A. 6698mm　　　　B. 6708mm　　　　C. 6813mm　　　　D. 6880mm

（2）编号为③弯起钢筋的一斜段长度为（　　）。

A. 600mm　　　　B. 615mm　　　　C. 633mm　　　　D. 680mm

(3) 编号为③弯起钢筋的量度差值合计为（   ）。
   A. 20mm   B. 50mm   C. 80mm   D. 1080mm
(4) 编号为③钢筋的下料长度为（   ）。
   A. 6688mm   B. 6833mm   C. 6900mm   D. 7180mm
(5) 编号为⑤钢筋（135°/135°式）的下料长度为（   ）。（量外包，按箍筋下料调整值计算）
   A. 1198mm   B. 1238mm   C. 1290mm   D. 1388mm

9. 某框架－剪力墙结构房屋，框架柱横向间距为9m，纵向间距为12m，楼盖为梁板结构。第三层楼板施工时的气温为0℃，没有雨。施工单位制定了完整的施工方案，采用了商品混凝土C30，钢筋现场加工，模板采用木模板，由木工制作好后直接现场拼装。

(1) 对跨度为9m的现浇钢筋混凝土梁、板，当设计无具体要求时，其跨中起拱高度可为（   ）。
   A. 5mm   B. 15mm   C. 38mm   D. 40mm
(2) 当梁的高度超过（   ）时，梁和板可分开浇筑。
   A. 0.2m   B. 0.5m   C. 0.8m   D. 1.0m
(3) 钢筋混凝土结构的施工缝宜留置在（   ）
   A. 剪力较小位置   B. 便于施工的位置   C. 弯矩较小的位置
   D. 两构件接点处   E. 剪力较大位置
(4) 在施工缝处继续浇筑混凝土时，应先做到（   ）。
   A. 清除混凝土表面疏松物质及松动石子
   B. 将施工缝处冲洗干净，不得有积水
   C. 已浇筑混凝土的强度达到 $1.2N/mm^2$
   D. 已浇筑的混凝土的强度达到 $0.5N/mm^2$
   E. 在施工缝处先铺一层与混凝土成分相同的水泥砂浆
(5) 冬期施工为提高混凝土的抗冻性，可采取的措施有（   ）。
   A. 配制混凝土时掺引气剂
   B. 配制混凝土减少水灰比
   C. 优先选用水化热量大的硅酸盐水泥
   D. 采用粉煤灰硅酸盐水泥配制混凝土
   E. 采用较高等级水泥配制混凝土
(6) 该工程的商品混凝土若采用泵送混凝土工艺时，对混凝土的配合比提出的要求有（   ）。
   A. 最小水泥用量为 $350kg/m^3$
   B. 水灰比宜为 0.4～0.6
   C. 砂宜用中砂，砂率宜控制在 38%～45%
   D. 碎石最大粒径与输送管内径之比宜为 1:2
   E. 不同的泵送高度对泵送混凝土的坍落度有不同要求

10. 某大梁采用C20混凝土，实验室配合比提供的每立方米混凝土的材料用量：水泥为 $300kg/m^3$，砂子为 $700kg/m^3$，石子为 $1400kg/m^3$，水胶比 $W/B=0.60$。现场实测砂子含水率为3%，石子含水率为1%。现拟采用JZ350型搅拌机拌制（每拌的出料容量为350L），使用50kg袋装水泥，水泥整袋投入搅拌机。试计算以下问题：（计算结果四舍五入取整数）

(1) 测定实验室配合比时的砂石是（　　）。
A. 粗细均匀的　　　　　　　　　　　　B. 潮湿的
C. 干燥的　　　　　　　　　　　　　　D. 细度模数相同的

(2) 该工程混凝土的施工配合比可调整为（　　）。
A. 1∶2.33∶4.67　　　　　　　　　　　B. 1∶2.40∶4.72
C. 1∶2.54∶4.82　　　　　　　　　　　D. 1∶2.64∶4.95

(3) 每搅拌一次水泥的用量为（　　）（按50kg的整倍取值）。
A. 50kg　　　　B. 100kg　　　　C. 150kg　　　　D. 200kg

(4) 每搅拌一次砂的用量为（　　）。
A. 210kg　　　　B. 230kg　　　　C. 233kg　　　　D. 240kg

(5) 每搅拌一次石的用量为（　　）。
A. 415kg　　　　B. 460kg　　　　C. 472kg　　　　D. 480kg

(6) 每搅拌一次需要加的水为（　　）。
A. 38kg　　　　B. 40kg　　　　C. 48kg　　　　D. 60kg

11. 某公共建筑屋面大梁跨度为40m，设计为预应力混凝土，混凝土强度等级为C40，预应力钢筋采用钢绞线，非预应力钢筋为HRB400钢筋。施工单位按设计要求组织了施工，并按业主的要求完成了施工。试回答以下问题：

(1) 该工程的预应力混凝土一般采用（　　）法施工。
A. 先张法　　　　　　　　　　　　　　B. 后张法
C. 无粘结后张法　　　　　　　　　　　D. 有粘结后张法

(2) 预应力混凝土一般是在结构或构件的（　　）预先施加压应力。
A. 受压区　　　　B. 受拉区　　　　C. 中心线处　　　　D. 中性轴处

(3) 该工程的预应力筋，宜采用（　　）。
A. 一端张拉　　　　　　　　　　　　　B. 两端分别张拉
C. 一端张拉后另一端补强　　　　　　　D. 两端同时张拉

(4) 在预应力筋张拉时，构件的混凝土强度不应低于设计强度标准值的（　　）。
A. 30%　　　　B. 50%　　　　C. 75%　　　　D. 100%

(5) 以下与有粘结后张法施工有关的工序包括（　　）。
A. 台座准备　　　　B. 放松预应力筋　　　　C. 预埋螺旋管
D. 抽管　　　　　　E. 孔道灌浆

(6) 无粘结预应力筋张拉后的端部锚头处理工作包括（　　）。
A. 将套筒内注防腐油脂
B. 留足预留长度后切掉多余钢绞线
C. 将锚具外钢绞线散开打弯
D. 在锚具及钢绞线上涂刷防腐油
E. 抹封端砂浆或浇筑混凝土

(7) 预应力筋张拉时,通常要超张拉(　　),以抵消部分预应力损失。
A. 0.5%　　　　　B. 0.3%　　　　　C. 5%　　　　　D. 3%
E. 10%

12. 有一安装施工单位承接了一单层装配式工业厂房安装任务,该厂房长120m,宽36m,柱距6m×12m。施工单位编制了起重吊装方案,并选派了一名有经验的工程师指挥了整个吊装作业。三个月后完成了全部的吊装作业,没有发生严重的质量事故和安全事故。问:

(1) 起重机的选择包括(　　)的选择。
A. 起重机的类型　　　B. 起重机的索具　　　C. 起重机的型号
D. 起重机的数量　　　E. 起重机的起重高度

(2) 起重机的类型的确定主要根据(　　)。
A. 厂房结构的特点,厂房的跨度
B. 构件的重量、安装高度
C. 施工现场条件
D. 现有起重设备、吊装方法确定
E. 施工人员的工作经验

(3) 结构安装工程中常用的索具设备有(　　)。
A. 钢丝绳　　　　　B. 吊具(卡环、横吊梁)　　　　　C. 滑轮组
D. 卷扬机　　　　　E. 锚板等

(4) 起重机的起重能力用(　　)来表示。
A. 静力矩 $M(KN \cdot m)$　　　　　　B. 动力矩 $M(KN \cdot m)$
C. 重力矩 $M(KN \cdot m)$　　　　　　D. 倾覆力矩 $M(KN \cdot m)$

(5) 起重机的主要性能参数不包括(　　)。
A. 起重量 Q　　　　　　　　　　B. 起重高度 H
C. 工作幅度(回转半径) R　　　　D. 起重臂长 L

(6) 确定起重方案时涉及的计算主要有(　　)。
A. 起重量 Q 计算　　B. 起重高度 H 计算　　C. 起重臂长度计算
D. 工作幅度(回转半径) R 计算　　E. 起重费用计算

(7) 确定起重机的开行路线时主要考虑(　　)因素。
A. 起重机的性能　　B. 构件的尺寸与重量　　C. 构件的平面布置
D. 安装方法　　　　E. 费用

(8) 构件平面布置的原则主要有(　　)。
A. 每跨构件宜布置在本跨内,并注意构件布置的朝向
B. 应满足安装工艺的要求,尽可能布置在起重机的回转半径内,以减少起重机负荷行驶
C. 应"重远轻近",即将重构件布置在距起重机停机点较远的地方,轻构件布置在距停机点较近的地方
D. 应便于支模与浇灌混凝土,当为预应力混凝土构件时要考虑抽芯穿筋张拉等
E. 构件布置力求占地最少,以保证起重机的行驶路线畅通和安全回转

13. 某开发商开发了一群体工程，各单位地上、地下结构形式基本相同，其中地下车库的防水做法为高聚物改性沥青防水卷材外防外贴，基础底板局部为水泥基渗透结晶型防水涂膜，屋面为刚性防水混凝土加合成高分子防水卷材施工，厕浴间为聚氨酯防水涂料。问：

(1) 地下结构防水混凝土的抗渗压力不应小于（　　）。
  A. 0.6MPa　　　B. 0.3MPa　　　C. 0.8MPa　　　D. 1MPa

(2) 下面关于地下卷材防水层施工，说法正确的有（　　）。
  A. 选用高聚物改性沥青类或合成高分子类卷材
  B. 用外防内贴法铺贴防水层时，应先铺平面，后铺立面
  C. 冷粘法施工时气温不得低于5℃，热熔法施工法时气温不得低于−10℃
  D. 冷粘法施工的卷材防水层，应固化7d（天）以上方可遇水
  E. 卷材接缝不得在转角处

(3) 当屋面坡度大于（　　）时，应采取防止沥青卷材下滑的固定措施。
  A. 3%　　　B. 10%　　　C. 15%　　　D. 25%

(4) 普通细石混凝土和补偿收缩混凝土防水层应设置分格缝，其纵横间距不宜大于（　　）m，分格缝内应嵌填密封材料。
  A. 3　　　B. 6　　　C. 9　　　D. 12

(5) 普通细石混凝土在防水混凝土浇筑、养护中正确的是（　　）。
  A. 每个分格板块的混凝土应一次浇筑完成，不得留施工缝
  B. 抹压时宜在表面洒水、加水泥浆或撒干水泥
  C. 混凝土收水后应进行二次压光
  D. 混凝土浇筑12~24h（小时）后应进行养护
  E. 养护时间不应少于7d（天），养护初期屋面不得上人

(6) 屋面铺贴防水卷材应采用搭接法连接，其要求包括（　　）。
  A. 相邻两副卷材的搭接缝应错开
  B. 上下层卷材的搭接逢应对正
  C. 平行于屋脊的搭接缝应顺水流方向搭接
  D. 垂直于屋脊的搭接缝应顺年最大频率风向搭接
  E. 搭接宽度应符合规定

(7) 卫生间防水施工结束后，应做（　　）小时蓄水试验。
  A. 4　　　B. 6　　　C. 12　　　D. 24

14. 某钢结构厂房工程，基础为预应力管桩基础，轻钢门式钢架结构，彩钢板屋面。钢柱有等截面和变截面柱，框架外包墙及办公区域墙体采用砖砌体，强度等级为MU10，其中办公区域楼板采用非预应力预制钢筋混凝土空心楼板。

(1) 钢结构安装工程，设计要求顶紧的节点，相接触的两个平面必须保证有（　　）%紧贴。
  A. 50　　　B. 70　　　C. 85　　　D. 100

(2) 钢结构工程施工中，以下说法正确的是（　　）。
  A. 薄型防火涂料每次喷涂厚度不应超过2.5mm

B. 设计要求顶紧的节点，相接触的两个平面的边缘最大间隙不得大于0.8mm
C. 扭剪型高强度螺栓，以拧掉尾部梅花卡头为终拧结束
D. 焊接时，严禁在焊缝区以外的母材上打火引弧
E. 钢结构安装时，在形成空间刚度单元前，应及时对柱底板和基础顶面的空隙进行细石混凝土、灌浆等二次浇灌

(3) 对钢结构焊缝冷裂纹的防止办法是（　　）。
A. 焊前烘焙　　　B. 焊后速冷　　　C. 焊条加温　　　D. 增加焊缝厚度

(4) 在用高强度螺栓进行钢结构安装中，（　　）是目前被广泛采用的基本连接形式。
A. 摩擦型连接　　　　　　　　　　B. 摩擦—承压型连接
C. 承压型连接　　　　　　　　　　D. 张拉型连接

(5) 钢结构构件涂装施工环境的湿度一般宜在相对湿度小于（　　）的条件下进行。
A. 50%　　　B. 60%　　　C. 70%　　　D. 80%

(6) 钢结构施工中，可以采用（　　）进行钢结构的组装。
A. 仿形复制装配法　　B. 立装法　　C. 卧装法
D. 胎膜装配法　　　　E. 顺序装配法

(7) 钢结构焊接质量无损探伤包括（　　）等。
A. 磁粉探伤　　　B. 涡流探伤　　　C. 真空试验
D. 氦气探漏　　　E. 超声波探伤

(8) 涂装环境温度应符合涂料产品说明书的规定，无规定时，环境温度应在（　　）之间，相对湿度不应大于85%，构件表面没有结露和油污等，涂装后（　　）内应保护免受淋雨。
A. 0~18℃，4h　　　　　　　　　　B. 5~38℃，4h
C. 0~18℃，2h　　　　　　　　　　D. 5~38℃，2h

(9) 钢结构构件的防腐施涂作业顺序一般为（　　）。
A. 先左后右　　　B. 先上后下　　　C. 先内后外
D. 先易后难　　　E. 先阴角，后阳角

15. 背景材料：某建筑工程，建筑面积108000m²，现浇剪力墙结构，地下三层，地下50层。基础埋深14.4m底板厚3m，底板混凝土强度等级C35/P12。施工单位制定了底板混凝土施工方案，并选定了某预拌混凝土搅拌站。底板混凝土浇筑时当地最高大气温度38℃，混凝土最高入模温度40℃。浇筑完成12h以后采用覆盖一层塑料膜一层保温岩棉养护7d。测温记录显示：混凝土内部最高温度75℃，其表面最高温度45℃。

试根据上述背景材料，回答以下问题。
(1) 监理工程师检查发现底板表面混凝土内外温差一般应控制在（　　）以内。
A. 20℃　　　B. 25℃　　　C. 30℃　　　D. 35℃
(2) 大体积混凝土浇筑完毕后，应在（　　）内加以覆盖和浇水。
A. 8h　　　B. 12h　　　C. 24h　　　D. 36h
(3) 大体积混凝土的养护时间不得少于（　　）。
A. 7d　　　B. 14d　　　C. 21d　　　D. 28d

(4) 为使大体积混凝土得到补偿收缩，减少混凝土的温度应力，在拌合混凝土时，还可掺入适量合适的（　　）。
  A. 早强剂　　　　B. 缓凝剂　　　　C. 减水剂　　　　D. 微膨胀剂
(5) 大体积混凝土必须进行（　　）工作，以减少表面收缩裂缝。
  A. 二次振捣　　　B. 二次抹面　　　C. 外部降温　　　D. 内部冷却

16. 背景材料：沿海地区某工程，地质条件比较差，地下水对钢筋混凝土结构有腐蚀作用。设计在基础底板下有钢筋混凝土灌注桩，桩径为600mm，桩长平均为22m，混凝土强度等级C20，采用沉管灌注桩施工。该基础底板采用预拌混凝土，水泥拟采用矿渣水泥。该工程地上12层、地下2层，地下水位位于地下室底面以上2.2m，土方开挖采用有支护开挖。试根据上述背景材料，回答以下问题。

(1) 根据本工程具体情况，应降水至坑底以下（　　）以利于挖方进行。
  A. 200mm　　　　B. 300mm　　　　C. 400mm　　　　D. 500mm
(2) 该工程基础底板混凝土养护时间不得少于（　　）。
  A. 3d　　　　　　B. 7d　　　　　　C. 14d　　　　　D. 21d
(3) 土方施工中，按开挖的难易程度，共分为（　　）类。
  A. 四　　　　　　B. 六　　　　　　C. 八　　　　　　D. 十
(4) 泥浆护壁钻孔灌注桩施工工艺流程中，"第二次清孔"的下一道工序是（　　）。
  A. 下钢筋笼　　　　　　　　　　　B. 下钢导管
  C. 质量验收　　　　　　　　　　　D. 浇筑水下混凝土
(5) 该工程中桩基混凝土所用水泥不宜选择的品种为（　　）。
  A. 矿渣水泥　　　　　　　　　　　B. 火山灰水泥
  C. 粉煤灰水泥　　　　　　　　　　D. 普通硅酸盐水泥

第9章　法律法规

一、单项选择题

1. 有关招标投标的法律文件中，法律效力最高的是（　　）。
  A.《招标投标法》　　　　　　　　　B.《招标投标法实施条例》
  C.《江苏省招标投标条例》　　　　　D.《工程建设项目施工招标投标办法》

2. 根据法的效力等级，《建设工程质量管理条例》属于（　　）。
  A. 法律　　　　　B. 部门规章　　　C. 行政法规　　　D. 单行条例

3.《建筑施工企业安全生产许可证管理规定》属于（　　）。
  A. 行政法规　　　B. 一般法律　　　C. 司法解释　　　D. 部门规章

4. 2013年3月10日某工程竣工验收合格，则竣工验收备案应在（　　）前办理完毕。
  A. 2013年3月20日　　　　　　　　B. 2013年3月25日
  C. 2013年3月30日　　　　　　　　D. 2013年4月29日

5. 某新建酒店原定于2012年12月18日开业，可由于工期延误，不得不将开业日期推迟到 2013 年 1 月 18 日，那么在开业前应由（　　）来办理工程竣工验收备案。

  A. 酒店投资方 B. 酒店经营方 C. 施工企业 D. 最后完工者

  6. 为了保证某工程在"五·一"前竣工，建设单位要求施工单位不惜一切代价保证工程进度，对此，下面说法正确的是（　　）。

  A. 因为工程是属于业主的，业主有权这样要求

  B. 如果施工单位同意，他们之间就形成了原合同的变更，是合法有效的

  C. 建设单位不可以直接这样要求，应该委托监理工程师来下达这样的指令

  D. 施工单位有权拒绝建设单位这样的要求

  7. 甲公司是乙公司的分包单位，若甲公司分包工程出现了质量事故，则下列说法正确的是（　　）。

  A. 业主只可以要求甲公司承担责任

  B. 业主只可以要求乙公司承担责任

  C. 业主可以要求甲公司和乙公司承担连带责任

  D. 业主必须要求甲公司和乙公司同时承担责任

  8. 某施工现场运来一批拟用于装修的石材，对于这批石材的检查，下列说法正确的是（　　）。

  A. 对石材质量的检查是监理工程师的责任，施工单位不需要检查

  B. 对石材质量的检查是施工单位的责任，监理工程师不需要检查

  C. 对石材的检查取样应该在监理工程师的监督下取样

  D. 如果石材的厂家出示了产品合格证和质量检验报告，就不需要对其进行检查

  9. 根据《建设工程质量管理条例》关于质量保修制度的规定，屋面防水工程、有防水要求的卫生间、房间和外墙面防渗漏的最低保修期为（　　）。

  A. 1 年 B. 2 年 C. 3 年 D. 5 年

  10. 某工人在脚手架上施工时，发现部分扣件松动可能倒塌，所以停止作业。这属于从业人员行使的（　　）。

  A. 知情权 B. 拒绝权 C. 避险权 D. 紧急避险权

  11. 负有安全生产监督管理职责的部门依法对生产经营单位执行监督检查时，对于发现的重大安全事故隐患在排除前或者排除过程中无法保证安全的，采取的必要措施是（　　）。

  A. 责令立即排除

  B. 更换施工队伍

  C. 责令从危险区域撤出作业人员或暂时停止施工

  D. 责令施工单位主要负责人做出检查

  12. （　　）是指造成 10 人以上 30 人以下死亡，或者 50 人以上 100 人以下重伤，或者 5000 万元以上 1 亿元以下直接经济损失的事故。

  A. 特别重大事故 B. 重大事故 C. 较大事故 D. 一般事故

  13. 施工中发生事故时，（　　）应当采取紧急措施减少人员伤亡和事故损失，并按照国家有关规定及时向有关部门报告。

  A. 建设单位负责人   B. 监理单位负责人

111

C. 施工单位负责人 D. 事故现场有关人员

14. 《安全生产管理条例》规定，建设单位在编制（　　）时，应当确定建设工程安全作业环境及安全施工措施所需费用。

A. 安全预算　　B. 工程概算　　C. 工程预算　　D. 工程决算

15. 工程监理单位在实施监理过程中，发现存在安全事故隐患的，应当要求施工单位（　　）。

A. 整改　　B. 停工整改　　C. 停工　　D. 立即报告

16. 根据《建筑工程安全生产管理条例》的规定，专职安全生产管理人员负责对安全生产进行现场监督检查，对违章指挥、违章操作的，应当（　　）。

A. 立即上报　　B. 立即制止　　C. 处以罚款　　D. 给予处分

17. 根据《建设工程安全生产管理条例》的规定，作业人员进入新的岗位或者新的施工现场前，应当接受（　　）。

A. 工艺操作培训　　　　　　　　B. 机械操作培训
C. 质量教育培训　　　　　　　　D. 安全生产教育培训

18. 安全生产许可证有效期满需要延期的，企业应当于期满前（　　）个月向原安全生产许可证颁发管理机关办理延期手续。

A. 1　　B. 2　　C. 3　　D. 6

19. 根据《工程建设项目招标范围和规模标准规定》的规定，对于招标范围内的各类工程建设项目，下列表述不正确的是（　　）。

A. 施工单项合同估算价在 200 万元人民币以上的必须招标

B. 重要设备、材料等货物的采购，单项合同估算价在 100 万元人民币以上的必须招标

C. 勘察、设计、监理等服务的采购，单项合同估算价在 50 万元人民币以上的必须招标

D. 单项合同估算价低于规定的标准，但项目总投资额在 1000 万元人民币以上的必须招标

20. 某施工企业于 2007 年承建一单位办公楼，2008 年 4 月竣工验收合格并交付使用。2013 年 5 月，施工企业致函该单位，说明屋面防水保修期满及以后使用维护的注意事项。此事体现了《合同法》的（　　）原则。

A. 公平　　B. 自愿　　C. 诚实信用　　D. 维护公共利益

21. 施工单位向电梯生产公司订购两部 A 型电梯，并要求 10 日内交货。电梯生产公司回函表示如果延长 1 周可如约供货。根据《合同法》，电梯生产公司的回函属于（　　）。

A. 要约邀请　　B. 承诺　　C. 新要约　　D. 部分承诺

22. 某施工企业于 2012 年 12 月 7 日向钢材厂发函："我司欲以 3270 元/t 的价格购买 20 螺纹钢 50t，若有意出售请于 2012 年 12 月 15 日前回复。"钢材厂于 2012 年 12 月 9 日收到该信函，但由于公司放假，公司销售部经理于 2012 年 12 月 10 日才知悉信件内容。根据《合同法》的规定，施工企业发出的函件（　　）。

A. 属于要约，于2012年12月7日生效

B. 属于要约，于2012年12月9日生效

C. 属于要约，于2012年12月10日生效

D. 属于要约邀请，于2012年12月9日生效

23. 甲建筑公司与建设单位签订了一份合同，合同中约定的合同价为950万元。后来，建设单位的负责人找到了甲建筑公司的负责人，要求另行签订一个合同，合同价为800万元。则（   ）。

A. 后签订的合同是原合同的补充部分，应当以后签订的合同作为结算依据

B. 后签订的合同属于无效的合同，应当以备案的原合同为结算依据

C. 应当以两个合同的平均价作为结算依据

D. 不以任何一个合同为准，应当重新协商签订合同

24. 对劳动合同试用期的叙述中，不正确的是（   ）。

A. 劳动合同期限3个月以上不满1年的，试用期不得超过1个月

B. 劳动合同期限1年以上不满3年的，试用期不得超过2个月

C. 3年以上固定期限和无固定期限的劳动合同，试用期不得超过6个月

D. 以完成一定工作任务为期限的劳动合同或者劳动合同期限不满3个月的，试用期不得超过10天

25. 劳动者在试用期的工资不得低于本单位相同岗位最低档工资或者劳动合同约定工资的（   ），并不得低于用人单位所在地的最低工资标准。

A. 70%   B. 75%   C. 80%   D. 90%

二、多项选择题

1. 我国法的形式主要包括（   ）。

A. 法律   B. 行政法规   C. 地方性法规   D. 行政规章

E. 企业规章

2. 下列选项中，（   ）属于建设工程质量管理的基本制度。

A. 工程质量监督管理制度   B. 工程竣工验收备案制度

C. 工程质量事故报告制度   D. 工程质量检举、控告、投诉制度

E. 工程质量责任制度

3. 建设单位办理竣工验收备案是提交了工程验收备案表和工程竣工验收报告，则还需要提交的材料有（   ）。

A. 施工图设计文件审查意见

B. 法律、行政法规规定应当由规划、公安消防、环保等部门出具的认可文件或者准许使用文件

C. 施工单位签署的工程质量保修书

D. 商品住宅还应当提交《住宅质量保证书》、《住宅使用说明书》

E. 质量监督机构的监督报告

4. 根据《建设工程质量管理条例》，下列选项中，（   ）符合施工单位质量责任和义务的规定。

A. 施工单位应当依法取得相应资质等级的证书,并在其资质等级许可的范围内承揽工程

B. 施工单位不得转包或分包工程

C. 总承包单位与分包单位对分包工程的质量承担连带责任

D. 施工单位必须按照工程设计图纸和施工技术标准施工

E. 建设工程实行质量保修制度,承包单位应履行保修义务

5. 工程质量监督机构对建设单位组织的竣工验收实施的监督主要是察看其( )。

A. 是否通过了规划、消防、环保主管部门的验收

B. 程序是否合法

C. 资料是否齐全

D. 工程质量是否满足合同的要求

E. 实体质量是否存有严重缺陷

6.《建设工程安全生产管理条例》规定,施工单位应当对达到一定规模的危险性较大的( )编制专项施工方案,并附具安全验算结果。

A. 基坑支护工程　　　　　　　　B. 土方开挖工程

C. 模板工程　　　　　　　　　　D. 起重吊装工程

E. 脚手架工程

7. 下列劳动合同条款,属于必备条款的是( )。

A. 用人单位的名称、住所和法定代表人或者主要负责人

B. 劳动者的姓名、住址和居民身份证或者其他有效身份证件号码

C. 试用期

D. 工作内容和工作地点

E. 社会保险

8. 某单位生产过程中,有如下具体安排,其中符合《劳动法》劳动保护规定的有( )。

A. 安排女工赵某在经期从事高温焊接作业

B. 安排怀孕6个月的女工钱某从事夜班工作

C. 批准女工孙某只能休产假120d

D. 安排17岁的李某担任油漆工

E. 安排15岁的周某担任仓库管理员

三、判断题(正确的在括号内填"A",错误的在括号内填"B")

1. 法律是指全国人大及其常委会、国务院制定的规范性文件。　　　　( )

2. 涉及建筑主体和承重结构变动的装修工程,建设单位可以没有设计方案。( )

3. 施工单位必须按照工程设计图纸施工,必要时可以修改工程设计。　( )

4. 工程监理企业不得与被监理工程的施工承包单位以及建筑材料、建筑构配件和设备供应单位有隶属关系或者其他利害关系。　　　　　　　　　　　　( )

5. 对在保修期限内和保修范围内发生的质量问题,均先由施工单位履行保修义务。( )

6. 生产经营单位在特定情况下,经过有关部门批准,可以使用国家淘汰、禁止使用的生产安全的工艺、设备。　　　　　　　　　　　　　　　　　　　( )

7. 在条件不允许时，施工单位可以将施工现场的办公、生活区与作业区合并设置。
（　　）
8. 建立劳动关系，可以采用口头或书面形式订立劳动合同。　　　（　　）
9. 用人单位与劳动者发生劳动争议，当事人可以依法申请调解、仲裁、提起诉讼，也可以协商解决。
（　　）
10. 证据保全是指在证据可能灭失或以后难以取得的情况下，法院根据申请人的申请或依职权，对证据加以固定和保护的制度。
（　　）

第10章　职业道德

一、单项选择题

1. 职业道德是所有从业人员在职业活动中应该遵循的（　　）。
A. 行为准则　　　B. 思想准则　　　C. 行为表现　　　D. 思想表现

2. 下面关于道德与法纪的区别和联系说法不正确的是（　　）。
A. 法纪属于制度范畴，而道德属于社会意识形态范畴
B. 道德属于制度范畴，而法纪属于社会意识形态范畴
C. 遵守法纪是遵守道德的最低要求
D. 遵守道德是遵守法纪的坚强后盾

3. 党的十八大对未来我国道德建设也做出了重要部署。强调要坚持依法治国和以德治国相结合，加强社会公德、职业道德、家庭美德、个人品德教育，弘扬中华传统美德，弘扬时代新风，指出了道德修养的（　　）性。
A. 二位一体　　　B. 三位一体　　　C. 四位一体　　　D. 五位一体

4. 职业道德是对从事这个职业（　　）的普遍要求。
A. 作业人员　　　B. 管理人员　　　C. 决策人员　　　D. 所有人员

5. 认真对待自己的岗位，对自己的岗位职责负责到底，无论在任何时候，都尊重自己的岗位职责，对自己的岗位勤奋有加，是（　　）的具体要求。
A. 爱岗敬业　　　B. 诚实守信　　　C. 服务群众　　　D. 奉献社会

6. 做事言行一致，表里如一，真实无欺，相互信任，遵守诺言，信守约定，践行规约，注重信用，忠实地履行自己应当承担的责任和义务，是（　　）的具体要求。
A. 爱岗敬业　　　B. 诚实守信　　　C. 服务群众　　　D. 奉献社会

7. 对一个人来说，"诚实守信"既是一种道德品质和道德信念，也是每个公民的道德责任，更是一种崇高的"人格力量"，因此"诚实守信"是做人的（　　）。
A. 出发点　　　B. 立足点　　　C. 闪光点　　　D. 基本点

8. 加强职业道德修养的途径不包括（　　）。
A. 树立正确的人生观　　　　　　B. 培养自己良好的行为习惯
C. 学习先进人物的优秀品质
D. 提高个人技能，力争为企业创造更大的效益

9. 建设行业职业道德建设的特点不包括（　　）。

A. 人员多、专业多、岗位多、工种多　　　B. 条件艰苦，工作任务繁重
C. 施工面大，人员流动性大　　　D. 群众性

10. 某人具有"军人作风"、"工人性格"，讲的是这个人具有职业道德内容中的（　　）特征。
A. 职业性　　　B. 继承性　　　C. 多样性　　　D. 纪律性

二、多项选择题

1. 公民道德主要包括（　　）三个方面。
A. 社会公德　　　B. 社会责任心　　　C. 职业技能　　　D. 职业道德
E. 家庭美德

2. 职业道德是从事一定职业的人们在其特定职业活动中所应遵循的符合职业特点所要求的（　　）的总和。
A. 道德准则　　　B. 行为规范　　　C. 道德情操　　　D. 道德品质
E. 道德追求

3. 职业道德的含义主要包括（　　）方面的内容。
A. 职业道德是一种职业规范，受社会普遍的认可，是长期以来自然形成的
B. 职业道德没有确定形式，主要依靠文化、内心信念和习惯，通过职工的自律来实现
C. 职业道德大多没有实质的约束力和强制力，主要是对职业人员义务的要求
D. 职业道德标准多元化，代表了不同企业可能具有不同的价值观，承载着企业文化和凝聚力，影响深远
E. 职业道德是法的一种补充形式，与法的效力相同，都是由国家强制力保证实施的

4. 我国现阶段各行各业普遍使用的职业道德的基本内容包括（　　）。
A. 爱岗敬业　　　B. 诚实守信　　　C. 办事公道
D. 服务群众　　　E. 奉献企业

5. 职业道德内容具有的基本特征有（　　）。
A. 职业性　　　B. 继承性　　　C. 多样性
D. 纪律性　　　E. 临时性

6. 职业道德建设的必要性和意义表现在（　　）。
A. 加强职业道德建设，是提高职业人员责任心的重要途径
B. 加强职业道德建设，是促进企业和谐发展的迫切要求
C. 加强职业道德建设，是提高企业竞争力的必要措施
D. 加强职业道德建设，是加强团队建设的基本保障
E. 加强职业道德建设，是提高全社会道德水平的重要手段

7. 一般职业道德要求（　　）。
A. 忠于职守，热爱本职　　　B. 质量第一、金钱至上
C. 遵纪守法，安全生产　　　D. 文明施工、勤俭节约
E. 钻研业务，提高技能

8. 对于工程技术人员来讲，提高职业道德要从以下（　　）着手。

A. 热爱科技，献身事业，不断更新业务知识，勤奋钻研，掌握新技术、新工艺

B. 深入实际，勇于攻关，不断解决施工生产中的技术难题提高生产效率和经济效益

C. 一丝不苟，精益求精，严格执行建筑技术规范，认真编制施工组织设计，积极推广和运用新技术、新工艺、新材料、新设备，不断提高建筑科学技术水平

D. 以身作则，培育新人，既当好科学技术带头人，又做好施工科技知识在职工中的普及工作

E. 严谨求实，坚持真理，在参与技术研究活动时，认定自己的水平，坚持自己的观点

9. 加强职业道德修养的方法主要有（　　）。

A. 学习职业道德规范、掌握职业道德知识

B. 努力工作，不断提高自己的生活水平

C. 努力学习现代科学文化知识和专业技能，提高文化素养

D. 经常进行自我反思，增强自律性

E. 提高精神境界，努力做到"慎独"

10. 加强建设行业职业道德建设的措施主要有（　　）。

A. 发挥政府职能作用，加强监督监管和引导指导

B. 发挥企业主体作用，抓好工作落实和服务保障

C. 改进教学手段和创新方式方法，结合项目现场管理，突出职业道德建设效果

D. 开展典型性教育，发挥奖惩激励机制作用

E. 倡导以效益为本理念，积极寻求节约的途径

三、判断题（正确的在括号内填"A"，错误的在括号内填"B"）

1. 道德是以善恶为标准，通过社会舆论、内心信念和传统习惯来评价人的行为，调整人与人之间以及个人与社会之间相互关系的行为规范的总和。（　　）

2. 涉及社会公共部分的道德，称为职业公德。（　　）

3. 社会公德是全体公民在社会交往和公共生活中应该遵循的行为准则，涵盖了人与人、人与社会、人与自然之间的关系。（　　）

4. 职业道德是所有从业人员在职业活动中应该遵循的行为准则，涵盖了从业人员与服务对象、职业与职工、职业与职业之间的关系。（　　）

5. 家庭美德是每个公民在家庭生活中应该遵循的行为准则，涵盖了夫妻、长幼、邻里之间的关系。（　　）

6. 忠实履行岗位职责是国家对每个从业人员的基本要求，也是职工对国家、对企业必须履行的义务。（　　）

7. 建筑工程的质量问题不仅是建筑企业生产经营管理的核心问题，不是企业职业道德建设中的一个重大课题。（　　）

8. 遵纪守法，不是一种道德行为，而是一种法律行为。（　　）

9. 对一个团体来说，诚实守信是一种"形象"，一种品牌，一种信誉，一个使企业兴旺发达的基础。（　　）

10. 文明生产是指以高尚的道德规范为准则，按现代化生产的客观要求进行生产活动

的行为，是属于精神文明的范畴。（ ）

11. 勤俭节约是指在施工、生产中严格履行节省的方针，爱惜公共财物和社会财物以及生产资料，它也是职业道德的一种表现。（ ）

12. 一个从业人员只要知道了什么是职业道德规范，就是不进行职业道德修养，也能形成良好职业道德品质。（ ）

三、参 考 答 案

第 1 章 制图的基本知识

一、单项选择题

1. D；2. A；3. A；4. A；5. A；6. D；7. B；8. C；9. A；10. D；
11. C；12. C；13. B；14. D；15. B；16. B；17. C；18. B；19. A；20. B；
21. B；22. C；23. C；24. D；25. D；26. C；27. C；28. B；29. A；30. B；
31. C；32. A；33. A；34. C；35. D；36. B；37. D；38. A；39. D；40. D；
41. D；42. C；43. A；44. C；45. B；46. C；47. A；48. C；49. A

二、多项选择题

1. ACE；2. CD；3. ABCE；4. BCD；5. ABC；6. BCE；7. AB；8. ABC；
9. ABC；10. BCD；11. BD；12. CDE；13. BCD；14. BDE；15. ABE；
16. ACD；17. ACE；18. ABD；19. BC；20. ABDE

三、判断题（A 表示正确，B 表示错误）

1. A；2. B；3. A；4. A；5. A；6. A；7. B；8. B；9. B；10. A；
11. A；12. B；13. B；14. B；15. A；16. A；17. B；18. A；19. B；20. B

四、计算题或案例分析题

1.
(1) ACD；(2) B；(3) A；(4) D；(5) D
2.
(1) ABD；(2) D；(3) AE；(4) A；(5) C
3.
(1) B；(2) B；(3) D；(4) A；(5) C
4.
(1) A；(2) C；(3) D；(4) C；(5) ABDE
5.
(1) B；(2) C；(3) B；(4) A；(5) D

第 2 章 房屋构造

一、单项选择题

1. A；2. D；3. C；4. A；5. B；6. D；7. B；8. C；9. D；10. D；
11. B；12. A；13. D；14. C；15. C；16. A；17. C；18. C；19. C；20. D；
21. C；22. C；23. B；24. C；25. B；26. B；27. C；28. C；29. B；30. B；
31. B；32. B；33. C；34. B；35. B；36. D；37. A；38. C；39. A；40. C；
41. A；42. C；43. B；44. A；45. B；46. D；47. C；48. A；49. D；50. B；
51. A；52. D；53. D；54. C；55. B；56. C

二、多项选择题

1. ACD；2. ABDE；3. BE；4. BC；5. ACD；6. ABC；7. ABCD；8. BCD；
9. CDE；10. ACD；11. ACE；12. ABCD；13. ACE；14. ABC；15. ABDE；
16. ABC；17. ABC；18. ABCD；19. BCD；20. AC；21. ABCD；22. ABCD；
23. ABC；24. ABC；25. ABC；26. ABC；27. ABCD；28. ACE；29. ACE；
30. ABCD；31. ABDE；32. ABC；33. ABCD；34. ABCD；35. ABCD；
36. ABC；37. ABCD；38. BDE；39. ABC；40. ABC；41. ABE；42. ABCD；
43. AC；44. CD；45. ABCD；46. AB；47. ABCD；48. ABC；49. CD；
50. ABCD；51. ABD；52. ACE；53. ACD；54. ABCD；55. ABCD；56. ABC；
57. ABCD；58. ABC；59. ABE；60. ACE；61. ABE；62. ABCD

三、判断题（A 表示正确，B 表示错误）

1. A；2. B；3. A；4. B；5. B；6. A；7. B；8. B；9. B；10. A；
11. A；12. A；13. A；14. B；15. A；16. B；17. A；18. A；19. A；20. A；
21. A；22. A；23. A；24. A；25. A；26. A；27. A；28. A；29. A；30. A；
31. A；32. B；33. B；34. B；35. A；36. A；37. B；38. A；39. A；40. A；
41. A；42. B；43. A；44. A；45. A；46. A；47. A；48. A；49. A；50. A；
51. A；52. A；53. A；54. A；55. A；56. A；57. B；58. A

四、案例题

1.
(1) C；(2) A；(3) A；(4) A；(5) D；(6) A；(7) B
2.
(1) BCD；(2) ABE；(3) D；(4) ABCD；(5) B；
(6) A；(7) B；(8) B；(9) C；(10) C
3.
(1) A；(2) B；(3) C；(4) A；(5) A；(6) AB；(7) ABDE；(8) D

第3章 建筑测量

一、单项选择题

1. C；2. B；3. C；4. C；5. D；6. C；7. C；8. A；9. D；10. C；
11. A；12. A；13. D；14. B；15. A；16. C；17. C；18. C；19. D；20. B；
21. C；22. D；23. C；24. C

二、多项选择题

1. ABCD；2. ABCD；3. ABE；4. AE；5. AE；6. ABCDE；7. ABCDE；8. ABC；
9. ABCD；10. AC；11. ABCD；12. ABE；13. ACD

三、判断题（A 表示正确，B 表示错误）

1. B；2. A；3. B；4. A；5. B；6. A；7. B；8. A；9. A；10. A；11. A

第4章 建筑力学

一、单项选择题

1. A；2. B；3. C；4. A；5. B；6. A；7. B；8. C；9. A；10. C；
11. D；12. B；13. D；14. C；15. A；16. A；17. D；18. B；19. C；20. A

二、多项选择题

1. ACDE；2. ABC；3. ACD；4. ACE；5. ABCD；
6. AB；7. BCDE；8. BDE；9. BCDE；10. ABD

三、判断题（A 表示正确，B 表示错误）

1. A；2. B；3. A；4. B；5. B；6. A；7. A；8. B；9. A；10. A

第5章 建筑材料

一、单项选择题

1. B；2. A；3. B；4. B；5. B；6. C；7. B；8. D；9. A；10. B；
11. C；12. C；13. B；14. A；15. D；16. C；17. B；18. B；19. D；20. B；
21. C；22. C；23. A；24. C；25. A；26. B；27. B；28. D；29. D；30. A；
31. C；32. C；33. B；34. D；35. A；36. B；37. B；38. C；39. B；40. C；
41. A；42. C；43. D；44. A；45. C；46. A；47. D；48. A；49. C；50. B；

51. B;52. A;53. D;54. B;55. B

二、多项选择题

1. ACDE;2. ABC;3. BC;4. BCDE;5. ACE;6. BC;7. ABCD;8. ABC;
9. ABC;10. ABCD;11. ACDE;12. AE;13. BCE;14. ACE;15. BCDE;
16. ABDE;17. BD;18. ABD;19. BCD;20. BCD;21. AE;22. BCE;
23. ABDE;24. CDE;25. BDE;26. ABCE;27. ACE;28. ABCE;29. ABCD;
30. CD;31. ACDE

三、判断题（A 表示正确，B 表示错误）

1. A;2. B;3. B;4. A;5. B;6. B;7. B;8. A;9. A;10. B;
11. A;12. B;13. B;14. A;15. B;16. A;17. B;18. A;19. A;20. A;
21. A;22. B;23. A;24. A;25. A;26. A;27. A;28. B;29. B;30. B

四、计算题或案例分析题

1.
(1) C;(2) B;(3) B;(4) C;(5) C;(6) C
2.
(1) B;(2) A;(3) B;(4) A;(5) B
3.
(1) D;(2) A;(3) A;(4) C;(5) D
4.
(1) D;(2) C;(3) D;(4) D;(5) B
5.
(1) A;(2) D;(3) A;(4) B;(5) A

第6章 建筑结构

一、单项选择题

1. D;2. B;3. C;4. D;5. A;6. C;7. B;8. B;9. C;10. B;
11. D;12. B;13. B;14. C;15. B;16. B;17. B;18. D;19. B;20. B;
21. C;22. C;23. D;24. A;25. C;26. A;27. C;28. C;29. A;30. A;
31. A;32. A;33. C;34. C;35. B;36. D;37. B;38. B;39. C;40. B

二、多项选择题

1. ABD;2. BCDE;3. ABD;4. BCD;5. ABD;6. AB;7. AE;8. BD;
9. ACD;10. BDE;11. ACE;12. ABC;13. ABC;14. ABD;15. BD

三、判断题（A 表示正确，B 表示错误）

1. A；2. B；3. B；4. A；5. B；6. B；7. A；8. B；9. A；10. A；
11. B；12. A；13. B；14. B；15. A

四、计算题或案例分析题

1.
(1) A；(2) A；(3) B；(4) B；(5) C
2.
(1) A；(2) B；(3) B；(4) B；(5) A

第 7 章　施工项目管理

一、单项选择题

1. A；2. C；3. A；4. B；5. C；6. D；7. A；8. D；9. A；10. C；
11. A；12. C；13. D；14. C；15. D；16. B；17. A；18. D；19. C；20. B；
21. A；22. C；23. D；24. B；25. D；26. A；27. A；28. A；29. C；30. D；
31. A；32. C；33. A；34. A；35. D；36. D；37. A；38. B；39. A；40. D；
41. A；42. A；43. D；44. A；45. D；46. B；47. D；48. D；49. D；50. C；
51. B；52. D；53. B；54. A；55. B；56. B；57. D；58. A；59. B；60. B；
61. D；62. B；63. B；64. A；65. D；66. A

二、多项选择题

1. ABCD；2. BCDE；3. ABC；4. ABCD；5. ABCD；6. AE；7. BD；8. ABCD；
9. ABC；10. ABCD；11. BD；12. BCD；13. BDE；14. ABCD；15. ABCE；
16. ABDE；17. BCDE；18. ABD；19. ABCD；20. ABCE；21. ACE；22. BCDE；
23. ACDE；24. ABCD；25. ABD；26. ACD；27. ABCE；28. ABCE；29. BCDE；
30. ABC；31. ABCD；32. ABCD；33. BCD；34. AB；35. DE；36. DE；
37. ACD；38. ABC

三、判断题（A 表示正确，B 表示错误）

1. B；2. A；3. A；4. A；5. A；6. B；7. B；8. A；9. B；10. B；
11. B；12. B；13. A；14. B；15. A；16. A；17. A；18. B；19. A；20. A；
21. A；22. B；23. B；24. A；25. A；26. B；27. B；28. B；29. B

四、计算题或案例分析题

1.
(1) A；(2) B；(3) D；(4) C；(5) A

2.
(1) ACD；(2) CE；(3) BCE；(4) BCDE；
(5) ABCD；(6) ABC；(7) BDE
3.
(1) A；(2) C；(3) B；(4) B

第8章　建筑施工技术

一、单项选择题

1. C；2. B；3. A；4. D；5. D；6. B；7. D；8. B；9. B；10. A；
11. C；12. A；13. D；14. D；15. C；16. A；17. D；18. B；19. A；20. B；
21. A；22. C；23. B；24. C；25. B；26. C；27. C；28. C；29. B；30. D；
31. D；32. C；33. B；34. C；35. C；36. C；37. A；38. B；39. A；40. B；
41. B；42. C；43. B；44. C；45. D；46. C；47. B；48. C；49. D；50. C；
51. B；52. B；53. B；54. B；55. B；56. D；57. C；58. D；59. C；60. A；
61. B；62. C；63. A；64. C；65. B；66. C；67. C；68. B；69. C；70. A；
71. A；72. C；73. A；74. D；75. D；76. A；77. B；78. D；79. B；80. B；
81. B；82. D；83. C；84. D；85. A；86. C；87. A；88. B；89. A；90. C；
91. B；92. A；93. B；94. D；95. C；96. D；97. B；98. A；99. D；100. D；
101. B；102. C；103. D；104. B；105. B；106. C；107. B；108. A；
109. B；110. C；111. C；112. D；113. B；114. C；115. C；116. D；
117. C；118. B；119. B；120. D；121. A；122. B；123. C；124. C；
125. C；126. B；127. C；128. B；129. B；130. A；131. B；132. C；
133. C；134. D；135. D；136. D；137. D；138. B；139. C；140. C；
141. D；142. A；143. A；144. B；145. D；146. B

二、多项选择题

1. BCE；2. ABDE；3. ABCD；4. CDE；5. CD；6. ABDE；7. ABC；8. ACDE；
9. CD；10. AC；11. ABDE；12. ABC；13. ABCE；14. ABE；15. ABCD；
16. ACD；17. AD；18. ABC；19. CD；20. AD；21. ABE；22. ABCD；
23. ACDE；24. ABDE；25. ABE；26. ABCD；27. AC；28. BCDE；29. BCD；
30. ABCD；31. ABD；32. BCE；33. AE；34. ABC；35. BC；36. CDE；
37. ADE；38. ACE；39. BCE；40. ACE；41. ACE；42. ABCD；43. ABCE；
44. BCE；45. ABCE；46. BCDE；47. ABCD；48. CDE；49. BC；50. CDE；
51. ABC；52. ABCD；53. ABCD；54. ABD；55. ABC；56. ABCE；57. ADE；
58. AC；59. AC；60. AB；61. ACD；62. ABDE；63. ABCD；64. ABD；
65. DE；66. BCDE；67. ACDE；68. ABC；69. ACD；70. ABCE；71. ABDE；
72. ABC；73. ACE；74. ABDE；75. ACDE；76. ABE；77. BCDE；78. ABCD；

79. ACDE; 80. ABC; 81. ABCD; 82. ABD; 83. ABC; 84. ABCD; 85. ACDE;
86. ABCD; 87. ABCD; 88. BCD; 89. ABD; 90. AE

三、判断题（A 表示正确，B 表示错误）

1. A; 2. A; 3. A; 4. B; 5. A; 6. A; 7. B; 8. B; 9. B; 10. A;
11. B; 12. B; 13. B; 14. A; 15. B; 16. B; 17. A; 18. A; 19. A; 20. A;
21. A; 22. A; 23. A; 24. B; 25. B; 26. B; 27. B; 28. A; 29. A; 30. B;
31. B; 32. A; 33. A; 34. A; 35. B; 36. A; 37. B; 38. B; 39. B; 40. B;
41. A; 42. A; 43. A; 44. A; 45. A; 46. B; 47. B; 48. B; 49. A; 50. B;
51. B; 52. B; 53. A; 54. B; 55. A; 56. B; 57. B; 58. B; 59. A; 60. B;
61. B; 62. A; 63. A; 64. B; 65. A; 66. A; 67. B; 68. B; 69. A; 70. A;
71. A; 72. A; 73. B; 74. B

四、计算题或案例分析题

1.
(1) B; (2) B; (3) A; (4) D; (5) ABCD
2.
(1) D; (2) D; (3) B; (4) B; (5) C
3.
(1) A; (2) B; (3) A; (4) D; (5) A
4.
(1) A; (2) A; (3) D; (4) D; (5) B
5.
(1) D; (2) ABCD; (3) ABCD; (4) ABCE; (5) C; (6) ACD; (7) A
6.
(1) ABCD; (2) ABE; (3) B; (4) B; (5) A; (6) ABCD
7.
(1) C; (2) C; (3) B; (4) C; (5) A
8.
(1) C; (2) C; (3) B; (4) B; (5) C
9.
(1) B; (2) D; (3) AB; (4) ABCE; (5) ABCE; (6) BCE
10.
(1) C; (2) B; (3) B; (4) D; (5) C; (6) C
11.
(1) C; (2) B; (3) D; (4) C; (5) CDE; (6) ABCE; (7) CD
12.
(1) ACD; (2) ABCD; (3) ABCD; (4) C; (5) D;
(6) ABCD; (7) ABCD; (8) ABDE

13.

(1) A；(2) ACDE；(3) D；(4) B；(5) ACD；(6) ACDE；(7) D

14.

(1) B；(2) ABCD；(3) A；(4) A；(5) D；

(6) ABCD；(7) ABE；(8) B；(9) ABCD

15.

(1) B；(2) B；(3) B；(4) D；(5) C

16.

(1) D；(2) D；(3) C；(4) D；(5) D

第9章 法律法规

一、单项选择题

1. A；2. C；3. D；4. B；5. A；6. D；7. C；8. C；9. D；10. D；
11. C；12. B；13. C；14. C；15. C；16. B；17. D；18. C；19. D；20. C；
21. C；22. B；23. B；24. D；25. C

二、多项选择题

1. ABCD；2. ABCD；3. BCD；4. ACDE；5. BCE；6. ABCDE；7. ABDE；
8. ABC

三、判断题（A 表示正确，B 表示错误）

1. B；2. B；3. B；4. A；5. A；6. B；7. B；8. B；9. A；10. A

第10 职业道德

一、单项选择题

1. A；2. B；3. C；4. D；5. A；6. B；7. B；8. D；9. D；10. A

二、多项选择题

1. ADE；2. ABCD；3. ABCD；4. ABCD；5. ABCD；6. ABCE；7. ACDE；
8. ABCD；9. ACDE；10. ABCD

三、判断题（A 表示正确，B 表示错误）

1. A；2. B；3. A；4. A；5. A；6. A；7. B；8. B；9. A；10. B；11. A；12. B

第二部分

专业管理实务

第二部分

专业管理实务

一、考试大纲

第1章 建筑工程质量管理

(1) 了解质量管理的发展。
(2) 了解工程质量监督的概念。
(3) 掌握影响建筑工程质量的因素。
(4) 掌握工程验收资料的收集、整理,验收记录的填写。
(5) 熟悉建筑工程施工质量验收标准、有关技术法规和行政法规。
(6) 熟悉工程质量试验与检测。
(7) 熟悉质量员职责。
(8) 熟悉强制性条文以及强制性标准、强制性条文的区别。

第2章 建筑工程施工质量验收统一标准

(1) 了解施工现场应建立的质量管理制度,检验批质量验收时抽样方案的选择,单位(子单位)工程观感质量检查评定。
(2) 掌握检验批、分项工程、分部(子分部)工程、单位(子单位)工程的划分,质量验收的程序和组织。
(3) 掌握检验批、分项工程、分部(子分部)工程、单位(子单位)工程各层次验收合格的标准。
(4) 掌握符合条件时,可适当调整抽样复验、试验数量的规定。
(5) 掌握制定专项验收要求的规定。
(6) 掌握工程竣工预验收的规定。
(7) 熟悉勘察单位应参加单位工程验收的规定。
(8) 熟悉工程质量控制资料缺失时,应进行相应的实体检验或抽样试验的规定。
(9) 熟悉建筑工程质量不符合要求的处理方法与程序。
(10) 熟悉单位(子单位)工程质量控制资料、安全和功能检验资料的核查。
(11) 熟悉检测报告和复验报告的区别。
(12) 熟悉有关标准对建筑材料现场抽样检测的抽样频率、检测参数。
(13) 熟悉检验批、分项工程、分部(子分部)工程、单位(子单位)工程质量验收记录表格的填写。
(14) 熟悉单位(子单位)工程观感质量检查记录的填写。
(15) 熟悉《建筑工程施工质量验收统一标准》GB 50300—2013 中的强制性条文。

第3章 优质建筑工程质量评价

（1）了解江苏省优质结构工程和优质单位工程的质量评价方法。
（2）掌握检验批、分项工程、分部（子分部）工程、单位（子单位）工程的质量评价标准及程序。
（3）掌握分项工程检验批的优质标准。
（4）掌握分部（子分部）工程的优质标准。
（5）掌握单位（子单位）工程的优质标准。
（6）掌握有关节能建筑的要求。
（7）熟悉优质工程质量评价时的必备条件与否决项目。
（8）熟悉优质工程实体质量检测的要求。
（9）掌握优质结构工程和优质单位工程的质量否决指标。
（10）掌握优质结构工程检查时，抽查数量的规定。
（11）掌握优质质量控制资料、安全和功能检验资料。
（12）掌握优质各分项工程观感质量要求。

第4章 住宅工程质量通病控制

（1）了解江苏省工程建设标准《住宅工程质量通病的控制标准》的范围、方法、措施和要求。
（2）掌握防水混凝土结构裂缝、渗水控制的要求。
（3）掌握柔性防水层空鼓、裂缝、渗漏水控制的要求。
（4）掌握砌体裂缝控制的要求。
（5）掌握砌体标高、轴线等几何尺寸偏差的要求。
（6）掌握混凝土结构裂缝控制的要求。
（7）掌握混凝土构件的轴线、标高等几何尺寸偏差的要求。
（8）掌握水泥楼地面起砂、空鼓、裂缝控制的要求。
（9）掌握厨、卫间楼地面渗漏水控制的要求。
（10）掌握底层地面沉陷控制的要求。
（11）掌握外墙空鼓、开裂、渗漏控制的要求；
（12）掌握顶棚裂缝、脱落控制的要求。
（13）掌握屋面防水层渗漏控制的要求。
（14）掌握外墙外保温裂缝、保温效果差的控制要求。
（15）熟悉住宅工程质量通病控制的专项验收。

第5章 住宅工程质量分户验收

（1）了解江苏省工程建设标准《住宅工程质量分户验收》验收的内容。

(2) 掌握住宅工程质量分户验收的条件、准备工作及有关规定。
(3) 熟悉普通水泥楼地面（水泥混凝土、水泥砂浆楼地面）的验收要求。
(4) 熟悉室内墙面的验收要求。
(5) 熟悉室内顶棚抹灰的验收要求。
(6) 熟悉门窗、护栏和扶手、隔断、玻璃安装工程的验收要求。
(7) 熟悉外墙防水，外墙（窗）淋水试验的要求。
(8) 熟悉外门、窗防水，外窗现场抽测的要求。
(9) 熟悉屋面防水的验收要求。
(10) 熟悉住宅工程质量分户验收记录的填写。

第6章　地基与基础工程

(1) 了解桩基的检测程序、方法、要求及检查方法。
(2) 了解地基处理和桩基施工过程的质量控制要点。
(3) 了解地基与基础的基本规定。
(4) 掌握分项工程质量检验批主控项目、一般项目的检验方法。
(5) 掌握建筑材料现场抽样复验、功能和安全检测及隐蔽工程的验收要求。
(6) 熟悉土方回填的验收要求。
(7) 熟悉灰土、砂和砂石地基的验收要求。
(8) 熟悉水泥土搅拌桩地基的验收要求。
(9) 熟悉混凝土灌注桩的验收要点。
(10) 熟悉混凝土预制桩、先张法预应力管桩的验收要求。
(11) 熟悉隐蔽工程验收的项目及要求。
(12) 熟悉地基与基础分项工程检验批、分项工程，分部（子分部）工程合格的条件。
(13)《建筑地基基础工程施工质量验收规范》GB 50202—2002 中 7 条强制性条文。

第7章　地下防水工程

(1) 了解地下防水等级和防水设防的要求。
(2) 了解防水队伍的资质要求。
(3) 了解地下防水工程施工方案编制的程序、内容。
(4) 掌握分项工程质量检验批主控项目、一般项目的检验方法。
(5) 掌握分项工程的划分。
(6) 掌握地下防水分项工程质量检验批、分项工程、子分部工程的合格质量标准。
(7) 掌握原材料进场验收的程序，抽样检测频率、参数。
(8) 掌握隐蔽工程的质量验收内容。
(9) 掌握防水混凝土的质量控制要求。
(10) 掌握各主要防水细部施工的质量控制要点。
(11) 掌握各类防水层的质量控制要求。

(12) 熟悉地下防水子分部工程的质量验收。

(13) 熟悉地下防水工程渗漏水量的检查方法。

(14) 熟悉《地下防水工程质量验收规范》GB 50208—2011 中强制性条文。

第8章 混凝土结构工程

(1) 了解混凝土配合比的设计。

(2) 了解混凝土强度现场检测的方法。

(3) 了解模板及其支架设计、安装、拆除的要求。

(4) 了解现浇结构外观质量缺陷的概念。

(5) 掌握分项工程质量检验批主控项目、一般项目的检验方法。

(6) 掌握子分部、分项、分项工程检验批的划分原则。

(7) 掌握分项工程质量检验批、分项工程、分部（子分部）工程的合格质量标准。

(8) 掌握原材料进场验收的程序，抽样检测频率、参数。

(9) 掌握隐蔽工程的质量验收内容。

(10) 掌握预应力的原材料、制作安装、张拉及放张、灌浆的要求。

(11) 熟悉钢筋的连接、锚固、加工、安装的质量验收。

(12) 熟悉标准养护混凝土强度评定用试块的取样、制作及混凝土强度的评定。

(13) 熟悉同条件养护混凝土强度试块的取样、制作及同条件养护混凝土强度的评定。

(14) 结构实体混凝土强度检验要求。

(15) 钢筋保护层厚度检验要求。

(16) 《混凝土结构工程施工质量验收规范》GB 50204—2002（2010 年版）中的强制性条文。

第9章 砌 体 工 程

(1) 了解砂浆配合比的设计。

(2) 了解砂浆强度现场检测的方法。

(3) 掌握分项工程质量检验批主控项目、一般项目的检验方法。

(4) 掌握子分部、分项、分项工程检验批的划分原则。

(5) 掌握分项工程质量检验批、分项工程、分部（子分部）工程的合格质量标准。

(6) 掌握原材料进场验收的程序，抽样检测频率、参数。

(7) 掌握隐蔽工程的质量验收内容。

(8) 掌握砌体工程冬期施工有关规定。

(9) 熟悉砌筑砂浆强度试块的制作、养护。

(10) 熟悉砌筑砂浆强度的评定方法。

(11) 熟悉各种砌体工程的质量要求（包括接槎、砂浆饱满度、轴线、垂直度等）。

(12) 熟悉砌体子分部工程验收要求。

(13) 熟悉《砌体工程施工质量验收规范》GB 50203—2011 中强制性条文。

第10章 钢结构工程

（1）了解钢结构工程的基本规定。
（2）了解钢零部件加工和压型金属板安装要求。
（3）了解钢结构工程的组装，预拼装质量控制要求。
（4）掌握分项工程质量检验批主控项目、一般项目的检验方法。
（5）掌握子分部、分项、分项工程检验批的划分原则。
（6）掌握分项工程质量检验批、分项工程、分部（子分部）工程的合格质量标准。
（7）掌握原材料进场验收的程序，抽样检测的有关规定及抽样检测的频率、参数。
（8）掌握隐蔽工程的质量验收内容。
（9）掌握、钢材、焊接材料、连接用紧固标准件的质量要求。
（10）掌握钢结构焊接的检查方法、焊接工艺评定和对焊工的要求。
（11）掌握钢零件及钢部件加工工程的切割、矫正。
（12）掌握钢构件吊车梁和吊车架的组装。
（13）掌握钢构件预拼装工程的试孔。
（14）掌握单层和多层钢结构安装工程的安装和校正。
（15）掌握压型金属板工程的安装。
（16）掌握钢结构安装工程的防腐和防火要求。
（17）熟悉《钢结构工程施工质量验收规范》GB 50205—2001 中 12 条强制性条文。

第11章 木结构工程

（1）了解木结构工程施工质量控制要求。
（2）了解轻型木结构质量检验和强度等级检验。
（3）掌握分项工程质量检验批主控项目、一般项目的检验方法。
（4）掌握子分部、分项、分项工程检验批的划分原则。
（5）掌握分项工程质量检验批、分项工程、分部（子分部）工程的合格质量标准。
（6）掌握原材料进场验收的程序，抽样检测频率、参数。
（7）掌握方木、原木、胶合木、轻型木结构所用材料的质量标准。
（8）掌握木结构的制作质量检查要点及防护要求。
（9）掌握承重木结构材料质量标准。
（10）掌握木材含水率的要求。
（11）掌握方木和原木结构的缺陷及检验。
（12）掌握胶合木结构的缺陷及胶缝的要求。
（13）掌握木结构的防护的一般规定及构造措施。
（14）熟悉《木结构工程施工质量验收规范》GB 50206—2012 中的强制性条文。

第12章　建筑装饰装修工程

(1) 了解新型装饰材料的性能。
(2) 了解装饰装修工程的基本规定。
(3) 掌握分项工程质量检验批主控项目、一般项目的检验方法。
(4) 掌握子分部、分项、分项工程检验批的划分原则。
(5) 掌握分项工程质量检验批、分项工程、分部（子分部）工程的合格质量标准。
(6) 掌握原材料进场验收的程序，抽样检测频率、参数。
(7) 掌握隐蔽工程验收的项目。
(8) 掌握功能和安全性检测的要求。
(9) 掌握硅酮结构胶、密封胶的物理性能和施工质量要求。
(10) 掌握涂饰工程的基层处理，施工质量要求。
(11) 掌握吊顶工程的质量要求。
(12) 掌握轻质隔墙工程的质量要求。
(13) 掌握饰面板（砖）工程的质量要求。
(14) 掌握裱糊与软包工程的质量要求。
(15) 掌握细部工程的质量要求。
(16) 掌握幕墙工程的防火、防雷、防腐质量要求。
(17) 熟悉门窗和幕墙工程有关安全和功能检测项目。
(18) 熟悉《建筑装饰装修工程质量验收规范》GB 50210—2001 中 15 条强制性条文。
(19) 熟悉《民用建筑工程室内环境污染控制规范》GB 50325—2010 中强制性条文。

第13章　建筑地面工程

(1) 了解建筑地面工程的适用范围。
(2) 了解建筑地面工程的基本规定。
(3) 掌握分项工程质量检验批主控项目、一般项目的检验方法。
(4) 掌握子分部、分项、分项工程检验批的划分原则。
(5) 掌握分项工程质量检验批、分项工程、分部（子分部）工程的合格质量标准。
(6) 掌握原材料进场验收的程序，抽样检测频率、参数。
(7) 掌握隐蔽工程验收的项目。
(8) 掌握各类地面基层处理的质量要求。
(9) 掌握找平层、隔离层、填充分层等各类构造层处理的一般要求。
(10) 掌握地砖、花岗岩等铺贴的质量要求。
(11) 掌握木地板质量的控制要点。
(12) 掌握有防水要求的地面的施工要求及蓄水试验。
(13) 熟悉《建筑地面工程施工质量验收规范》GB 50209—2010 中强制性条文。

第14章 屋面工程

(1) 了解新型防水材料的发展趋势。
(2) 了解屋面工程的基本规定。
(3) 了解屋面防水等级和设防要求。
(4) 掌握分项工程质量检验批主控项目、一般项目的检验方法。
(5) 掌握子分部、分项、分项工程检验批的划分原则。
(6) 掌握分项工程质量检验批、分项工程、分部（子分部）工程的合格质量标准。
(7) 掌握原材料进场验收的程序，抽样检测频率、参数。
(8) 掌握隐蔽工程验收的项目。
(9) 熟悉屋面工程安全和功能检测要求。
(10) 熟悉屋面防水工程细部构造的质量要求。
(11) 熟悉屋面防水工程的淋水、蓄水试验及质量要求。
(12) 熟悉《屋面工程质量验收规范》GB 50207—2010 中强制性条文。

第15章 民用建筑节能工程（土建部分）

(1) 了解国家能源政策及节能建筑的有关要求。
(2) 了解国家标准《建筑节能施工质量验收规程》GB 50411—2007 的内容。
(3) 了解热阻、导热系数、传热系数、传热阻的概念。
(4) 了解有关建筑节能的检测报告。
(5) 掌握质量控制资料的有关内容。
(6) 掌握分项工程质量检验批主控项目、一般项目的检验方法。
(7) 掌握子分部、分项、分项工程检验批的划分原则。
(8) 掌握分项工程质量检验批、分项工程、分部（子分部）工程的合格质量标准。
(9) 掌握原材料进场验收的程序，抽样检测复验的项目。
(10) 掌握隐蔽工程验收的项目。
(11) 掌握建筑节能材料与设备的要求。
(12) 掌握墙体工程的节能要求。
(13) 掌握幕墙节能工程的验收要求。
(14) 掌握门窗节能工程的验收要求。
(15) 掌握屋面工程的节能要求。
(16) 掌握地面的节能要求。
(17) 熟悉现场实体检测、热工性能现场检测的抽样数量。
(18) 熟悉建筑节能分部工程的验收。

二、习 题

第1章 建筑工程质量管理

一、单项选择题

1. 满足安全、防火、卫生、环保及工期、造价、劳动、材料定额等的标准为（　　）。
   A. 基础标准　　　　　　　　　　B. 控制标准
   C. 方法标准　　　　　　　　　　D. 管理标准

2. 建设工程质量监督机构是（　　）具有独立法人资格的事业单位。
   A. 由当地人民政府批准　　　　　B. 由建设主管部门批准的
   C. 由省级以上建设行政主管部门考核认定　　D. 自行设立且

3. （　　）申请领取施工许可证之前，应办理工程质量监督登记手续。
   A. 建设单位　　B. 监理单位　　C. 施工单位　　D. 中介机构

4. 工程质量监督站对质量责任主体行为进行检查时，核查施工现场参建各方主体及（　　）。
   A. 参建人员的数量　　　　　　　B. 有关人员的资格
   C. 施工单位管理人员的数量　　　D. 质量员的业绩

5. 如发现工程质量隐患，工程质量监督站应通知（　　）。
   A. 建设单位　　　　　　　　　　B. 监理单位
   C. 设计单位　　　　　　　　　　D. 施工单位

6. 建设工程竣工验收备案系指工程竣工验收合格后，（　　）在指定的期限内，将与工程有关的文件资料送交备案部门查验的过程。
   A. 建设单位　　　　　　　　　　B. 监理单位
   C. 设计单位　　　　　　　　　　D. 施工单位

7. 《建设建设质量管理条例》规定施工图设计文件（　　），不得使用。
   A. 未经监理单位同意的　　　　　B. 未经建设单位组织会审的
   C. 未经审查批准的　　　　　　　D. 未经技术交底的

8. 《建设建设质量管理条例》规定：（　　）建设工程的施工质量负责。
   A. 建设单位　　　　　　　　　　B. 勘察单位. 设计单位
   C. 施工单位　　　　　　　　　　D. 工程监理单位

9. 《建设建设质量管理条例》规定施工人员对涉及结构安全的试块、试件以及有关材料，应当在（ ）监督下现场取样，并送具有相应资质等级的质量检测单位进行检测。

A. 建设单位　　　　　　　　　　　　B. 工程监理单位

C. 建设单位或者工程监理单位　　　　D. 检测单位

10.《房屋建筑和市政基础设施工程施工图设计文件审查管理办法》规定（ ）应当将施工图送审查机构审查。

A. 建设单位　　　　　　　　　　　　B. 设计单位

C. 监理单位　　　　　　　　　　　　D. 施工单位

11.《房屋建筑和市政基础设施工程竣工验收规定》规定工程竣工验收由（ ）负责组织实施。

A. 工程质量监督机构　　　　　　　　B. 建设单位

C. 监理单位　　　　　　　　　　　　D. 施工单位

12. 施工单位的工程质量验收记录应由（ ）填写，质量检查员必须在现场检查和资料核查的基础上填写验收记录，应签字和加盖岗位证章，对验收文件资料负责，并负责工程验收资料的收集、整理。其他签字人员的资格应符合《建筑工程施工质量验收统一标准》GB 50300 的规定。

A. 资料员　　　B. 工程质量检查员　　　C. 质量负责人　　　D. 技术负责人

13. 移交给城建档案馆和本单位留存的工程档案应符合国家法律、法规的规定，移交给城建档案馆的纸质档案由（ ）一并办理，移交时应办理移交手续。

A. 建设单位　　　B. 施工单位　　　C. 设计单位　　　D. 监理单位

14. 由建设单位采购的工程材料、构配件和设备，建设单位应向（ ）提供完整、真实、有效的质量证明文件。

A. 设计单位　　　B. 监理单位　　　C. 检测单位　　　D. 施工单位

15. 勘察、设计单位在工程竣工验收前，应及时向建设单位出具工程勘察、设计（ ）。

A. 质量验收记录　　　B. 竣工图　　　C. 变更记录　　　D. 质量检查报告

二、多项选择题

1. 质量检验的基本环节有（ ）。

A. 量测（度量）比较　　　　　　　　B. 判断

C. 处理　　　　　　　　　　　　　　D. 报告

E. 处罚

2. 工程质量标准主要有（ ）。

A. 国家标准　　　　　　　　　　　　B. 行业标准

C. 地方标准　　　　　　　　　　　　D. 企业标准

E. 专业标准

3. 对工程材料质量，主要控制其相应的（ ）。

A. 力学性能　　　　　　　　　　　　B. 物理性能

C. 化学性能　　　　　　　　　　　　D. 经济性能

E. 相容性

4. 《建设建设质量管理条例》所称建设工程，是指（　　）。
   A. 土木工程　　　　　　　　　　　B. 建筑工程
   C. 线路管道和设备安装工程及装修工程　D. 交通工程
   E. 水利工程

5. 《建设建设质量管理条例》规定（　　）依法对建设工程质量负责。
   A. 建设单位　　　　　　　　　　　B. 勘察单位、设计单位
   C. 施工单位　　　　　　　　　　　D. 工程监理单位
   E. 工程质量检测单位

6. 《建设建设质量管理条例》规定施工单位必须建立、健全施工质量的检验制度，严格工序管理，作好隐蔽工程的质量检查和记录。隐蔽工程在隐蔽前，施工单位应当通知（　　）。
   A. 建设单位　　　　　　　　　　　B. 勘察单位
   C. 设计单位　　　　　　　　　　　D. 监理单位
   E. 建设工程质量监督机构

7. 《建设建设质量管理条例》规定在正常使用条件下，建设工程的最低保修期限为：
   A. 基础设施工程、房屋建筑的地基基础工程和主体结构工程，为设计文件规定的该工程的合理使用年限
   B. 屋面防水工程、有防水要求的卫生间、房间和外墙面的防渗漏，为5年
   C. 供热与供冷系统，为2个采暖期、供冷期
   D. 电气管线、给排水管道、设备安装和装修工程，为2年
   E. 外墙围护结构，50年

8. 《房屋建筑和市政基础设施工程质量监督管理规定》规定工程质量监督管理，是指主管部门依据有关法律法规和工程建设强制性标准，对工程实体质量和（　　）（以下简称工程质量责任主体）和质量检测等单位的工程质量行为实施监督。
   A. 工程建设　　　　　　　　　　　B. 勘察、设计
   C. 施工　　　　　　　　　　　　　D. 监理单位
   E. 施工图审查机构

9. 《房屋建筑和市政基础设施工程竣工验收规定》工程竣工验收时，（　　）。
   A. 建设、勘察、设计、施工、监理单位分别汇报工程合同履约情况和在工程建设各个环节执行法律、法规和工程建设强制性标准的情况
   B. 审阅建设、勘察、设计、施工、监理单位的工程档案资料
   C. 实地查验工程质量　　　　　　　D. 对工程实体质量进行抽测
   E. 对工程勘察、设计、施工、设备安装质量和各管理环节等方面作出全面评价，形成经验收组人员签署的工程竣工验收意见

10. 质量管理计划应包括下列内容（　　）。
    A. 按照项目具体要求确定项目目标并进行目标分解，质量目标应具有可测量性
    B. 建立项目质量管理的组织机构并明确职责

C. 制定符合项目特点的技术保障和资源保障措施，通过可靠的预防控制措施，保证质量目标的实现

D. 建立质量过程检查制度，并对质量事故的处理做出相应的规定。

E. 以最经济的方法提高工程质量

11. 质量员在资料管理中的职责是（　　）。

A. 进行或组织进行质量检查的记录

B. 负责编制或组织编制本岗位相关技术资料

C. 汇总、整理本岗相关技术资料，并向资料员移交

D. 组织单位工程的竣工验收

E. 试验资料的收集

12. 建筑工程的质量检查验收与评定由（　　）等层次组成。

A. 分项工程检验批　　　　　　B. 分项工程
C. 分部工程　　　　　　　　　D. 单位工程
E. 项目工程

13. 根据工程质量事故造成的人员伤亡或者直接经济损失，工程质量事故分为（　　）等级。

A. 特别重大事故　　　　　　　B. 重大事故
C. 较大事故　　　　　　　　　D. 一般事故
E. 普通事故

14. "工程档案资料"是在工程（　　）等建设活动中直接形成的反映工程管理和工程实体质量，具有归档保存价值的文字、图表、声像等各种形式的历史记录。

A. 勘察　　　　　　　　　　　B. 设计
C. 施工　　　　　　　　　　　D. 材料生产
E. 验收

15. （　　）等单位工程项目负责人应对本单位工程文件资料形成的全过程负总责。建设过程中工程文件资料的形成、收集、整理和审核应符合有关规定，签字并加盖相应的资格印章。

A. 建设　　　　　　　　　　　B. 监理
C. 勘察、设计　　　　　　　　D. 施工
E. 材料供应

三、判断题（正确的在括号内填"A"，错误的在括号内填"B"）

1. 在工程施工过程中，发生重大工程质量事故，建设单位必须在24h内，一般工程质量事故在48h内向当地建设行政主管部门和质监站上报。　　　　　　　（　　）

2. 施工中出现的质量问题，应由施工单位负责整改。　　　　　　　　　（　　）

3. 死亡30人以上或直接经济损失300万元以上为一级重大事故。　　　（　　）

4. 工程建设重大事故不含农民自建房屋。　　　　　　　　　　　　　　（　　）

5. 工程质量监督机构可对施工单位资质和有关人员资格进行审查。　　（　　）

6.《建设建设质量管理条例》规定施工单位必须按照工程设计图纸和施工技术标准施工，不得擅自修改工程设计，不得偷工减料。（ ）

7.《建设建设质量管理条例》规定施工单位必须按照工程设计要求、施工技术标准和合同约定，对建筑材料、建筑构配件、设备和商品混凝土进行检验，检验应当有书面记录和专人签字；未经检验或者检验不合格的，不得使用。（ ）

8. 移交给城建档案馆和本单位留存的工程档案应符合国家法律、法规的规定，移交给城建档案馆的纸质档案由建设单位一并办理，移交时应办理移交手续。（ ）

9. 施工文件资料可分为施工与技术管理资料、工程质量控制资料、工程质量验收记录、竣工验收文件资料、竣工图五类。（ ）

10. 工程文件资料应编制页码，并与目录的页码相对应。（ ）

第2章 建筑工程施工质量验收统一标准

一、单项选择题

1. 见证取样检测是检测试样在（ ）见证下，由施工单位有关人员现场取样，并委托检测机构所进行的检测。
   A. 监理单位具有见证人员证书的人员
   B. 建设单位授权的具有见证人员证书的人员
   C. 监理单位或建设单位具备见证资格的人员
   D. 设计单位项目负责人

2. 检验批的质量应按主控项目和（ ）验收。
   A. 保证项目   B. 一般项目
   C. 基本项目   D. 允许偏差项目

3. 建筑工程质量验收应划分为单位（子单位）工程、分部（子分部）工程、分项工程和（ ）。
   A. 验收部位   B. 工序
   C. 检验批   D. 专业验收

4. 分项工程可由（ ）检验批组成。
   A. 若干个   B. 不少于十个
   C. 不少于三个   D. 不少于五个

5. 分部工程的验收应由（ ）组织。
   A. 监理单位   B. 建设单位
   C. 总监理工程师（建设单位项目负责人）   D. 监理工程师

6. 单位工程的观感质量应由验收人员通过现场检查，并应（ ）确认。
   A. 监理单位   B. 施工单位
   C. 建设单位   D. 共同

7. 施工组织设计应由（ ）主持编制，可根据需要分阶段编制和审批。

A. 项目负责人 B. 施工员
C. 质量员 D. 技术负责人

8. 单位工程施工组织设计应由（ ）审批。

A. 施工单位技术负责

B. 技术负责人授权的技术人员

C. 施工单位技术负责人或技术负责人授权的技术人员

D. 项目部技术负责人

9. 当专业验收规范对工程中的验收项目未做出相应规定时，应由（ ）组织监理、设计、施工等相关单位制定专项验收要求。涉及安全、节能、环境保护等项目的专项验收要求应由建设单位组织专家论证。

A. 建设单位 B. 监理单位
C. 施工单位 D. 设计单位

10 工程质量控制资料应齐全完整，当部分资料缺失时，应委托有资质的检测机构按有关标准进行相应的（ ）。

A. 原材料检测 B. 实体检验
C. 抽样试验 D. 实体检验或抽样试验

11. 建筑地面工程属于（ ）分部工程。

A. 建筑装饰 B. 建筑装修
C. 地面与楼面 D. 建筑装饰装修

12. 门窗工程属于（ ）分部工程。

A. 建筑装饰 B. 建筑装修
C. 门窗 D. 建筑装饰装修

13. 建筑幕墙工程属于（ ）工程分部。

A. 建筑装饰 B. 建筑装修
C. 主体工程 D. 建筑装饰装修

14. 国务院《建设工程质量管理条例》规定隐蔽工程在隐蔽前，施工单位应当通知（ ）。

A. 建设单位 B. 建设行政主管部门
C. 工程质量监督机构 D. 建设单位和工程质量监督机构

15. 经工程质量检测单位检测鉴定达不到设计要求，经设计单位验算可满足结构安全和使用功能的要求，应视为（ ）。

A. 符合规范规定质量合格的工程

B. 不符合规范规定质量不合格，但可使用工程

C. 质量不符合要求，但可协商验收的工程

D. 质量不符合要求，不得验收

二、多项选择题

1. 建筑工程质量是指反映建筑工程满足相关标准规定或合同约定的要求，包括其在

（　　）等方面所有明显和隐含能力的特性总和。

A. 安全　　　　　B. 使用功能　　　　C. 耐久性能
D. 环境保护　　　E. 经济性能

2. 分项工程应按主要（　　）等进行划分。

A. 工种　　　　　B. 材料　　　　　　C. 施工工艺　　　　D. 设备类别
E. 楼层

3. 观感质量验收的检查方法有（　　）。

A. 观察　　　　　　　　　　　　　　B. 凭验收人员的经验
C. 触摸　　　　　　　　　　　　　　D. 简单量测
E. 科学仪器

4. 建筑工程的建筑与结构部分最多可划分为（　　）分部工程。

A. 地基与基础　　B. 主体结构　　　　C. 楼地面　　　　　D. 建筑装饰装修
E. 建筑屋面

5. 参加单位工程质量竣工验收的单位为（　　）等。

A. 建设单位　　　B. 施工单位　　　　C. 勘察、设计单位　D. 监理单位
E. 材料供应单位

6. 检验批可根据施工及质量控制和专业验收需要按（　　）等进行划分。

A. 楼层　　　　　B. 施工段　　　　　C. 变形缝　　　　　D. 专业性质
E. 施工程序

7. 符合下列（　　）条件之一时，可按相关专业验收规范的规定适当调整抽样复验、试验数量，调整后的抽样复验、试验方案应由施工单位编制，并报监理单位审核确认。

A. 同一项目中由相同施工单位施工的多个单位工程，使用同一生产厂家的同品种、同规格、同批次的材料、构配件、设备

B. 同一施工单位在现场加工的成品、半成品、构配件用于同一项目中的多个单位工程

C. 在同一项目中，针对同一抽样对象已有检验成果可以重复利用

D. 同一项目中，同一监理单位的监理的工程检验成果可以重复利用

E. 施工单位提出，监理单位认可的可重复利用的检测成果

8. 检验批的质量检验，应根据检验项目的特点在下列（　　）抽样方案中选择。

A. 计量、计数的抽样方案，一次、二次或多次抽样方案

B. 对重要的检验项目，当有简易快速的检验方法时，选用全数检验方案

C. 根据生产连续性和生产控制稳定性情况，采用调整型抽样方案

D. 经实践检验有效的抽样方案

E. 随机抽样方案

9. 建设单位收到工程竣工报告后，应由建设单位项目负责人组织（　　）等单位项目负责人进行单位工程验收。

A. 监理　　　　　B. 施工　　　　　　C. 设计　　　　　　D. 勘察

E. 检测

10. 质量员将验收合格的检验批，填好表格后交监理（建设）单位有关人员，有关人员应及时验收，可采取（   ）来确定是否通过验收。

A. 抽样方法　　　　　　　　　　B. 宏观检查方法
C. 必要时抽样检测　　　　　　　D. 抽样检测
E. 全数检测

三、判断题（正确的在括号内填"A"，错误的在括号内填"B"）

1. 地基基础中的基坑子分部工程不构成建筑工程的实体，故不作为施工质量验收的内容。（   ）
2. 单位工程质量验收时，要求质量控制资料基本齐全。（   ）
3. 返修是指对不合格工程部位采取重新制作、重新施工的措施。（   ）
4. 一般项目是指允许偏差的检验项目。（   ）
5. 交接检验是由施工的完成方与承接方经双方检查、并对可否继续施工做出确认的活动。（   ）
6. 检验批是按同一生产条件或按规定的方式汇总起来供检验用的，由一定数量样本组成的检验体。（   ）
7. 计量检验是在抽样检验的样本中，对每一个体测量其某个定量特性的检查方法。（   ）
8. 单位工程质量竣工验收应由总监理工程师组织。（   ）
9. 通过返修或加固处理仍不能满足安全使用要求的工程，可以让步验收。（   ）
10. 当参加验收的各方对建筑工程施工质量验收意见不一致时，可请工程质量监督机构协调处理。（   ）
11. 为保证建筑工程的质量，对施工质量应全数检查。（   ）
12. 主要建筑材料进场后，必须对其全部性能指标进行复验合格后方使用。（   ）
13. 使用进口工程材料必须符合我国相应的质量标准，并持有商检部门签发的商检合格证书。（   ）
14. 市场准入制度是指各建设市场主体包括发包方、承包方、中介方，只有具备符合规定的资格条件，才能参与建设市场活动，建立承发包关系。（   ）
15. 国家施工质量验收规范是最低的质量标准要求。（   ）
16. 工程建设中拟采用的新技术、新工艺、新材料，不符合现行强制性标准规定的，不得采用。（   ）
17. 工程质量监督机构应当对工程建设勘察设计阶段执行强制性标准的情况实施监督。（   ）
18. 建筑工程竣工验收时，有关部门应按照设计单位的设计文件进行验收。（   ）
19. 施工技术标准系指国家施工质量验收规范。（   ）
20. 检验批工程验收时，明显不合格的个体可不纳入检验批，但必须进行处理，使其满足有关专业验收规范的规定，对处理的情况应予以记录并重新验收。（   ）

21. 检验批抽样样本应随机抽取，满足分布均匀、具有代表性的要求，抽样数量不应低于有关专业验收规范及《建筑工程施工质量验收统一标准》的规定。（   ）

22. 单位工程完工后，施工单位应组织有关人员进行自检。总监理工程师应组织各专业监理工程师对工程质量进行竣工预验收。存在施工质量问题时，应由施工单位及时整改。整改完毕后，由施工单位向建设单位提交工程竣工报告，申请工程竣工验收。（   ）

第3章 优质建筑工程质量评价

一、单项选择题

1. 江苏省《优质建筑工程质量评价标准》适用于江苏省（   ）的质量评价。
   A. 优质结构工程 B. 优质单位工程
   C. 优质安装工程 D. A 和 B

2. 分项工程评为优质时，分项工程所含检验批（   ）%及以上应达到检验批优质标准的规定。
   A. 50 B. 60 C. 80 D. 90

3. 单位（子单位）工程评为优质工程时，综合评分应≥（   ）分。
   A. 80 B. 85 C. 90 D. 95

4. 地下防水工程的混凝土结构构件无明显裂缝，裂缝宽度不大于 0.20mm，且不渗水。按地下室建筑面积计算每（   ）m² 裂缝数量不大于1条，满足抗渗和混凝土耐久性要求。
   A. 500 B. 600 C. 800 D. 1000

5. 评为优质结构工程时，结构实体钢筋的混凝土保护层厚度（   ）钢筋保护层厚度均应在允许偏差范围内。
   A. 80% B. 85% C. 90% D. 全部

6. 实测实量合格点率大于（   ）方可评为优质工程。
   A. 80% B. 85% C. 90% D. 95%

7. 评为优质单位工程时，屋面防水分项工程质量必须被评为（   ）。
   A. 优质 B. 合格 C. 优良 D. 优等

8. 观感质量抽查时的记录方法按下列规定：抽查点（处）为"好"的在质量状况栏中打（   ）。
   A. △ B. × C. ○ D. √

9. 每个项目观感质量（   ）%及以上检查处（点）评为"好"的，该项目质量评价为"好"。
   A. 60 B. 70 C. 80 D. 90

10. 观感质量检查项目有（   ）%及以上评为好的，观感质量综合评价为好。
    A. 60 B. 70 C. 80 D. 90

11. 单位工程评价时综合评分≥（ ）分时，可评为优质工程。
A. 80　　　　　　B. 85　　　　　　C. 90　　　　　　D. 95

二、多项选择题

1. （ ）分部（子分部）工程才有可能评为优质分部（子分部）工程。
A. 质量控制资料应齐全完整　　　　B. 质量控制资料应基本齐全
C. 观感质量综合评定为"好"　　　　D. 观感质量综合评定为"优质"
E. 有关安全及使用功能的抽样数据和检测结果应符合有关规定。

2. 单位（子单位）工程评为优质，下列要求正确的是（ ）。
A. 装饰分部工程必须优质
B. 必须被评为优质结构工程
C. 质量控制资料应完整
D. 所含分部工程有 80％及以上达到分部工程的优质标准
E. 所含分部工程有 60％及以上达到分部工程的优质标准

3. （ ）评为优质分部工程方可申报"优质结构"工程。
A. 地基与基础分部工程　　　　　　B. 地下防水分部工程
C. 主体结构分部工程　　　　　　　D. 混凝土结构子分部工程
E. 屋面工程

4. 有下列情况之一不得评为优质结构工程（ ）。
A. 室内环境检测不合格　　　　　　B. 混凝土强度评定不合格
C. 单桩承载力检测达不到设计要求　D. 钢筋保护层厚度合格率小于 90％
E. 主要结构未使用预拌（商品）混凝土

5. 地下室或地下构筑物外墙有管道穿过的，应采取防水措施，对有（ ）级防水要求的建筑物，必须采用柔性防水套管。
A. 1　　　　B. 2　　　　C. 3　　　　D. 4　　　　E. 6

6. 观感质量分为（ ）。
A. 优质　　　B. 好　　　C. 一般　　　D. 差　　　E. 优良

三、判断题（正确的在括号内填"A"，错误的在括号内填"B"）

1. 地基与基础工程和主体结构分部工程评为优质时，其子分部工程必须全部优质。　　（　）
2. 质量控制资料应基本齐全。　　（　）
3. 评为优质单位工程时，装饰分部工程必须优质。　　（　）
4. 评为优质单位工程时，必须被评为优质结构工程。　　（　）
5. 未按国家和地方明文规定需采取建筑节能措施或节能措施未达到规定要求的不得评为优质工程。　　（　）
6. 主体结构工程被评为优质工程时即为优质结构工程。　　（　）
7. 各类建筑±0.00 以上墙体禁止使用黏土实心砖作为砌体。　　（　）
8. 钢筋混凝土结构中禁止使用氯盐类、高碱类混凝土外加剂。　　（　）

9. 地下防水工程的混凝土结构构件无明显裂缝，裂缝宽度不大于 0.30mm，且不渗水。（ ）

10. 优质结构工程质量控制资料包括土壤中氡浓度检测报告。（ ）

11. 优质结构工程检查混凝土强度时，在检查小组抽查的楼层中任选一层，对其中的十个构件的混凝土抗压强度应用回弹法进行检测，回弹结果应符合设计和规范要求。（ ）

12. 民用建筑工程室内环境质量必须符合国家现行标准《民用建筑工程室内环境污染控制规范》(GB 50325) 的规定，并有经检测合格的检测报告。（ ）

13. 门窗所使用的密封胶条宜采用再生胶条。（ ）

14. 单位工程的现场节能抽样检测应合格，检测数量集中小区内相同类型的建筑物不得低于样本总数的 20%，最少应检测 3 幢。（ ）

15. 观感质量检查的数量：外墙面、屋面全数检查，一个单位工程的室外和屋面宜各分为 8 处进行检查；室内按有代表性的自然间抽查 10%。（ ）

16. 未按国家和地方明文规定需采取建筑节能措施或节能措施未达到规定要求的不得评为优质工程。（ ）

第 4 章　住宅工程质量通病控制

一、单项选择题

1. （ ）负责组织组织实施住宅工程质量通病控制。
   A. 建设单位　　　B. 施工单位　　　C. 监理单位　　　D. 设计单位

2. 住宅工程中使用的新技术、新产品、新工艺、新材料，应经过（ ）技术鉴定，并应制定相应的技术标准。
   A. 省建设行政主管部门　　　B. 省质量监督技术部门
   C. 法定检测单位　　　D. 设计单位

3. 建筑物在施工和使用期间，应进行沉降检测。设计等级为甲级、地质条件复杂、设置沉降后浇带及软土地区的建筑物，沉降检测应由（ ）检测。
   A. 设计单位　　　B. 测绘部门
   C. 有资质的检测单位　　　D. 测量工程师

4. 采用桩基和地基处理的，若缺乏地区经验时，必须在开工前进行（ ）试验。
   A. 强度　　　B. 承载力
   C. 施工工艺　　　D. 桩基和地基的密实度

5. 浇筑顶面应高于桩顶设计标高和地下水位 0.5～1.0m 以上，确有困难时，应高于桩顶设计标高不少于（ ）m。
   A. 0.5　　　B. 1　　　C. 1.5　　　D. 2

6. 防水混凝土掺入的外加剂掺合料应按规范复试符合要求后使用，其掺量应经（ ）确定。
   A. 设计　　　B. 试验
   C. 监理　　　D. 产品说明书计算

7. 防水混凝土水平构件表面宜覆盖塑料薄膜或双层草袋浇水养护，竖向构件宜采用喷涂养护液进行养护，养护时间不应少于（　　）d。
   A. 7　　　　　　B. 14　　　　　　C. 21　　　　　　D. 28

8. 顶层及女儿墙砌筑砂浆的强度等级不应小于（　　）。粉刷砂浆中宜掺入抗裂纤维或采用预拌砂浆。
   A. M2.5　　　　B. M5　　　　　C. M7.5　　　　D. M10

9. 混凝土小型空心砌块、蒸压加气混凝土砌块等轻质墙体，当墙长大于5m时，应增设间距不大于3m的构造柱；每层墙高的中部应增设高度为（　　）mm，与墙体同宽的混凝土腰梁，砌体无约束的端部必须增设构造柱，预留的门窗洞口应采取钢筋混凝土框加强。
   A. 80　　　　　B. 120　　　　　C. 180　　　　　D. 240

10. 砌体洞口宽度大于（　　）m时，两边应设置构造柱。
    A. 1.8　　　　B. 2　　　　　　C. 2.4　　　　　D. 2.6

11. 填充墙砌至接近梁底、板底时，应留有一定的空隙，填充墙砌筑完并间隔（　　）d以后，方可将其补砌挤紧；补砌时，对双侧竖缝用高强度等级的水泥砂浆嵌填密实。
    A. 7　　　　　B. 10　　　　　C. 15　　　　　D. 24

12. 砌体结构砌筑完成后宜（　　）d后再抹灰，并不应少于30d。
    A. 35　　　　　B. 45　　　　　C. 50　　　　　D. 60

13. 砌体每天砌筑高度宜控制在（　　）m以下，并应采取严格的防风、防雨措施。
    A. 1　　　　　B. 1.5　　　　　C. 1.8　　　　　D. 2

14. 外墙等防水墙面的洞口应采用防水微膨砂浆分次堵砌，迎水面表面（　　）粉刷。孔洞填塞应由专人负责，并及时办理专项隐蔽验收手续。
    A. 混合砂浆　　B. 水泥净浆　　C. 1∶3水泥砂浆　　D. 1∶3防水砂浆

15. 严格控制现浇板的厚度和现浇板中钢筋保护层的厚度。阳台、雨篷等悬挑现浇板的负弯矩钢筋下面，应设置间距不大于（　　）mm的钢筋保护层支架，在浇筑混凝土时，保证钢筋不位移。
    A. 500　　　　B. 600　　　　C. 700　　　　D. 800

16. 混凝土后浇带应在其两侧混凝土龄期大于（　　）d后再施工，浇筑时，应采用补偿收缩混凝土，其混凝土强度应提高一个等级。
    A. 14　　　　　B. 28　　　　　C. 42　　　　　D. 60

17. 应在混凝土浇筑完毕后的（　　）h以内，对混凝土加以覆盖和保湿养护。
    A. 8　　　　　B. 12　　　　　C. 24　　　　　D. 24

18. 混凝土养护时间应根据（　　）确定。
    A. 环境温度　　B. 施工工艺　　C. 水泥用量　　D. 所用水泥品种

19. 有防水要求的地面施工完毕后，应进行（　　）h蓄水试验，蓄水高度为20～30mm，不渗不漏为合格。
    A. 12　　　　　B. 24　　　　　C. 36　　　　　D. 48

20. 烟道根部向上（　　）mm范围内宜采用聚合物防水砂浆粉刷，或采用柔性防水层。

A. 120　　　　　B. 240　　　　　C. 300　　　　　D. 480

22. 回填土应按规范要求分层取样做密实度实验，压实系数必须符合设计要求。当设计无要求时，压实系数不应小于（　　）。
A. 0.9　　　　　B. 0.93　　　　C. 0.94　　　　D. 0.96

22. 抹灰工程中，不同材料基体交接处，必须铺设抗裂钢丝网或玻纤网，与各基体间的搭接宽度不应小于（　　）mm。
A. 60　　　　　B. 90　　　　　C. 120　　　　　D. 150

23. 设有外保温的墙面（　　）采用湿做法饰面板。
A. 应　　　　　B. 宜　　　　　C. 不宜　　　　D. 不得

24. 纸面石膏板吊顶宜优先选用轻钢龙骨，其主龙骨壁厚不应小于1.2mm，次龙骨壁厚不宜小于（　　）mm。
A. 0.8　　　　　B. 0.9　　　　　C. 1.0　　　　　D. 1.2

25. 铝合金窗的型材壁厚不得小于（　　）mm，门的型材壁厚不得小于2mm。
A. 0.8　　　　　B. 1.0　　　　　C. 1.2　　　　　D. 1.4

26. 砌体栏杆压顶应设现浇钢筋混凝土压梁，并与主体结构和小立柱可靠连接。压梁高度不应小于120（　　）mm，宽度不宜小于砌体厚度，纵向钢筋不宜小于4φ10。
A. 80　　　　　B. 100　　　　　C. 120　　　　　D. 140

27. 临空栏杆玻璃安装前，应做（　　）试验。
A. 强度　　　　B. 拉力　　　　C. 承载力　　　D. 抗冲击性能

28. 屋面防水卷材施工时，相邻两幅卷材的接头应相互错开（　　）mm以上。
A. 200　　　　　B. 240　　　　　C. 300　　　　　D. 360

29. 变形缝的泛水高度不应小于（　　）mm。
A. 200　　　　　B. 250　　　　　C. 300　　　　　D. 360

30. 伸出屋面管道与基层交接处应预留的凹槽，槽内用（　　）密封材料嵌填严密。
A. 10mm×10mm　　　　　　　　B. 15mm×15mm
C. 20mm×20mm　　　　　　　　D. 30mm×30mm

二、多项选择题

1. 江苏省地方标准《住宅工程质量通病控制标准》控制的住宅工程质量通病范围，以工程完工后常见的影响（　　）为主。
A. 安全　　　　B. 使用功能　　　C. 外观质量
D. 环境质量　　E. 产品质量

2. 对住宅工程质量通病从（　　）等方面进行的综合有效防治方法、措施和要求。
A. 设计　　　B. 材料　　　C. 施工　　　D. 管理　　　E. 监理

3. 桩基（地基处理）施工后，应有一定的休止期，挤土时砂土、黏性土、饱和软土分别不少于（　　）d，保证桩身强度和桩周土体的超孔隙水压力的消散和被扰动土体强度的恢复。
A. 14　　　　B. 21　　　　C. 28　　　　D. 42　　　　E. 56

4. 桩基工程验收前，按规范和相关文件规定进行（　　）检验。检验结果不符合要求的,在扩大检测和分析原因后,由设计单位核算认可或出具处理方案进行加固处理。

A. 桩身质量　　　　　　　　B. 桩身强度
C. 承载力　　　　　　　　　D. 钢筋笼深度
E. 钢筋笼直径

5. 防水混凝土水平构件表面宜(　　)养护,竖向构件宜采用(　　)进行养护,养护时间不应少于14d。

A. 覆盖塑料薄膜　　　　　　B. 或双层草袋
C. 喷涂养护液　　　　　　　D. 浇水
E. 蒸气养护

6. 地下室混凝土墙体不应留垂直施工缝。墙体水平施工缝不应留在(　　)处,应留在高出底板不小于300mm的墙体上。

A. 剪力最大　　　　　　　　B. 弯矩最大
C. 压力最大　　　　　　　　D. 底板与侧墙交接
E. 钢筋最密

7. 地下室防水应选用(　　)好的防水卷材或防水涂料作地下柔性防水层,且柔性防水层应设置在迎水面。

A. 承载力　　B. 强度　　C. 耐久性　　D. 延伸性　　E. 刚度

8. 混凝土小型空心砌块、蒸压加气混凝土砌块等轻质墙体,当墙长大于5m时,应增设间距不大于3m的构造柱;每层墙高的中部应增设高度为120mm,与墙体同宽的混凝土腰梁,砌体无约束的端部必须增设(　　),预留的门窗洞口应采取(　　)加强。

A. 框架柱　　　　　　　　　B. 砖柱
C. 构造柱　　　　　　　　　D. 钢筋混凝土框
E. 素混凝土

9. 当框架顶层填充墙采用(　　)材料时,墙面粉刷应采取满铺镀锌钢丝网等措施。

A. 灰砂砖　　　　　　　　　B. 粉煤灰砖
C. 混凝土空心砌块　　　　　D. 蒸压加气混凝土砌块等
E. 混凝土

10. (　　)的出釜停放期不应小于28d,不宜小于45d。

A. 混凝土小型空心砌块　　　B. 蒸压灰砂砖
C. 粉煤灰砖　　　　　　　　D. 加气混凝土砌块
E. 烧结普通砖

11. (　　)等砌筑砂浆宜使用专用砂浆。

A. 加气混凝土　　　　　　　B. 黏土砖
C. 空心砖　　　　　　　　　D. 小型砌块
E. 普通烧结砖

12. 装饰施工前,应认真复核房间的(　　)等几何尺寸,发现超标时,应及时进行处理。

A. 轴线　　B. 标高　　C. 门窗洞口　　D. 面积　　E. 墙体厚度

13. 浇筑混凝土用的水泥宜优先采用早期强度较高的(　　),进场时应对其品种、

149

级别、包装或批次、出厂日期和进场的数量等进行检查,并应对其强度、安定性及其他必要的性能指标进行复验。

A. 硅酸盐水泥 B. 普通硅酸盐水泥
C. 火山灰水泥 D. 粉煤灰水泥
E. 硫铝酸盐水泥

14. 为减少混凝土的裂缝,混凝土应采用(　　)的外加剂,其减水率不应低于12%。掺用矿物掺合料的质量应符合相关标准规定,掺量应根据试验确定。

A. 延迟水泥水化效果好 B. 减水率高
C. 分散性能好 D. 对混凝土收缩影响较小
E. 延长水泥的凝结时间

15. 江苏省工程建设标准《住宅工程质量病控制标准》规定混凝土后浇带应在其两侧混凝土龄期大于(　　)d后再施工,浇筑时,应采用补偿收缩混凝土,其混凝土强度应(　　)。

A. 42 B. 60
C. 90 D. 和两边混凝土中强度等级相同
E. 提高一个等级

16. 混凝土养护时间应根据所用水泥品种确定。采用(　　)拌制的混凝土,养护时间不应少于7d。对掺用缓凝型外加剂或有抗渗性能要求的混凝土,养护时间不应少于(　　)d。

A. 硅酸盐水泥 B. 普通硅酸盐水泥
C. 14 D. 21 E. 36

17. 住宅工程厨卫间和有防水要求的楼板周边除门洞外,应向上做一道高度不小于(　　)mm的混凝土翻边,与楼板一同浇筑,地面标高应比室内其他房间地面低(　　)mm以上。

A. 200 B. 120 C. 60 D. 30 E. 15

18. 外墙抹灰用砂含泥量应低于2%,细度模数不小于2.5。严禁使用(　　)。

A. 细砂 B. 特细砂 C. 石粉 D. 混合粉 E. 石膏粉

19. 每一遍抹灰前,必须对前一遍的抹灰质量(　　)检查处理。

A. 强度 B. 空鼓 C. 裂缝 D. 起砂 E. 硬度

20. 设计应明确外门窗(　　)三项性能指标。

A. 平面变形 B. 抗风压 C. 气密性 D. 水密性 E. 节能性

21. 刚性防水层应采用细石防水混凝土,其强度等级不应小于C30,厚度不应小于(　　)mm,分格缝间距不宜大于3m,缝宽不应大于(　　)mm,且不小于(　　)mm。

A. 50 B. 30 C. 20 D. 12 E. 6

22. 变形缝的防水构造处理应符合下列要求(　　)。

A. 变形缝的泛水高度不应小于250mm
B. 防水层应铺贴到变形缝两侧砌体的上部
C. 变形缝内应填充聚苯乙烯泡沫塑料,上部填放衬垫材料,并用卷材封盖

D. 变形缝顶部应加扣混凝土或金属盖板，混凝土盖板的接缝应用密封材料嵌填

E. 变形缝中间用混凝土严密堵

23. 伸出屋面管道周围的找平层应做成圆锥台，管道与找平层间应留凹槽，并嵌填密封材料；防水层收头处，应用金属箍箍紧，并用密封材料封严，具体构造应符合下列要求：（　　）。

A. 管道根部 500mm 范围内，砂浆找平层应抹出高 30mm 坡向周围的圆锥台，以防根部积水

B. 管道与基层交接处预留 20mm×20mm 的凹槽，槽内用密封材料嵌填严密

C. 管道根部周围做附加增强层，宽度和高度不小于 300mm

D. 防水层贴在管道上的高度不应小于 300mm，附加层卷材应剪出切口，上下层切缝粘贴时错开，严密压盖。附加层及卷材防水层收头处用金属箍箍紧在管道上，并用密封材料封严

E. 防水层贴在管道上的高度不应小于 300mm，附加层卷材应剪出切口，上下层切缝粘贴时错开，严密压盖，不必设置附加层

24. （　　）在检验批验收时，应按住宅工程质量通病控制标准对工程质量通病控制情况进行检查，并在检验批验收记录的签字栏中，作出是否对质量通病进行控制的验收记录。

A. 施工企业工程质量员　　　　B. 施工企业技术负责人
C. 监理单位总监理工程师　　　D. 监理单位监理工程师
E. 建设单位负责人

三、判断题（正确的在括号内填"A"，错误的在括号内填"B"）

1. 江苏省住宅工程质量标准控制的住宅工程质量通病范围，以工程施工过程常见的、影响安全和使用功能及外观质量的缺陷为主。（　　）

2. 住宅工程质量通病控制所发生的费用应由施工单位承担。（　　）

3. 住宅工程中使用的新技术、新产品、新工艺、新材料，应经过省建设行政主管部门技术鉴定，并应制定相应的技术标准。（　　）

4. 防水混凝土掺入的外加剂掺合料应按规范复试符合要求后使用，其掺量应符合产品说明书的要求。（　　）

5. 防水混凝土结构内部设置的各种钢筋或绑扎的低碳钢丝不应接触模板。（　　）

6. 采用预拌混凝土，其质量指标应在合同条款中明确，施工时应加强现场监控力度，安排专人检测混凝土的坍落度，其和易性应满足要求。（　　）

7. 防水混凝土水平构件表面宜覆盖塑料薄膜或双层草袋浇水养护，竖向构件宜采用喷涂养护液进行养护，养护时间不应少于 7d。（　　）

8. 地下防水工程混凝土底板、顶板不宜留施工缝，底拱、顶拱不宜留纵向施工缝。（　　）

9. 砌体结构顶层及女儿墙砌筑砂浆的强度等级不应小于 M5。（　　）

10. 混凝土小型空心砌块、蒸压加气混凝土砌块等轻质墙体，当墙长大于 5m 时，应增设间距不大于 3m 的构造柱；每层墙高的中部应增设高度为 120mm，与墙体同宽的混

凝土腰梁，砌体无约束的端部必须增设构造柱，预留的门窗洞口应采取钢筋混凝土框加强。（　　）

11. 屋面女儿墙不应采用轻质墙体材料砌筑。当采用砌体结构时，应设置间距不大于 6m 的构造柱和厚度不少于 120mm 的钢筋混凝土压顶。（　　）

12. 框架柱间填充墙拉结筋应满足砖模数要求，如不符合模数要求应折弯压入砖缝。（　　）

13. 加气混凝土、小型砌块等砌筑砂浆宜使用专用砂浆。（　　）

14. 外墙等防水墙面的洞口（脚手洞等）应采用防水微膨砂浆分次堵砌，迎水面表面采用 1∶3 防水砂浆粉刷。（　　）

15. 预拌混凝土应检查入模坍落度，取样频率同混凝土试块的取样频率，但对坍落度有怀疑时应随时检查，并做检查记录。（　　）

16. 后浇带应在其两侧混凝土龄期大于 60d 后再施工，浇筑时，应采用补偿收缩混凝土，其混凝土强度应不低于原混凝土强度等级。（　　）

17. 水泥楼地面宜采用早强型的硅酸盐水泥和普通硅酸盐水泥。（　　）

18. 楼梯踏步应在阳角处增设护角。（　　）

19. PVC 管道穿过楼面时，宜采用预埋接口配件的要求。（　　）

20. 外墙窗门安装完毕后，按有关规定、规程委托有资质的检测机构进行现场检验。（　　）

21. 细石混凝土防水屋面施工钢筋网片应采用焊接型网片。（　　）

22. 外墙窗的玻璃宜采用中空玻璃。（　　）

23. 工程资料应使用全省统一规定的《建筑工程施工质量验收资料》或《建筑工程质量评价验收系统》软件。（　　）

24. 质量通病控制专项验收资料一并纳入建筑工程施工质量验收资料。（　　）

25. 对未执行江苏省工程建设标准《住宅工程质量通病控制标准》或不按《住宅工程质量通病控制标准》规定进行验收的工程，不得组织竣工验收。（　　）

第 5 章　住宅工程质量分户验收

一、单项选择题

1. 江苏省住宅工程质量分户验收是执行（　　）的规定。
   A. 国家验收标准　　　　　　B. 江苏省工程建设标准
   C. 国家法律　　　　　　　　D. 江苏省建设工程质量监督总站

2. 每一检查单元计量检查的项目中有 90% 及以上检查点在允许偏差范围内，超过允许偏差范围的偏差值不大于允许偏差值的（　　）倍。
   A. 1.1　　　B. 1.2　　　C. 1.3　　　D. 1.5

3. 检查楼地面空鼓时，用小锤轻击检查的布点要求，沿房间两个方向均匀布点，一般情况下每隔（　　）盖房间的整个地坪并可保证空鼓面积不大于 400cm^2。
   A. 20～30cm　　　　　　　　B. 30～40cm

C. 40～50cm　　　　　　　D. 50～60cm

4. 水泥楼地面裂缝、脱皮、麻面、起砂等缺陷检查以（　　）m 高度俯视地坪。
A. 1.1　　　B. 1.2　　　C. 1.3　　　D. 1.5

5. 水泥楼地面裂缝宽度较大是一个定性的概念，一般控制在（　　）mm。
A. 0.1　　　B. 0.2　　　C. 0.3　　　D. 0.5

6. 楼梯相邻踏步高差不应大于 10mm，该项要求（　　）考虑装修层的高度。
A. 宜　　　B. 不宜　　　C. 应　　　D. 不应

7. 室内墙面外观质量检查以距墙（　　）进行观察检查。
A. 50～70cm　B. 60～80cm　C. 70～90cm　D. 80～100cm

8. 室内墙面出现风裂或龟裂时，（　　）进行处理，通过住户装修解决。
A. 可不　　　B. 宜　　　C. 应　　　D. 必须

9. 栏杆垂直杆件的净距不应大于（　　）m。
A. 0.1　　　B. 0.11　　　C. 0.12　　　D. 0.13

10. 外窗台低于（　　）m，应有防护措施。
A. 0.6　　　B. 0.7　　　C. 0.8　　　D. 0.9

11. 住宅工程质量分户验收时应检查建筑外墙金属窗、塑料窗的（　　）。
A. 原材料检测报告　　　　B. 型式检验报告
C. 窗复验报告　　　　　　D. 现场抽样检测报告

12. 住宅工程分户验收时，门窗的现场检测是抽样检测，存在一定的验收风险，所以又规定进行（　　）。
A. 雨后检查　　　　　　B. 淋水试验
C. 泼水检查　　　　　　D. 抗风压性

13. 对有防水、排水要求的房间进行蓄水试验，蓄水深度最浅处大于 2cm，蓄水时间不少于（　　）h。
A. 6　　　B. 12　　　C. 24　　　D. 48

14. 分户验收资料应整理、组卷，由（　　）归档专项保存，存档期限不应少于 5 年。
A. 建设单位　　　　　　B. 施工单位
C. 设计单位　　　　　　D. 工程质量监督机构

二、多项选择题

1. 分户验收人员应具备相应资格，施工单位应为具备（　　）等执业资格。
A. 项目经理　　B. 质量员　　C. 施工员　　D. 预算员　　E. 资料员

2. 精装修住宅工程质量分户验收，应由建设单位会同（　　）在分户验收前针对工程特点，制定专项验收方案，建设单位审核后报质量监督机构备案。
A. 设计单位　　　　　　B. 检测单位
C. 监理单位　　　　　　D. 施工单位
E. 勘察单位。

3. 住宅工程质量分户验收时应形成下列资料：（　　）。

A. 验收过程中应填写《住宅工程质量分户验收记录表》

B. 应汇总施工过程中质量问题处理情况记录

C. 分户验收结束后应填写《住宅工程质量分户验收汇总表》

D. 安全和功能检测汇总表

E. 住户代表确认意见书

4. 住宅工程质量分户验收不符合要求,当返修或返工确有困难而造成质量缺陷时,( )。

A. 设计单位确认是否不影响工程结构安全和使用功能

B. 书面告知住户

C. 报当地工程质量监督站

D. 按 GB 50300—2001 第 5.0.6 条规定进行处理

E. 拆除处理

5. 室内顶棚宜采用( ),当采用顶棚砂浆抹灰时,顶棚抹灰层与基层之间( )。

A. 水泥砂浆粉刷　　　　　　B. 免粉刷工艺

C. 必须粘结牢固　　　　　　D. 无空鼓

E. 强度必须大于 M10

6. 住宅工程质量分户验收时室内空间尺寸的验收内容有( )。

A. 净开间、进深和净高的尺寸　　B. 净开间、进深和净高尺寸极差

C. 房间的对角线　　　　　　D. 轴线位置

E. 标高

7. 住宅工程质量分户验收时门窗开闭性能的检查方法为( )。

A. 观察检查　　　　　　　　B. 手扳检查

C. 开启和关闭检查　　　　　D. 开关力用弹簧秤检测检查

E. 测力仪检查

8. 门窗配件应采用( )等材料,或有可靠的防锈措施。

A. 不锈钢　　B. 铜　　C. 铝　　D. 铁　　E. 钛

9. 楼梯扶手高度不应小于( )m,水平段杆件长度大于 0.5m 时,其扶手高度不应小于( )m。

A. 0.85　　B. 0.9　　C. 0.95　　D. 1.05　　E. 1.2

10. 必须使用安全玻璃的门窗有( )

A. 无框玻璃门,且厚度不小于 10mm

B. 有框玻璃面积大于 $0.5m^2$;单块玻璃大于 $1.5m^2$

C. 沿街单块玻璃大于 $1.0m^2$

D. 7 层及 7 层以上建筑物外开窗;玻璃底边离最终装饰面小于 500mm 的落地窗

E. 12 层及 12 层以上建筑物外开窗;玻璃底边离最终装饰面小于 200mm 的落地窗

11. 金属门窗框与墙体之间的缝隙应填嵌饱满,并采用密封胶密封。密封胶表面应( )。

A. 光滑　　B. 顺直　　C. 无裂缝　　D. 不空鼓　　E. 强度高

12. 面层坡度的检验方法有( )。

A. 观察 　　　　　　　　　　B. 泼水试验
C. 用坡度尺检查 　　　　　　D. 蓄水测量水深
E. 水准仪

13. 住宅工程分户验收时（　　）等空间规定净高最低处不应小于2.0m。
A. 地下室　　B. 辅助用房　　C. 走道　　D. 小储藏室门　　E. 卫生间

14. 住宅工程竣工验收前，建设单位应将（　　）报送该工程的质量监督机构。
A. 验收的时间 　　　　　　　B. 地点
C. 验收组名单 　　　　　　　D.《住宅工程质量分户验收汇总表》
E. 验收结论

三、判断题（正确的在括号内填"A"，错误的在括号内填"B"）

1. 空间尺寸指住宅工程室内具有独立使用功能的自然间内部净空尺寸，主要包括净开间、进深和净高。（　　）
2. 水流淌后余水深度超过5mm时即为屋面积水。（　　）
3. 住宅工程质量分户验收由施工单位负责实施。（　　）
4. 住宅工程质量分户验收前所含（子）分部工程的质量均验收合格。（　　）
5. 建筑物外墙的显著部位镶刻工程铭牌。（　　）
6. 住宅工程质量分户验收对参加分户验收的建设、施工、监理单位人员资格提出了明确的要求。（　　）
7. 分户验收资料应整理、组卷，由建设单位归档专项保存，存档期限不应少于15年。（　　）
8. 住宅工程质量分户验收时如不符合《江苏省住宅工程质量分户验收规则》的要求，无论何种情况，必须对不符合要求的部位进行返修或返工。（　　）
9. 内墙外观质量的检查以距墙80～100cm进行观察检查。当出现风裂或龟裂时，可不进行处理，通过住户装修解决。（　　）
10. 对顶棚抹灰工程进行敲击检查不易操作，故规定先观察检查，当发现有顶棚抹灰层起泡时，进行敲击检查。（　　）
11. 门窗用人工淋水试验，每三～四层（有挑檐的每一层）设置一条横向淋水带，淋水时间不少于一小时后进户目测观察检查。（　　）
12. 门窗安装后应进行现场抽样检测，现场抽样检测可替代试验室检测。（　　）
13. 门窗人工淋水应逐户全数检查。（　　）
14. 对已选定物业管理公司的住宅工程，物业公司派员参加分户验收有利于以后物业的管理和维修。故有义务参加分户验收。（　　）
15. 住宅工程交付使用时，建设单位应向住户提交《住宅工程质量分户验收合格证书》。（　　）

第6章　地基与基础工程

一、单项选择题

1. 新建、扩建的民用建筑工程设计前，必须进行建筑场地中（　　）的测定，并提供相应的检测报告。

A. CO_2 浓度　　　　B. 有机杂质含量　　C. 氡浓度　　　　D. TVOC

2. 工程竣工验收时，沉降（　　）达到稳定标准的，沉降观测应继续进行。

A. 没有　　　　　B. 已经　　　　　C. 120%　　　　D. 150%

3. 灰土采用体积配合比，一般宜为（　　）。

A. 4∶6　　　　　B. 2∶8　　　　　C. 3∶7　　　　　D. B 或 C

4. 压实系数采用环刀抽样时，取样点应位于每层（　　）的深度处。

A. 1/3　　　　　B. 2/3　　　　　C. 1/2　　　　　D. 3/4

5. 用钢筋检验砂垫层质量时，通常可用 Φ20 的平头钢筋，长 1.25m 垂直距离砂表面（　　）m 自由落下，测其贯入深度。

A. 0.5　　　　　B. 0.6　　　　　C. 0.7　　　　　D. 0.9

6. 砂石地基用汽车运输黄砂到现场的，以（　　）为一个验收批。

A. 200m³ 或 30t　　　　　　　　　B. 300m³ 或 450t
C. 400m³ 或 600t　　　　　　　　　D. 500m³ 或 800t

7. 砂和砂石地基的最优含水量可用（　　）求得。

A. 轻型击实试验　　　　　　　　　B. 环刀取样试验
C. 烘干试验　　　　　　　　　　　D. 称重试验

8. 人工挖孔桩应逐孔进行终孔验收，终孔验收的重点是（　　）。

A. 挖孔的深度　　　　　　　　　　B. 孔底的形状
C. 持力层的岩土特征　　　　　　　D. 沉渣厚度

9. 对由地基基础设计为甲级或地质条件复杂，成桩质量可靠性低的灌注桩应采用（　　）进行承载力检测。

A. 静载荷试验方法　　　　　　　　B. 高应变动力测试方法
C. 低应变动力测试方法　　　　　　D. 自平衡测试方法

10. 摩擦型灌注桩深度主要以（　　）控制。

A. 设计桩长　　　　　　　　　　　B. 桩端进入持力层深度
C. 贯入度　　　　　　　　　　　　D. 实际桩长

11. 当被验收的地下室工程有结露现象时，（　　）进行渗漏水检测。

A. 禁止　　　　　B. 不宜　　　　　C. 应　　　　　　D. 必须

12. 在混凝土工程中，掺入粉煤灰，硅粉可减少水泥用量，降低水化热，（　　）混凝土裂缝的产生。

A. 宜促进　　　　B. 防止和减少　　C. 不影响　　　　D. 不确定是否影响

13. 防水混凝土（　　）进行养护。

A. 不宜　　　　　B. 应　　　　　　C. 最好　　　　　D. 不必

14. 混凝土后浇带应采用（　　）混凝土。

A. 强度等于两侧的　B. 缓凝　　　　　C. 补偿收缩　　　D. 早期强度高的

15. 后浇带应在其两侧混凝土龄期达到（　　）d 后再施工。

A. 14　　　　　　B. 28　　　　　　C. 42　　　　　　D. 56

16. 对灰土地基，强夯地基，其竣工后的地基强度或承载力检验数量，每单位工程不应少于（　　）点，每一独立基础下至少应有1点。
A. 1　　　　　　B. 2　　　　　　C. 3　　　　　　D. 4

17. 水泥土搅拌桩复合地基承载力检验数量为总数的0.5%～1%，但不应少于（　　）处。
A. 1　　　　　　B. 2　　　　　　C. 3　　　　　　D. 4

18. 灰土地基采用压路机（机重6～10t）压实时，每层最大虚铺厚度可为（　　）mm。
A. 100～200　　　B. 200～300　　　C. 300～400　　　D. 400～500

19. （　　）属于灰土地基验收的主控项目。
A. 压实系数　　　B. 分层厚度偏差　　C. 石灰粒径　　　D. 含水量

20. 砂及砂石地基的主控项目有（　　）。
A. 地基承载力　　B. 石料粒径　　　C. 含水量　　　　D. 分层厚度

21. 按成桩方法分，以下属于非挤土桩的是（　　）。
A. 混凝土预制桩　B. 沉管灌注桩　　C. 人工挖孔桩　　D. 管桩

22. 预压地基的预压载荷其允许偏差值为（　　）。
A. ≤1%　　　　B. ≤2%　　　　C. ≤1.5%　　　　D. ≤3%

23. 水泥土搅拌桩作承重工程桩用时，应取（　　）天后的试件进行强度检验。
A. 90　　　　　B. 28　　　　　C. 30　　　　　D. 60

24. 地基基础分项工程检验批验收时，一般项目应有（　　）合格。
A. 100%　　　　B. 90%及以上　　C. 85%及以上　　D. 80%及以上

25. 砂桩地基的灌砂量符合要求，其实际用砂量与计算体积比须≥（　　）
A. 100%　　　　B. 95%　　　　　C. 90%　　　　　D. 85%

26. 桩基工程桩位放样允许偏差为：群桩（　　）mm。
A. 5　　　　　　B. 10　　　　　C. 15　　　　　D. 20

27. 预制桩桩位垂直于基础梁中心线的允许偏差为（　　）mm。
A. 100+0.1H　　B. 150+0.1H　　C. 100+0.01H　　D. 150+0.01H
注：H为施工现场地面标高与桩顶设计标高的距离。

28. 灌注桩桩顶标高至少要比设计标高高出（　　）m。
A. 0.5　　　　　B. 0.8　　　　　C. 1　　　　　　D. 1.5

29. 对于地基基础设计等级为甲级或地质条件复杂的灌注桩，成桩质量可靠性低的灌注桩应采用静载荷试验测承载力，检验桩数不应少于总数的（　　），且不应少于3根，总数少于50根时，不少于2根。
A. 1%　　　　　B. 2%　　　　　C. 3%　　　　　D. 4%

30. 重要工程的预应力管桩应对电焊接头做（　　）%的焊缝探伤检查。
A. 5　　　　　　B. 10　　　　　C. 15

31. 混凝土预制桩采用电焊接头时，电焊结束后停歇时间应大于（　　）min。
A. 1　　　　　　B. 2　　　　　C. 3　　　　　　D. 4

32. 灌注桩的主筋混凝土保护层厚度不应小于（　　）mm，水下灌注混凝土不得小于70mm。
A. 20　　　　　B. 35　　　　　C. 50　　　　　D. 60

33. 混凝土预制桩的混凝土强度达（　　）的设计强度方可起吊。
   A. 70%   B. 75%   C. 85%   D. 100%
34. 采用硫磺胶泥接桩，应每（　　）kg 做一组试件。
   A. 50   B. 100   C. 200   D. 500
35. 灌注桩的混凝土充盈系数应＞（　　）。
   A. 0.9   B. 0.95   C. 1.0   D. 1.05
36. 水下灌注混凝土，首灌混凝土量应使导管一次埋入混凝土面（　　）m 以上。
   A. 0.5   B. 0.8   C. 1.0   D. 1.5
37. 人工挖孔桩混凝土干灌注时，当混凝土落差超过 3m 时，应采用（　　）灌注。
   A. 溜槽   B. 导管   C. 串筒   D. 人工
38. 摩擦桩孔底沉渣厚度应≤（　　）mm。
   A. 100   B. 150   C. 200   D. 300
39. （　　）是先张法预应力管桩验收的主控项目
   A. 承载力   B. 外观质量   C. 桩顶标高   D. 垂直度
40. 端承桩的孔底沉渣厚度应≤（　　）mm。
   A. 10   B. 50   C. 100   D. 200
41. 沉管桩采用复打法施工时，复打施工必须在第一次灌注的混凝土（　　）之前完成。
   A. 1 小时   B. 终凝   C. 初凝   D. 2 小时
42. 混凝土预制桩停止锤击的控制原则为桩端进入坚硬的黏性土、中密以上粉土、砂石、风化岩时以（　　）控制为主。
   A. 贯入度
   C. 桩进入土层的深度
   B. 桩端标高
   D. A 或 B
43. 灌注桩沉渣厚度应要求（　　）符合要求。
   A. 放钢筋笼前所测沉渣厚度
   B. 放钢筋笼后，混凝土灌注前所测沉渣厚度
   C. 浇筑混凝土后   D. A 或 B
44. 桩顶嵌入承台内的长度不宜小于（　　）cm。
   A. 2   B. 5   C. 20   D. 30
45. 桩顶主筋伸入承台内的长度对Ⅰ级钢不宜小于（　　）d。（d 为钢筋直径）
   A. 25   B. 30   C. 35   D. 50
46. 扩底灌注桩的扩底直径，不应大于桩身直径的（　　）倍。
   A. 1   B. 1.5   C. 2   D. 3
47. 承台纵向钢筋的混凝土保护层厚度，当有混凝土垫层时，不应小于（　　）mm。
   A. 20   B. 40   C. 50   D. 70
48. 地下连续墙质量验收时，垂直度和（　　）是主控项目。
   A. 导墙尺寸   B. 沉渣厚度
   C. 墙体混凝土强度   D. 平整度
49. 基坑土方工程验收必须以确保（　　）为前提。

A. 支护结构安全 B. 周围环境安全
C. 主体结构安全 D. A 和 B

50. 桩身质量检验，对直径大于 800mm 的混凝土嵌岩桩应采用（　　）或声波透射法检测。
    A. 静载荷 B. 基岩试验 C. 钻孔抽芯法 D. 低应变动测法

51. 混凝土灌注桩的一般项目的抽查比例为（　　）。
    A. 20% B. 80% C. 90% D. 全部

52. 混凝土留置试块时，每组为（　　）块。
    A. 3 B. 4 C. 5 D. 6

53. 对桩基进行检测时，小应变方法可检测桩的（　　）。
    A. 承载力 B. 桩身质量
    C. 承载力和桩身质量 D. 桩混凝土强度

54. 桩基工程属于（　　）。
    A. 分部工程 B. 子分部工程 C. 分项工程 D. 检验批

55. 桩基工程应由（　　）组织验收。
    A. 总监理工程师或建设单位项目负责人 B. 施工单位项目负责人
    C. 质监站人员 D. 质量员

56. 地基基础分部（子分部），分项工程的质量验收均应在（　　）基础上进行。
    A. 施工单位自检合格 B. 监理验收合格
    C. 建设单位验收合格 D. 工程质量监督站

57. 主控项目必须（　　）符合验收标准规定。
    A. 80%及以上 B. 90%及以上 C. 95% D. 100%

58. 端承型桩的桩顶竖向荷载主要由（　　）承受。
    A. 桩端阻力 B. 桩侧阻力 C. 桩自身强度 D. A 和 B

59. 桩身质量检验时，对于设计等级为甲级或地质条件复杂，成检质量可靠性低的灌注桩，抽检数量不应少于总数的（　　），且不应少于 20 根。
    A. 20% B. 30% C. 30% D. 50%

二、多项选择题

1. 灰土地基施工过程中应检查（　　）。
   A. 分层铺设的厚度 B. 夯实时加水量
   C. 夯压遍数 D. 压实系数
   E. 灰土的密度

2. 砂石地基质量验收时，其主控项目为（　　）。
   A. 地基承载力 B. 配合比
   C. 压实系数 D. 分层厚度
   E. 砂石的密度

3. 注浆地基的主控项目为原材料检验和（　　）。
   A. 注浆体强度 B. 地基承载力
   C. 注浆压力 D. 注浆孔深

E. 浆体的密度

4. 水泥土搅拌桩复合地基质量验收时，（　　）抽查必须全部符合要求。

A. 水泥及外掺剂质量　　　　　　　B. 桩体强度
C. 水泥用量　　　　　　　　　　　D. 提升速度
E. 桩体的密度

5. 小应变检测桩身完整性时，对混凝土预制桩，检测数量为（　　）。

A. 不少于总数的10%　　　　　　　B. 不少于总数的20%
C. 且不少于5根　　　　　　　　　D. 且不少于10根
E. 且不少于20根

6. 在压桩过程中，对静压桩应检查（　　）。

A. 压桩力　　　　　　　　　　　　B. 桩垂直度
C. 接桩质量　　　　　　　　　　　D. 压入深度
E. 压桩时间

7. 静压桩质量验收的主控项目为（　　）。

A. 桩体质量检验　　　　　　　　　B. 桩位偏差
C. 承载力　　　　　　　　　　　　D. 桩顶标高
E. 桩的静压时间

8. 钻孔灌注桩混凝土灌注前，孔底50cm以内的泥浆指标应符合（　　）要求。

A. 泥浆比重≤1.25　　　　　　　　B. 泥浆比重≤1.3
C. 含砂率≤8%　　　　　　　　　　D. 含砂率≤50%
E. 黏度≤28S

9. 采用硫磺胶泥接桩时，应做到（　　）。

A. 胶泥浇注时间<2min　　　　　　B. 胶泥浇注时间<4min
C. 浇注后停歇时间>7min　　　　　D. 浇注后停歇时间>20min
E. 胶泥要有一定的延性

10. 减少沉桩挤土效应，可采用以下措施：（　　）。

A. 预钻孔　　　　　　　　　　　　B. 设置袋装砂井
C. 限制打桩速率　　　　　　　　　D. 开挖地面防震沟
E. 减少地下水位

11. 混凝土灌注桩质量检验批的主控项目为（　　）。

A. 桩位和孔深　　　　　　　　　　B. 混凝土强度
C. 桩体质量检验　　　　　　　　　D. 承载力
E. 垂直度

12. 先张法预应力管桩质量检验批的主控项目为（　　）。

A. 停锤标准　　　　　　　　　　　B. 桩位偏差
C. 桩体质量检验　　　　　　　　　D. 承载力
E. 沉渣厚度

13. 桩基工程验收应由总监理工程师或建设单位项目负责人组织（　　）参加验收。

A. 勘察单位项目负责人　　　　　　B. 设计单位项目负责人

C. 施工单位项目、技术质量负责人　　D. 质量监督人员
E. 检测人员

14. 灌注桩施工过程中应对（　　）等进行全过程检查。
A. 成孔清渣　　B. 钢筋笼
C. 混凝土灌注　　D. 周边土的强度
E. 挖孔桩的孔底持力层土（岩）性

15. 桩基工程检验批质量验收要求为（　　）。
A. 主控项目必须全部符合要求　　B. 主控项目应有80%合格
C. 一般项目全部符合要求　　D. 一般项目应有80%合格
E. 一般项目应有90%合格

16. 沉降观测点的设置宜在下列部位（　　）。
A. 建筑物的四角、大转角处　　B. 沿外墙角10～15m处
C. 不同地基基础及地质条件差异处　　D. 窗台下
E. 上部荷载不同处，沉降缝两侧

17. 按桩的承载力状况可将桩基分为（　　）。
A. 摩擦型桩　　B. 端承型桩
C. 非挤土桩　　D. 挤土桩
E. 抗压桩

18. 桩的配筋长度应穿过（　　）。
A. 淤泥　　B. 淤泥质土
C. 液化土层　　D. 砂土层
E. 岩石层

19. 混凝土工程施工前应对（　　）进行复试，合格后方可使用。
A. 水泥　　B. 砂石
C. 钢筋　　D. 外掺料
E. 混凝土用水

三、判断题（正确的在括号内填"A"，错误的在括号内填"B"）

1. 基础工程中持力层为砾石层或卵石层，厚度符合设计要求时，可不进行轻型静力触探。（　　）
2. 采用细砂作为垫层的填料时，应注意地下水的影响，且不宜使用平振法、插振法，可用水撼法。（　　）
3. 粉煤灰是电厂的工业废料，粉煤灰地基中选用的粉煤灰颗粒宜粗，烧失量宜低。（　　）
4. 水泥土搅拌法适用于处理淤泥、淤泥质土、粉土和含水量较高且地基承载力标准值不大于120kPa的黏土地基。（　　）
5. 选用龄期为3个月时间的强度作为水泥土的标准强度。（　　）
6. 经计算不需配筋的灌注桩，其桩身可按构造配筋。（　　）
7. 三级建筑桩基可不配构造钢筋。（　　）

8. 对有密度要求的填方，在夯实或压实之后，要对每层回堪土的质量进行检验。
（　）

9. 地下防水工程中，防水等级为Ⅰ级的工程，其结构内壁并不是没有地下渗水现象。
（　）

10. 地下室渗水的检测方法有两种：1）用手触摸可感觉到水分浸润，手上会沾有水分；2）用吸墨纸或报纸贴附，纸会浸润变颜色。（　）

11. 防水混凝土中使用粉煤灰的级别不应低于二级，掺量不宜大于20%。（　）

12. 地下防水工程细部构造一旦出现渗漏难以修补，不能以检查的面分布来确定地下防水工程的整体质量，因此施工质量检验时应全数检查。（　）

13. 后浇带所用混凝土的强度等级不得低度于两侧混凝土的强度等级。（　）

14. 混凝土裂缝"自愈"现象系指当混凝土产生微细裂缝时，体内一部分的游离氢氧化钙被溶出且浓度不断增大，转变成白色氢氧化钙结晶，氢氧化钙和空气中的 CO_2 发生碳化作用，形成白色碳酸钙结晶溶积在裂缝的内部和表面，最后裂缝完全愈合。（　）

15. 地下防水工程中当发现水泥砂浆防水层空鼓时应返工重做，可局部返工。（　）

16. 地基基础工程施工中采用的工程设计文件，承包合同文件对施工质量验收的要求不得低于建筑地基基础工程施工质量验收规范的要求。（　）

17. 当开挖基槽发现土质、土层结构与勘察资料不符时应进行专门的施工勘察。
（　）

18. 桩基施工过程中如出现异常情况，可由施工单位自行处理，正常施工。（　）

19. 地基施工结束后，就可立即进行有关检测和质量验收。（　）

20. 水泥土搅拌桩复合地基的主控项目和一般项目应分别抽查100%和20%。（　）

21. 强夯地基的主控项目为地基强度和地基承载力两项。（　）

22. 水泥土搅拌桩应在成桩后7d内用轻便触探器对桩体进行检测，数量不少于成桩数的2%。（　）

23. 当桩顶设计标高低于施工现场标高时，对打入桩可在每根桩桩顶沉至场地标高时，可进行中间验收。（　）

24. 桩基施工前，成桩机械必须鉴定合格，方可正常使用。（　）

25. 成孔设备就位后，必须平正、稳固，确保施工中不发生倾斜，移动。（　）

26. 混凝土钻孔灌注桩钢筋笼吊装完毕，沉渣厚度符合要求后，即可浇注水下混凝土。（　）

27. 注浆地基施工结束后15天可进行浆体强度、承载力检验。（　）

28. 对支护水泥土搅拌桩应取28天后的试件进行强度检验。（　）

29. 砂桩地基属复合地基。（　）

30. 砂桩地基的主控项目为灌砂量，地基强度和地基承载力。（　）

31. 在承台及地下室周围的回填中，可不必满足填土密实度要求。（　）

32. 摩擦型桩基可不对桩基进行沉降验算。（　）

33. 人工挖孔桩的桩位偏差不是其主控项目。（　）

34. 灌注桩的沉渣厚度以放钢筋笼前所测沉渣为最终值。（　）

第7章 地下防水工程

一、单项选择题

1. 地下工程防水的防水等级分为（　　）级。
   A. 三　　　　B. 四　　　　C. 五　　　　D. 六

2. 地下防水工程必须由持有（　　）的防水专业队伍进行施工，主要施工人员应持有省级及以上建设行政主管部门或其指定单位颁发的执业资格证书或防水专业岗位证书。
   A. 资质等级证　　　　　　　　B. 特殊行业施工许可证
   C. 安全施工许可证　　　　　　D. 防水施工许可证

3. 防水混凝土的抗压强度和抗渗性能必须符合（　　）要求。
   A. 规范　　　B. 规定　　　C. 设计　　　D. 业主

4. 防水混凝土采用预拌混凝土时，入泵坍落度宜控制在（　　），坍落度每小时损失不应大于20mm，坍落度总损失值不应大于40mm。
   A. 100～120mm　B. 120～140mm　C. 140～160mm　D. 160～180mm

5. 防水卷材的两幅卷材短边和长边的搭接宽度不应小于（　　）mm。
   A. 100　　　B. 200　　　C. 300　　　D. 400

6. 塑料防水板搭接缝应采用（　　），一方面能确保焊接效果，另一方面也便于充气检查焊缝质量。
   A. 双焊接热熔焊接　　　　　　B. 单面焊接热熔焊接
   C. 胶粘剂粘贴　　　　　　　　D. 螺丝固定

7. 金属板防水层所采用的金属材料和保护材料应符合（　　）要求。
   A. 设计　　　B. 规范　　　C. 业主　　　D. 监理

8. 金属板防水层的拼接及金属板与建筑结构的锚固件连接应采用（　　）。
   A. 压接　　　B. 焊接　　　C. 机械连接　　　D. 锚钉联结

9. 细部构造所用止水带、遇水膨胀橡胶腻子止水条和接缝密封材料必须符合（　　）要求。
   A. 设计　　　B. 规范　　　C. 构造　　　D. 业主

10. 地下连续墙施工时，混凝土应按每一个单元槽段留置一组抗压强度试件，每（　　）个单元槽段留置一组抗渗试件。
    A. 3　　　B. 4　　　C. 5　　　D. 6

11. 地下连续墙如有裂缝、孔洞、露筋等缺陷，应采用（　　）修补；地下连续墙槽段接缝如有渗漏，应采用引排或注浆封堵。
    A. 聚合物水泥砂浆　B. 水泥砂浆　C. 防水混凝土　D. 混凝土

12. 地下防水工程中，注浆过程的控制根据工程地质、注浆目的等控制（　　）。
    A. 注浆压力　B. 注浆量　　C. 注浆速率　　D. A+B

13. 地下防水工程完工验收，应填写（　　）工程质量验收记录。
    A. 分部　　　B. 子分部　　　C. 分项　　　D 检验批

14. 防水涂料涂刷前应先在基面上涂一层与涂料（　　）的基层处理剂。
    A. 不相容　　　B. 相容　　　C. 相结合　　　D. 相拆
15. 防水混凝土抗渗性能，应采用（　　）条件下养护混凝土抗渗试件的试验结果评定。
    A. 同　　　　　B. 规定　　　C. 标准　　　　D. 自然

二、多项选择题

1. 地下防水工程的施工，应建立各道工序的（　　）的制度，并有完整的检查记录。工程隐蔽前，应由施工单位通知有关单位进行验收，并形成隐蔽工程验收记录；未经监理单位或建设单位代表对上道工序的检查确认，不得进行下道工序的施工。
    A. 自检　　　　B. 互检　　　C. 交接检　　　D. 专职人员检查
2. 地下防水工程所使用的防水材料，应有产品的合格证书和性能检测报告，材料的（　　）等应符合现行国家产品标准和设计要求。
    A. 品种　　　　B. 规格　　　C. 性能　　　　D. 色彩
3. 连续浇筑混凝土每（　　）m^3 应留置一组抗渗试件，一组为（　　）个抗渗试件，且每项工程不得少于（　　）组。
    A. 100　　　　B. 500　　　C. 6　　　　　D. 4　　　　E. 2
4. 防水混凝土的施工质量检查数量，应按混凝土外露面积每（　　）m^2 抽查一处，每处（　　）m^2，且不得少于（　　）处。
    A. 100　　　　B. 3　　　　C. 10　　　　D. 50
5. 防水混凝土的（　　）必须符合设计要求。
    A. 抗压强度　　B. 抗折强度　C. 抗裂强度　　D. 抗渗压力
6. 防水混凝土的（　　）等设置和构造，均须符合设计要求，严禁有渗漏。
    A. 变形缝、施工缝　　　　　　B. 后浇带
    C. 穿墙管道　　　　　　　　　D. 埋设件　　　E. 厚度
7. 大体积防水混凝土的施工应采取材料选择、温度控制、保温保湿等技术措施。在设计许可的情况下，掺粉煤灰混凝土设计强度的龄期宜为（　　）d 或（　　）d。
    A. 28　　　　 B. 42　　　　C. 60　　　　D. 90
8. 水泥砂浆防水层的基层表面应（　　），并充分湿润无积水。
    A. 坚实　　　　B. 平整　　　C. 粗糙　　　D. 光洁　　　E. 洁净
9. 水泥砂浆防水层的施工质量检验数量，应按施工面积每（　　）m^2 抽查1处，每处（　　）m^2，且不得少于（　　）处。
    A. 100　　　　B. 10　　　　C. 5　　　　D. 3　　　　E. 1
10. 卷材防水层应采用（　　）。
    A. 高聚合物改性沥青防水卷材　　B. 合成高分子防水卷材
    C. 纸胎卷材　　　　　　　　　　D. 沥青油毡
    E. 纤维胎卷材
11. 热熔法铺贴卷材应符合下列规定：（　　）。
    A. 火焰加热器加热卷材应均匀，不得加热不足或烧穿卷材；卷材表面热熔后应立即滚铺，卷材下面的空气应排尽，并应辊压粘贴牢固

B. 热熔后立即用冷水降温

C. 卷材接缝部位应溢出热熔的改性沥青胶，溢出的改性沥青胶宽度宜为 8mm

D. 铺贴的卷材应平整顺直，搭接尺寸应准确，不得扭曲、皱折

E. 厚度小于 3mm 的高聚物改性沥青防水卷材，严禁采用热熔法施工

12. 卷材防水层的施工质量检验数量，应按铺贴面积每（　）m² 检查一处，每处（　）m²，且不得少于（　）处。

　　A. 100　　　　B. 10　　　　C. 5　　　　D. 3　　　　E. 1

13. 涂料防水层应采用（　）、水泥基渗透结晶防水涂料。

　　A. 反应型　　　　　　　　B. 水乳型

　　C. 聚合物水泥防水涂料　　D. 水泥基

　　E. 凝固型

14. 涂料防水层的施工质量检验数量，应按涂层面积每（　）m² 抽查一处，每处（　）m²，且不得少于（　）处。

　　A. 100　　　　B. 10　　　　C. 5　　　　D. 3　　　　E. 1

15. 当金属板防水层表面有（　）或（　）等缺陷时，其深度不得大于该板材厚度的负偏差值。

　　A. 锈蚀　　　B. 麻点　　　C. 划痕　　　D. 孔洞

16. 金属防水层的施工质量检验数量，应按铺设面积每（　）m² 检查一处，每处（　）m²，且不得少于（　）处。

　　A. 100　　　　B. 10　　　　C. 5　　　　D. 3　　　　E. 1

17. 锚喷支护的分项工程检验批的抽样检验数量，应按区间或小于区间断面的结构，每（　）延米检查 1 处，车站每（　）延米检查 1 处，每处 10m，且不得少于（　）处。

　　A. 20　　　　B. 10　　　　C. 5　　　　D. 3　　　　E. 1

18. 注浆的施工质量检验数量，应按注浆加固或堵漏面积每（　）m² 抽查 1 处，每处（　）m²，且不得少于（　）处。

　　A. 100　　　　B. 50　　　　C. 10　　　　D. 3　　　　E. 1

19. 注浆材料应符合下列规定（　）。

　　A. 具有较好的可注性

　　B. 具有固结收缩小，良好的粘结性、抗渗性、耐久性和化学稳定性

　　C. 低毒并对环境污染小

　　D. 注浆工艺简单，施工操作方便，安全可靠

　　E. 具有一定的抗拉强度

20. 地下防水工程施工时，预拌混凝土运到现场应抽样制作混凝土试块进行（　）检验。

　　A. 坍落度　　　　　　　B. 抗压强度

　　C. 抗裂强度　　　　　　D. 抗渗性能

　　E. 抗拉强度

21. 建筑工程地下防水的卷材铺贴方法，主要采用冷粘法和热熔法。底板垫层混凝土平面部位的卷材宜采用（　），其他与混凝土结构相接触的部位应采用满铺法。

　　A. 空铺法　　　　　　　B. 点粘法

C. 条粘法　　　　　　D. 满铺法
E. 锚钉固定法

三、判断题（正确的在括号内填"A"，错误的在括号内填"B"）

1. 《地下防水工程质量验收规范》适用于地下建筑工程、市政隧道、防护工程、地下铁道等防水工程质量的验收。（　）
2. 地下防水工程所采用的工程技术文件以及承包合同文件，对施工质量验收的要求可低于规范的规定。（　）
3. 防水混凝土的原材料、配合比及坍落度一般应符合设计要求。（　）
4. 卷材防水层完工并经验收合格后应及时做保护层。（　）
5. 地下防水工程应按工程设计的防水等级标准进行验收。（　）
6. 地下防水工程经建设（监理）单位检查后，可进行下道工序施工。（　）
7. 主要施工人员应持有建设行政主管部门或其指定单位颁发的执业资格证书。（　）
8. 喷射混凝土抗压强度、抗渗压力及锚杆抗拔力必须符合设计要求。（　）
9. 排水工程中反滤层的砂、石粒径和含泥量必须符合设计要求。（　）
10. 地下防水工程质量验收记录可不必存档。（　）

第8章　混凝土结构工程

一、单项选择题

1. 立模时规范要求的起拱高度，（　）包括设计要求的起拱值。
   A. 已　　　　B. 不　　　　C. 可　　　　D. 可不
2. 不同级别钢筋代换以（　）为原则。
   A. 等面积　　B. 等强度　　C. 等重量　　D. 等直径
3. 钢筋代换应办理变更手续，权限在（　）单位。
   A. 建设　　　B. 施工　　　C. 监理　　　D. 设计
4. 钢筋混凝土用钢筋的组批规则：钢筋应按批进行检查和验收，每批重量不大于（　）t。
   A. 20　　　　B. 30　　　　C. 50　　　　D. 60
5. 钢筋调直后应进行力学性能和（　）的检验，其强度应符合有关标准的规定。
   A. 重量偏差　B. 直径　　　C. 圆度　　　D. 外观
6. 钢筋拉伸，弯曲、双向弯曲试验试样（　）进行车削加工。
   A. 宜　　　　B. 不宜　　　C. 应　　　　D. 不允许
7. 冷轧扭钢筋混凝土构件的混凝土强度等级不应低于（　）。
   A. C15　　　 B. C20　　　 C. C25　　　 D. C30
8. 抗震设防裂度为7度区的高度≤30m的住宅混凝土结构的抗震等级为（　）级。
   A. 一　　　　B. 二　　　　C. 三　　　　D. 四
9. 型式检验是（　）的检验。

A. 生产者控制质量　B. 厂家产品出厂　C. 现场抽检　　D. 现场复验

10. 室内正常环境条件下混凝土结构环境类别为（　　）级。

A. 一　　　　　B. 二　　　　　C. 三　　　　　D. 四

11. 当混凝土强度评定不符合《混凝土强度检验评定标准》要求时，回弹法、钻芯取样法、后装拔出法检测的混凝土强度推定值（　　）作为结构是否需要处理的依据。

A. 可　　　　　B. 宜　　　　　C. 不能　　　　D. 禁止

12. 混凝土强度评定时，合格判定系数是根据（　　）确定的。

A. 混凝土强度等级　　　　　　B. 混凝土试块的组数
C. 混凝土试块的尺寸　　　　　D. 混凝土的制作方法

13. 在三个月内，买方对水泥质量有疑问时，则买卖双方应将签封的试样送（　　）进行仲裁检验。

A. 省级工程质量检测机构
B. 市级以上工程质量检测机构
C. 省级或省级以上国家认可的水泥质量监督检测机构
D. 取得计量认证的检测机构

14. 对袋装水泥进行抽样检测时，随机选择（　　）取样。

A. 20 个以上不同的部位　　　　B. 10 个以上不同的部位
C. 5 袋　　　　　　　　　　　　D. 1 袋

15. 结构混凝中氯离子含量系指其占（　　）的百分比

A. 水泥用量　　B. 粗骨料用量　C. 细骨料用量　D. 混凝土重量

16. 当使用非碱活性骨料时，对混凝土中的碱含量（　　）。

A. 应严格限制　B. 可不作限制　C. 应进行计算　D. 观察使用

17. 混凝土中粗细骨料应符合（　　）标准的要求。

A. 国家　　　　B. 行业　　　　C. 地方　　　　D. 企业

18. 结构实体混凝土强度通常（　　）标准养护条件下的混凝土强度。

A. 高于　　　　B. 等于　　　　C. 低于　　　　D. 大于等于

19. 梁、柱少量露筋指非纵向受力钢筋的露筋长度一处不大于（　　）cm，累计不大于 20cm。

A. 15　　　　　B. 10　　　　　C. 8　　　　　D. 5

20. 混凝土子分部工程的各分项工程检验批中一般项目的质量经抽样检验合格，当采用计数检验时，除有专门要求外，合格点率应达到（　　）及以上，且不得有严重缺陷。

A. 70%　　　　B. 80%　　　　C. 90%　　　　D. 95%

21. 对跨度不小于 4m 的现浇钢筋混凝土梁、板，其模板当设计无具体要求时，起拱高度宜为跨度的（　　）。

A. 1/1000～3/1000　　　　　　B. 1/100～3/100
C. 3/1000～4/1000　　　　　　D. 3/1000～5/1000

22. 结构跨度为 2～8m 的钢筋混凝土现浇板的底模及其支架，当设计无具体要求时，混凝土强度达到（　　）时方可拆模。

A. 50%　　　　B. 75%　　　　C. 85%　　　　D. 100%

23. 由于某种原因，钢筋的品种、级别或规格需作变更时，质检员只应认可（　　）。
    A. 项目经理书面通知　　　　　　B. 建设单位通知
    C. 设计单位的设计变更文件　　　D. 监理工程师的通知

24. 受力钢筋的接头宜设置在（　　）较小部位。
    A. 弯矩　　　　B. 剪力　　　　C. 断面　　　　D. 拉力

25. 对一、二级抗震等级的框架结构，当设计无具体要求时，其纵向受力钢筋检验所得的钢筋的抗拉强度实测值与屈服强度实测值的比值不应小于（　　）。
    A. 1.2　　　　B. 1.25　　　　C. 1.3　　　　D. 1.35

26. HPB235级钢筋末端应作（　　）弯钩。
    A. 45°　　　　B. 90°　　　　C. 135°　　　　D. 180°

27. 纵向受拉钢筋的绑扎搭接接头面积百分率当设计无具体要求时，在同一连接区段内，对柱类构件，不宜大于（　　）。
    A. 25%　　　　B. 50%　　　　C. 75%　　　　D. 不限制

28. 钢筋进场时，除应检查其产品合格证、出厂检验报告外，还应检查（　　）。
    A. 进场复验报告　　　　　　　　B. 生产许可
    C. 化学分析试验报告　　　　　　D. 推广证书

29. 当混凝土强度等级为C30，纵向受力钢筋采用HRB335级，且绑扎接头面积百分率不大于25%，其最小搭接长度应为（　　）。
    A. 45d　　　　B. 35d　　　　C. 30d　　　　D. 25d

30. 无粘结预应力筋的涂包质量应符合无粘结预应力钢绞线标准的规定，其检查数量为每（　　）为一批，每批抽取一个试件。
    A. 30t　　　　B. 45t　　　　C. 60t　　　　D. 120t

31. 张拉过程中应避免预应力筋断裂或滑脱，对后张法预应力结构构件，断裂或滑脱数量严禁超过同一截面预应力筋总根数的（　　），且每束钢丝不得超过一根。
    A. 1%　　　　B. 3%　　　　C. 5%　　　　D. 10%

32. 后张法灌浆用水泥浆的抗压强度不应小于（　　）N/mm²
    A. 25　　　　B. 30　　　　C. 40　　　　D. 45

33. 在使用中对水泥质量有怀疑或水泥出厂超过三个月（快硬硅酸盐水泥超过一个月）时，应进行复验，并（　　）使用。
    A. 按复验结果　　　　　　　　B. 按原强度等级
    C. 应降低一级　　　　　　　　D 按检验结果降低一级使用

34. 同一生产厂家、同一等级、同一品种、同一批号且连续进场的水泥，袋装水泥不超过（　　）吨为一批，每批抽样不少于一次。
    A. 100　　　　B. 150　　　　C. 200　　　　D. 300

35. 当水泥的（　　）性能不合格时，应按废品水泥处理。
    A. 3天强度　　　　B. 28天强度　　　　C. 安定性

36. 42.5水泥与42.5R水泥不同之处是（　　）。
    A. 42.5R是低热水泥　　　　　　B. 42.5R是早强水泥
    C. 42.5R是高热水泥　　　　　　D. 42.5R是缓凝型水泥

37. 为提高混凝土的抗冻性能，可掺用防冻剂，但在钢筋混凝土中，严禁使用（　　）。
   A. 减水型防冻剂　　B. 早强型防冻剂　C. 氯盐型防冻剂　D. 缓凝型外加剂
38. 用于检查结构构件混凝土强度的试件，应在混凝土的（　　）随机抽取。
   A. 浇筑地点　　　　B. 搅拌机口　　　C. 运输车中　　　D. 浇筑前
39. 混凝土标准试件的外形尺寸为（　　）mm。
   A. 100×100×100　　　　　　　　　B. 150×150×150
   C. 200×200×200　　　　　　　　　D. 250×250×250
40. 混凝土浇筑完毕后，在混凝土强度达到（　　）N/mm² 前，不得在其上踩踏或安装模板及支架。
   A. 1　　　　　　　B. 1.2　　　　　C. 1.5　　　　　D. 2
41. 混凝土浇筑完毕后，应在（　　）小时以内对混凝土加以覆盖并保湿养护。
   A. 12　　　　　　 B. 24　　　　　　C. 36　　　　　　D. 48
42. 当日平均温度低于（　　）度时，不得对混凝土浇水养护。
   A. 10　　　　　　 B. 5　　　　　　 C. 0　　　　　　 D. −5
43. 现浇结构的外观质量不应有严重缺陷，对已经出现的严重缺陷，应由（　　）提出技术处理方案，并经监理（建设）单位认可后进行处理。
   A. 监理单位　　　 B. 施工单位　　　C. 设计单位　　　D. 检测单位
44. 现浇结构不应有影响结构性能和使用功能的尺寸偏差，对层高不大于5m的现浇结构，其垂直度允许偏差为（　　）mm
   A. 5　　　　　　　B. 8　　　　　　 C. 10　　　　　　D. 15
45. 一类环境下，对强度等级为C25梁的纵向受力的普通钢筋，其混凝土保护层厚度不应小于钢筋的公称直径，且不应小于（　　）mm。
   A. 15　　　　　　 B. 25　　　　　　C. 30　　　　　　D. 40
46. 钢筋电弧焊接头进行力学性能检验时，一般应从成品中随机切取（　　）个接头做拉伸试验。
   A. 2　　　　　　　B. 3　　　　　　 C. 4　　　　　　 D. 5
47. 混凝土结构抗震等级分为（　　）级。
   A. 四　　　　　　 B. 五　　　　　　C. 六　　　　　　D. 七

二、多项选择题

1. 钢筋混凝土用热扎带肋钢筋，钢筋的力学性能包括（　　）。
   A. 屈服强度　　B. 伸长率　　C. 极限强度　　D. 弯曲性能　　E. 冷弯
2. 钢筋混凝土用热扎带肋钢筋的工艺性能包括（　　）。
   A. 屈服强度　　B. 极限强度　　C. 弯曲性能　　D. 反向弯曲性能　E. 伸长率
3. 钢筋进场时，应按国家现行相关标准的规定抽取试件作（　　）检验，检验结果必须符合有关标准的规定。
   A. 力学性能　　B. 重量偏差　　C. 直径　　　　D. 机械性能　　　E. 化学分析
4. 混凝土结构构件的抗震等级根据（　　）确定。
   A. 混凝土强度　　　　　　　　B. 设防裂度

C. 结构类型 D. 房屋高度

E. 基础深度

5. 常用水泥强度等级是由（　　）天抗压强度和抗折强度确定的。

A. 3 B. 7 C. 21 D. 28 E. 42

6. 凡（　　）中任一项不符合标准规定时，均为废品水泥。

A. 氧化镁 B. 三氧化硫表

C. 初凝时间 D. 安定性

E. 终凝时间

7. 凡（　　）中任一项不符合标准规定时，均为不合格水泥。

A. 细度 B. 终凝时间

C. 混合材料超过最大限量 D. 强度低于商品强度等级的指标

E. 水泥包装标志不符合要求

8. 普通混凝土试配的目的是满足混凝土（　　）的要求。

A. 强度 B. 耐久性

C. 工作性（坍落度） D. 抗渗

E. 抗冻性

9. 粉煤灰复验时，应做（　　）检验。

A. 细度 B. 需水量 C. 烧失量 D. 含水量 E. 密度

10. 模板及其支架应具有足够的（　　）。

A. 弹性 B. 刚度

C. 稳定性 D. 强度

E. 承载能力

11. 混凝土结构子分部工程可划分为（　　）、预应力、现浇结构和装配式结构分项工程。

A. 砌体 B. 模板 C. 钢筋 D. 混凝土 E. 支撑系统

12. 当钢筋的（　　）需作变更时，应办理设计变更文件。

A. 品种 B. 生产厂家 C. 级别 D. 规格 E. 供应商

13. 冷轧带肋钢筋力学性能和工艺指标指的是（　　）。

A. 抗拉强度 B. 松弛率

C. 伸长率 D. 弯曲试验180°（反复弯曲次数）

E. 屈服强度

14. 对于闪光对焊的钢材试件，应做（　　）试验。

A. 抗拉强度 B. 屈服强度

C. 伸长率 D. 冷弯

E. 反复弯曲

15. 受力预埋件的锚筋应采用（　　）钢筋。

A. 冷加工钢筋 B. HPB235级

C. HRB335级 D. HRB400级

E. HRB630级

16. 当发现钢筋（　　）等现象时，应对该批钢筋进行化学成分检验或其他专项检验。

A. 脆断 B. 焊接性能不良
C. 力学性能显著不正常 D. 重量偏差超标
E. 直径小于允许偏差时

17. 钢筋级别不明时,应根据( )确定级别。
A. 力学性能 B. 化学分析 C. 外观质量 D. 外观形状 E. 机械性能

18. 钢材有下列缺陷( ),不能用于工程。
A. 表面浮锈 B. 屈服强度不合格
C. 抗拉强度不合格 D. 伸长率不合格
E. 冷弯不合格

19. 同一构件中,相邻纵向受力钢筋,其绑扎搭接头中的钢筋的横向净距不应小于( )。
A. 钢筋直径 B. 且不小于30mm
C. 且不小于25mm D. 且不小于20mm
E. 且不小于15mm

20. 钢筋安装时,受力钢筋的( )必须符合设计要求。
A. 品种 B. 级别 C. 规格 D. 数量 E. 圆度

21. 混凝土加水量和原材料不变的情况下,水泥对混凝土强度的影响主要是( )。
A. 水泥强度 B. 水泥安定性
C. 水泥用量 D. 水泥的终凝时间
E. 细度

22. 混凝土试块标准养护的条件是( )。
A. 温度20℃±3℃ B. 温度20℃±2℃
C. 温度20℃±2℃ D. 相对湿度90%以上
E. 相对湿度95%及以上

23. 预应力筋进场时,应对其下列资料进行检查( )。
A. 生产许可证 B. 产品合格证
C. 出厂检验报告 D. 进货证明
E. 进场复验报告

24. 用于检查结构构件混凝土强度的试件,其取样与试件留置应符合下列规定( )。
A. 每拌制100盘且不超过100m³的同配合比的混凝土,不得少于一次
B. 每工作班拌制的同配合比的混凝土不足100盘,取样不得少于一次
C. 一次连续浇筑超过1000m³时,同配合比混凝土每200m³取样不少于一次
D. 每一楼层,同一配合比的混凝土,取样不得少于一次。每次取样应至少留置一组标准养护试件,同条件养护试件的留置组数应根据实际需要确定
E. 每两个轴线间,取样不少于一次

25. 结构实体检验的内容应包括( )。
A. 钢筋直径 B. 混凝土强度
C. 钢筋保护层厚度 D. 工程合同约定的项目
E. 建设单位要求检验其他的项目

26. 结构实体检验，当出现下列情况时：（   ），应委托具有相应资质等级的检测机构按国家有关标准的规定进行检测。

   A. 未能取得同条件养护试件强度

   B. 同条件养护试件强度被判为不合格

   C. 现场混凝土结构构件未按规定养护

   D. 钢筋保护层厚度不满足要求

   E. 监理工程师有要求时

27. 当混凝土结构施工质量不符合要求时，应按下列规定进行处理（   ）。

   A. 经返工、返修，应重新进行验收

   B. 经有资质的检测单位检测鉴定达到设计要求，应予以验收

   C. 经有资质的检测单位检测鉴定达不到设计要求，但经原设计单位核算并确认仍可满足结构安全，可予以验收

   D. 经返修或加固处理能够满足结构安全使用要求的分项工程，可根据技术处理方案和协商文件进行验收

   E. 当出现裂缝时，应拆除重做。

28. 下列几种现浇结构外观质量缺陷属于严重缺陷的是（   ）。

   A. 混凝土表面出现龟裂　　　B. 连接部位有基本不影响结构传力性能的缺陷

   C. 纵向受力钢筋有露筋　　　D. 构件主要受力部位有蜂窝

   E. 构件主要受力部位有夹渣

29. 混凝土施工缝的留置要考虑的主要因素是（   ）。

   A. 留置部位应便于施工　　　B. 弯矩

   C. 剪力　　　　　　　　　　D. 钢筋数量

   E. 混凝土强度

30. 多层房屋混凝土柱垂直度全高允许偏差为（   ）。

   A. H/1000　　　　　　　　　B. H/500

   C. H/300　　　　　　　　　　D. 不大于 20mm

   E. 不大于 30mm

31. 混凝土工程中对水泥进行复验时，正常情况下应复验（   ）。

   A. 强度　　B. 安定性　　C. 细度　　D. 凝结时间　　E. 用水量

三、判断题（正确的在括号内填"A"，错误的在括号内填"B"）

1. 钢材复验报告是进场钢筋抽样检验的结果，它是该批钢筋能否在工程中应用的最终判断依据。（   ）

2. 弯折过的钢筋不得敲直后作为受力钢筋使用。（   ）

3. 在任何情况下受拉钢筋搭接长度不得小于 300mm。（   ）

4. 钢筋保护层厚度指钢筋中心至混凝土表面的距离。（   ）

5. 对掺用矿物掺合料的混凝土，由于其强度增长较慢，故验收龄期可适当延长。（   ）

6. 检验批验收时，当混凝土试块强度小于设计强度标准值时，可判混凝土强度不合格。（   ）

7. 预拌混凝土除应在预拌混凝土厂内按规定留量试件外，混凝土运到现场后，尚应按规范要求留量试件。（　）

8. 混凝土工程验收时采取非统计方法评定时，应适当提高配制强度。（　）

9. 混凝土工程施工时，可采用经验配合比。（　）

10. 试验室出具的混凝土配合比是原材料干燥状态下的配合比。（　）

11. 为防治混凝土结构构件出现所谓的"冷缝"，规范要求混凝土运输、浇筑及间歇的全部时间不应超过混凝土的终凝时间。（　）

12. 当日平均气温低于5℃时，不得浇水养护混凝土。（　）

13. 现浇结构外观质量存在严重缺陷的处理，不必由设计单位出面。（　）

14. 钢筋混凝土构件应进行承载力、挠度、抗裂度检验。（　）

15. 结构实体检验仅对重要结构构件的混凝土强度、钢筋保护层厚度两个项目进行。（　）

16. 由于同条件养护的温度、湿度与标准养护条件存在差异，故等效养护龄期可能并不等于28d。（　）

17. 同条件养护试块评定结构实体混凝土强度，可乘1.1折算系数，检测单位仍按实际强度出具检测报告。（　）

18. 结构实体钢筋保护层厚度的允许偏差应符合钢筋安装的允许偏差的要求。（　）

19. 《混凝土结构工程施工质量验收规范》适用于建筑工程混凝土结构施工质量的验收，不适用于特种混凝土结构施工质量的验收。（　）

20. 混凝土结构工程的承包合同和工程技术文件对施工质量的要求可以低于《混凝土结构工程施工质量验收规范》中的规定。（　）

21. 建筑工程施工质量中的严重缺陷是指对结构构件的受力性能有决定性影响，而对安装使用性能无决定性影响的缺陷。（　）

22. 预制构件应进行结构性能检验。结构性能检验不合格的预制构件不得用于混凝土结构。（　）

23. 在对混凝土结构子分部工程的质量验收中，应对涉及结构安全的材料、试件、施工工艺和结构的重要部位进行见证检测或结构实体检验。（　）

24. 为了模板与混凝土顺利隔离可以在模板上刷废机油。（　）

25. 用作模板的地坪、胎模等应平整光洁，不得产生影响构件质量的下沉、裂缝、起砂或起鼓。（　）

26. 对后张法预应力混凝土结构构件，其底模支架的拆除应按施工技术方案执行，当无具体要求时，可在结构构件建立预应力前拆除。（　）

27. 侧模拆除时的混凝土强度应能保证其表面及棱角不受损伤。（　）

28. 对一、二级抗震等级的框架结构，当设计无具体要求时，其纵向受力钢筋的屈服强度实测值与强度标准值的比值不应大于1.25。（　）

29. 对HRB335级、HRB400级钢筋，当设计要求钢筋末端需做135°弯钩时，其弯弧内直径不应小于钢筋直径的2.5倍，弯钩的弯后平直部分长度应符合设计要求。（　）

30. 除焊接封闭环式箍筋外，箍筋的末端应作弯钩，对一般结构，弯折角度不小于90°；对有抗震等要求的结构，应为135°。（　）

31. 钢筋的接头宜设置在受力较小处。同一纵向受力钢筋可设置两个或两个以上接头。接头末端至钢筋弯起点的距离不应小于钢筋直径的 10 倍。（　　）
32. 钢筋进场后按有关规定进行复试，机械性能不符合要求时，取双倍试件进行复试，机械性能仍不合格，此批钢筋可判定为不合格，但可降级使用。（　　）
33. 后张法预应力工程的施工应由具有相应资质等级的预应力专业施工单位承担。（　　）
34. 预应力筋进场时，如果具有产品合格证和出厂检验报告，无须再抽取试件作力学性能检验。（　　）
35. "免检"水泥进场时可不做复试。（　　）
36. 水泥包装标志中，没有出厂编号属于不合格水泥。（　　）
37. 水泥如果是同一生产厂家、同一等级但不是同一批号，且在不同时期进场，其抽样复试可只做一次。（　　）
38. 配制混凝土需掺用外加剂时，除应检查产品合格证、出厂检验报告外，还应按进场的外加剂批次和产品的抽样检验方案进行抽样复验。（　　）
39. 砂、石材料进场后，一般每个工程检验一批即可满足规范要求。（　　）
40. 当混凝土试件强度评定不合格时，可采用非破损或局部破损的检测方法，按国家现行有关标准的规定对结构构件中的混凝土强度进行推定，并作为处理的依据。（　　）
41. 对于预拌混凝土，生产厂必须留置混凝土试块，并作为工程验收的依据。（　　）
42. 混凝土结构实体检验采用的同条件养护试件应在达到 28 天养护龄期时进行强度试验。（　　）
43. 纵向受力钢筋的最小搭接长度，当两钢筋直径不同时，以较细钢筋的直径计算。（　　）
44. 轴心受拉及小偏心受拉杆件的纵向受力钢筋不得采用绑扎搭接接头。（　　）
45. 混凝土搅拌时必须使用计量配合比或体积配合比，现场人员不得随意变更。（　　）
46. 结构实体检验应在监理工程师（建设单位项目专业技术负责人）见证下，由施工单位项目技术负责人组织实施。（　　）
47. 在结构实体钢筋保护层厚度检验时，当全部钢筋保护层厚度检验的合格点率为 90% 及以上时，检验结果应判为合格。（　　）
48. 混凝土结构子分部工程施工质量验收合格应符合：有关分项工程施工质量验收合格；有完整的质量控制资料；观感质量验收合格；结构实体检验结果满足规范要求。（　　）

四、计算题

1. 用统计方法评定混凝土强度
2. 用非统计方法评定混凝土强度
3. 调整混凝土施工配合比

第9章 砌体工程

一、单项选择题

1. 砌体结构工程检验批验收时，其主控项目应全部符合规范的规定；一般项目应有80%及以上的抽检处符合规范的规定；有允许偏差的项目，最大超差值为允许偏差值的（　　）倍。
   A. 1.2　　　　　B. 1.5　　　　　C. 1.8　　　　　D. 2.0

2. 砌体施工时，楼面和屋面堆载不得超过楼板的（　　）。施工层进料口楼板下，宜采取临时支撑措施。
   A. 标准荷载　　B. 活荷载　　　C. 允许荷载　　D. 自重

3. 砌筑砂浆的水泥，使用前应对（　　）进行复验。
   A. 强度　　　　B. 安定性　　　C. 细度　　　　D. A+B

4. 砂浆的分层度不得大于（　　）mm。
   A. 10　　　　　B. 20　　　　　C. 30　　　　　D. 50

5. 灰砂砖的优等品、一等品、合格品等级是根据（　　）确定的。
   A. 强度　　　　B. 抗冻性　　　C. 外观质量　　D. 抗折强度

6. "通缝"是指砌体中上下两砖搭接长度小于（　　）mm的部位。
   A. 20　　　　　B. 25　　　　　C. 30　　　　　D. 50

7. 砌体工程中宽度超过（　　）mm的洞口上部，应设置过梁。
   A. 300　　　　B. 400　　　　C. 500　　　　D. 800

8. 砌体施工质量控制等级应分为（　　）级。
   A. 二　　　　　B. 三　　　　　C. 四　　　　　D. 五

9. 砌体工程检验批验收时，其主控项目应全部符合规范的规定；一般项目应有（　　）及以上的抽检处符合规范的规定，或偏差值在允许偏差范围以内。
   A. 70%　　　　B. 80%　　　　C. 90%　　　　D. 95%

10. 当对水泥质量有怀疑或水泥出厂超过（　　）（快硬硅酸盐水泥超过一个月）时，应复查试验，并按其结果使用。
    A. 一个月　　　B. 两个月　　　C. 三个月　　　D. 28天

11. 同一验收批砂浆试块强度平均值应大于或等于设计强度等级值的1.10倍；同一验收批砂浆试块抗压强度的最小一组平均值应大于或等于设计强度等级值的（　　）%。
    A. 75　　　　　B. 85　　　　　C. 90　　　　　D. 95

12. 砌筑砂浆的验收批，同一类型、强度等级的砂浆试块不应少于（　　）组；同一验收批砂浆只有1组或2组试块时，每组试块抗压强度平均值应大于或等于设计强度等级值的1.10倍。
    A. 2　　　　　B. 3　　　　　C. 4　　　　　D. 5

13. 砌体工程中，对于建筑结构的安全等级为一级或设计使用年限为50年及以上的房屋，同一验收批砂浆试块的数量不得少于（　　）组。

A. 3　　　　　　B. 5　　　　　　C. 10　　　　　　D. 15

14. 砌筑烧结普通砖、烧结多孔砖、蒸压灰砂砖、蒸压粉煤灰砖砌体时，砖应提前（　　）d适度湿润，严禁采用干砖或处于吸水饱和状态的砖砌筑。

A. 1～2　　　　B. 2～3　　　　C. 3～4　　　　D. 3～5

15. 砌体水平灰缝的砂浆饱满度不得小于（　　）。

A. 70%　　　　B. 80%　　　　C. 90%　　　　D. 95%

16. 砖砌体的转角处和交接处应同时砌筑，严禁无可靠措施的内外墙分砌施工。在抗震设防烈度为8度及8度以上地区，对不能同时砌筑而又必须留置的临时间断处应砌成斜槎，普通砖砌体斜槎水平投影长度不应小于高度的（　　），多孔砖砌体的斜槎长高比不应小于1/2。斜槎高度不得超过一步脚手架的高度。

A. 1/3　　　　B. 1/2　　　　C. 2/3　　　　D. 3/5

17. 填充墙砌至接近梁底、板底时，应留有一定的空隙，填充墙砌筑完并间隔（　　）d以后，方可将其补砌挤紧；补砌时，对双侧竖缝用高强度等级的水泥砂浆嵌填密实。

A. 3　　　　　　B. 5　　　　　　C. 7　　　　　　D. 15

18. 砖砌体垂直度全高≤10m时允许偏差为（　　）mm。

A. 5　　　　　　B. 10　　　　　　C. 15

19. 《砌体结构工程施工质量验收规范》GB 50203—2011规定施工时所用的小砌块的产品龄期不应少于（　　）d。

A. 7　　　　　　B. 14　　　　　　C. 28　　　　　　D. 42

20. 砂浆强度应以（　　），龄期为28d的试块抗压试验结果为准。

A. 标准养护　　B. 同条件养护　　C. 自然养护　　D. 蒸气养护

21. 水泥砂浆应用机械搅拌，严格控制水灰比，搅拌时间不应少于（　　）min，随拌随用。

A. 1　　　　　　B. 1.5　　　　　　C. 2　　　　　　D. 3

22. 砖过梁底部的模板拆除时，灰缝砂浆强度不低于设计强度的（　　）%

A. 50　　　　　　B. 75　　　　　　C. 85　　　　　　D. 100

23. 当检查砌体砂浆饱满度时，用（　　）检查砖底面与砂浆的粘结痕迹面积，每处检测3块砖，取其平均值。

A. 钢尺　　　　B. 直角尺　　　　C. 百格网　　　　D. 卷尺

24. 砖砌体工程质量验收时，垂直度偏差为（　　）。

A. 主控项目　　　　　　　　B. 一般项目
C. 隐蔽工程验收项目　　　　D. 一般检查项目

25. 《砌体结构工程施工质量验收规范》GB 50203—2011中对水泥的规定有一款为"不同品种的水泥，不得混合使用"是（　　）。

A. 一般性条文　　B. 条文说明　　C. 注释　　D. 强制性条文

26. 每一生产厂家，每1万块小砌块为一验收批，不足1万块按一批计，抽检数量为1组；用于多层以上建筑的基础和底层的小砌块抽检数量不应少于（　　）组。

A. 1　　　　　　B. 2　　　　　　C. 3　　　　　　D. 4

27. 检验砂浆饱满度的方法是每处检测（　　）块，取其平均值。

A. 2 B. 3 C. 4 D. 5

28. 砖砌体的灰缝应横平竖直，厚薄均匀，水平灰缝厚度及竖向灰缝宽度宜为10mm，但不应小于8mm，也不应大于12mm。水平灰缝厚度的检验方法用尺量（　　）皮砖砌体高度折算；竖向灰缝宽度用尺量2m砌体长度折算。

A. 3 B. 5 C. 10 D. 15

29. 墙体的水平灰缝厚度和竖向灰缝宽度宜为10mm，但不应小于8mm，也不应大于12mm。水平灰缝厚度检验方法用尺量（　　）皮小砌块的高度折算；竖向灰缝宽度用尺量2m砌体长度折算。

A. 3 B. 5 C. 10 D. 15

30. 砌筑毛石挡土墙应按分层高度砌筑，每砌（　　）皮为一个分层高度，每个分层高度应将顶层石块砌平。

A. 1 B. 2~3 C. 3~4 D. 4~5

31. 交货检验的湿拌砂浆试样应在（　　）随机采取。当从运输车中取样时，砂浆试样应在卸料过程中卸量的1/4至3/4之间采取，且应从同一运输车中采取。

A. 使用地点 B. 交货地点 C. 搅拌地点 D. 出厂地点

二、多项选择题

1. 湿拌砌筑砂浆出厂检验项目为（　　）。

A. 稠度 B. 分层度 C. 抗压强度 D. 保水率 E. 凝结时间

2. 普通砌筑砂浆出厂检验项目应为（　　）2h稠度损失率；薄层砌筑砂浆出厂检验项目应为保水率、抗压强度。

A. 2h稠度损失率 B. 分层度
C. 抗压强度 D. 保水率
E. 凝结时间

3. 砌筑砂浆（　　）必须同时符合要求。

A. 稠度 B. 分层度 C. 试配抗压强度 D. 泌水 E. 抗压强度

4. 干混砂浆有下列几种（　　）。

A. 干混节能砂浆 B. 干混砌筑砂浆
C. 干混抹灰砂浆 D. 干混地面砂浆
E. 干混普通防水砂浆

5. 确保小砌块砌体的砌筑质量，可简单归纳为6个字（　　）。

A. 对孔 B. 错缝 C. 反砌 D. 正砌 E. 对缝

6. 专用小砌块灌孔混凝土坍落度，不小于180mm，拌合物（　　），故宜采用。

A. 不离析 B. 不泌水
C. 强度高 D. 施工性能好
E. 密度低

7. 砌体用水泥进场使用前，应分批对其（　　）进行复验。检验批应以同一生产厂家、同一编号为一批。

A. 凝结时间 B. 细度 C. 强度 D. 安定性 E. 烧失量

177

8. 当施工中或验收时出现（　　），可采用现场检验方法对砂浆和砌体强度进行原位检测或取样检测，并判定其强度。
   A. 砂浆试块缺乏代表性
   B. 对砂浆试块的试验结果有怀疑或有争议
   C. 砂浆试块的试验结果不能满足设计要求
   D. 监理工程师认为为了保证质量
   E. 有一组砂浆的强度代表值达到设计强度标准的90%

9. 当施工中或验收时出现下列情况，可采用现场检验方法对砂浆或砌体强度进行实体检测，并判定其强度：（　　）
   A. 监理工程师有要求
   B. 砂浆试块缺乏代表性或试块数量不足
   C. 对砂浆试块的试验结果有怀疑或有争议
   D. 砂浆试块的试验结果，不能满足设计要求
   E. 发生工程事故，需要进一步分析事故原因

10. 砖砌体的灰缝应横平竖直，厚薄均匀。水平灰缝厚度宜为（　　）mm，但不应小于（　　）mm，也不应大于（　　）mm。
    A. 6　　　B. 10　　　C. 8　　　D. 12　　　E. 15

11. 当室外日平均气温连续（　　）稳定低于（　　）时，砌体工程应采取冬期施工措施。
    A. 3d　　　B. 5d　　　C. 0℃　　　D. 5℃

12. 在墙上留置临时施工洞口，其侧边离交接处墙面不应小于（　　）mm，洞口净宽度不应超过（　　）m。抗震设防烈度为9度的地区建筑物的临时施工洞口位置，应会同设计单位确定。临时施工洞口应做好补砌。
    A. 500　　　B. 800　　　C. 1　　　D. 1.2　　　E. 1.5

13. 砌砖工程当采用铺浆法砌筑时，铺浆长度不得超过（　　）；施工期间气温超过30℃时，铺浆长度不得超过（　　）mm。
    A. 1000　　　B. 750　　　C. 500　　　D. 400　　　E. 300

14. 每一生产厂家，烧结普通砖、混凝土实心砖每（　　）万块，烧结多孔砖、混凝土多孔砖、蒸压灰砂砖及蒸压粉煤灰砖每（　　）万块各为一验收批，不足上述数量时按1批计，抽检数量为1组。
    A. 20　　　B. 15　　　C. 10　　　D. 8　　　E. 5

15. 竖向灰缝不得出现（　　）。
    A. 透明缝　　B. 瞎缝　　C. 假缝　　D. 通缝　　E. 无缝

16. 砖砌体基础顶面和楼面标高允许偏差为（　　）。
    A. -15　　　B. -10　　　C. +10　　　D. +15

17. 挡土墙的泄水孔当设计无规定时，施工应符合下列规定：
    1) 泄水孔应均匀设置，在每米高度上间隔2m左右设置一个泄水孔；
    2) 泄水孔与土体间铺设长宽各为（　　）mm、厚（　　）mm的卵石或碎石作疏水层。
    A. 500　　　B. 400　　　C. 300　　　D. 200　　　E. 100

18. 非抗震设防及抗震设防烈度为6度、7度地区的临时间断处，当不能留斜槎时，

除转角处外，可留直槎，但直槎必须做成凸槎，且应加设拉结钢筋，拉结钢筋应符合下列规定（　　）。
A. 每 120mm 墙厚放置 1 根 6 拉结钢筋（120mm 厚墙应放置 2 根 6 拉结钢筋）
B. 间距沿墙高不应超过 500mm，且竖向间距偏差不应超过 100mm
C. 埋入长度从留槎处算起每边均不应小于 500mm，对抗震设防烈度 6 度、7 度的地区，不应小于 1000mm
D. 末端应有 90°弯钩

19. 砂浆应随拌随用，水泥混合砂浆应在（　　）h 内使用完毕。当施工期间最高温度超过 30℃时，应在拌成后（　　）h 内使用完毕。
A. 5　　　B. 4　　　C. 2　　　D. 3　　　E. 1

20. 砖砌体施工临时间断处补砌时，必须将接槎处（　　）。
A. 高强度砂浆　　　　　　B. 表面清理干净
C. 洒水湿润　　　　　　　D. 并填实砂浆
E. 保持灰缝平直

21. 石砌体的组砌形式应满足（　　）。
A. 内外搭砌　　　　　　　B. 上下错缝
C. 拉结石、丁砌石交错设置　D. 毛石墙拉结石每 0.7m² 墙面不应少于 1 块
E. 毛石墙拉结石每 0.7m² 墙面不应少于 2 块

三、判断题（正确的在括号内填"A"，错误的在括号内填"B"）

1. 小砌块的强度等级是由抗压强度和抗折强度确定的。（　　）
2. 水泥砂浆配合比在试配时材料用量可按《砂浆配合比设计规程》JGJ 98—2010 选用，再试配、调整。（　　）
3. 微沫剂替代石灰膏制作水泥混合砂浆，砌体的抗剪强度无不良影响。（　　）
4. 砂浆现场拌制时，各组分材料应采用重量计量。（　　）
5. 砂浆试块以 3 块为一组。（　　）
6. 混合砂浆标准养护条件为温度 20℃±3℃，相对湿度≥90%。（　　）
7. 蒸压灰砂砖检验的项目一般包括尺寸偏差，外观，抗折强度和抗压强度。（　　）
8. 专用的小砌块砌筑砂浆一般宜采用普通硅酸盐水泥或硅酸盐水泥。（　　）
9. 小砌块砌体施工时对砂浆饱满度的要求严于砖砌体的要求。（　　）
10. 施工脚手眼补砌时，灰缝应填满砂浆，不得用干砖填塞。（　　）
11. 设计要求的洞口、管道、沟槽应于砌筑时正确留出或预埋，未经设计同意，不得打凿墙体和在墙体上开凿水平沟槽。（　　）
12. 安装预制梁、板时，砌体顶面只需找平即可。（　　）
13. 设置在潮湿环境或有化学侵蚀性介质的环境中的砌体灰缝内的钢筋应采取防腐措施。（　　）
14. 配制水泥石灰砂浆时，不得采用脱水硬化的石灰膏，但消石灰粉可直接使用于砌筑砂浆中。（　　）
15. 施工中当采用水泥砂浆代替水泥混合砂浆时，应重新确定砂浆强度等级。（　　）

16. 砂浆现场拌制时,各组分材料应采用体积计量。（   ）

17. 240mm 厚承重墙的每层墙的最上一皮砖,砖砌体的阶台水平面上及挑出层,应整砖丁砌。（   ）

18. 砖和砂浆的强度等级必须符合设计要求。（   ）

19. 小砌块应底面朝下砌于墙上。（   ）

20. 砌筑毛石基础的第一皮石块应坐浆,并将大面向下。砌筑料石基础的第一皮石块应用于丁砌层坐浆砌筑。（   ）

21. 构造柱浇灌混凝土前,必须将砌体留槎部位和模板浇水湿润,将模板内的落地灰、砖渣和其他杂物清理干净,并在结合面处注入适量与构造柱混凝土相同的去石水泥砂浆。振捣时,应避免触碰墙体,严禁通过墙体传振。（   ）

22. 配筋砌体工程钢筋的品种、规格和数量应符合设计要求。（   ）

23. 构造柱与墙体的连接处应砌成马牙槎,马牙槎应先退后进,预留的拉结钢筋应位置正确,施工中不得任意弯折。（   ）

24. 蒸压加气混凝土砌块砌体和轻骨料混凝土小型空心砌块砌体可与其他块材混砌。（   ）

25. 冬期施工砂浆试块的留置与常温下的规定相同。（   ）

26. 砌体不得采用掺盐砂浆法施工。（   ）

27. 砌体子分部工程验收时,当发现砌体存在裂缝均不得验收。（   ）

28. 冬期施工砌体用砖或其他块材不得遭水浸冻。（   ）

29. 砖砌体留槎合格标准为:留槎正确,拉结钢筋设置数量、直径正确,竖向间距偏差不超过 100mm,留置长度基本符合规定。（   ）

30. 配筋砌块砌体剪力墙,应采用专用的小砌块砌筑砂浆和专用的小砌块灌孔混凝土。（   ）

31. "石灰膏、电石膏等应防止受冻,如遭冻结,应经融化后使用"不是强制性条文。（   ）

32. 砌体子分部工程验收时,不需要进行观感质量评价。（   ）

第 10 章　钢结构工程

一、单项选择题

1. 一般（   ）焊缝是用于动载、受等强的对接焊缝。

   A. 一级　　　B. 二级　　　C. 三级　　　D 等外

2. 抗滑移系数试验用的试件（   ）加工。

   A. 由制造厂　　B. 现场　　C. 供应商　　D. 检测单位

3. 高强度螺栓的初拧、复拧、终拧应在（   ）完成。

   A. 4 小时　　B. 同一天　　C. 两天内　　D. 三天内

4. 通过返修或加固处理仍不能满足安全使用要求的钢结构分部工程（   ）。

   A. 应予以验收　　　　　　B. 可予以验收

C. 按协商文件进行验收　　　　　D. 严禁验收

5. 对建筑结构安全等级为一级，跨度 40m 及以上的螺栓球节点钢网架结构，其连接（　　）应进行表面硬度试验。

A. 普通螺栓　　B. 高强度螺栓　　C. 铆钉　　D. 锚栓

6. 属于焊工资格的检查是（　　）。

A. 焊工合格证　　　　　　　　B. 合格证认可范围
C. 合格证有效期　　　　　　　D. A、B 和 C

7. 设计要求全焊透的一、二级焊缝应采用超声波探伤进行内部缺陷的检验，超声波探伤不能对缺陷作出判断时，应采用射线探伤，其探伤比例为：一级为（　　）；二级为 20%。

A. 100%　　B. 80%　　C. 70%　　D. 50%

8. 焊缝表面不得有裂纹．焊瘤等缺陷。二级焊缝允许的缺陷是（　　）。

A. 表面气孔　　B. 弧坑裂纹　　C. 电弧擦伤　　D. 咬边

9. 普通螺栓（　　），应进行螺栓实物最小拉力载荷复验。

A. 任何条件下　　　　　　　　B. 作为永久性连接螺栓时
C. 当设计有要求或其质量有疑义时　　D. B 和 C

10. 高强度大六角头螺栓连接副终拧完成（　　）应进行终拧扭矩检查。

A. 后立即　　B. 1h 后，24h 内　　C. 1h 后，48h 内　　D. 2h 后，48h 内

11. 钢材切割面或剪切面不属于主控项目的缺陷是（　　）。

A. 裂纹　　B. 夹渣　　C. 几何尺寸偏差　　D. 分层

12. 螺栓球成型后，（　　）属于一般项目允许的缺陷。

A. 裂纹　　B. 圆度偏差　　C. 褶皱　　D. 过烧

13. 单层钢结构安装中，基础顶面直接作为柱的支承面和基础顶面预埋钢筋或支座作为柱的支承面时，其支承面，地脚螺栓（锚栓）位置的允许偏差支承面标高为±3.0，地脚螺栓（锚栓）中心偏移为（　　）。

A. −5.0　　B. +5.0　　C. 5.0　　D. ±5.0

14. 钢屋（托）架．桁架．梁及受压杆件的跨中垂直度允许偏差为 $h/250$，且不应大于（　　）。

A. −15.0　　B. +15.0　　C. ±15.0　　D. 15.0

（h 为构件跨中高度，单位：mm）

15. 单层钢结构主体结构的整体垂直度允许偏差为 $H/1000$，且不应大于（　　）。

A. −25.0　　B. +25.0　　C. ±25.0　　D. 25.0

16. 多层及高层钢结构主体结构的整体平面弯曲的允许偏差为 $L/1500$，且不应大于（　　）。

A. −25.0　　B. +25.0　　C. 25.0　　D. ±25.0

17. 钢网架结构总拼与安装时，小拼单元节点中心偏移允许偏差（　　）mm。

A. 2.0　　B. −2.0　　C. +2.0　　D. ±2.0

18. 钢网架结构总拼与安装时，中拼单元单跨拼接长度（单元长度<20m）允许偏差为（　　）mm。

A. -10.0　　　　B. +10.0　　　　C. ±10.0　　　　D. 10.0

19. 薄涂型防火涂料和厚涂型防火涂料,其表面裂纹:( )。
A. 前者不允许,后者裂纹宽度不应大于1mm
B. 后者不允许,前者裂纹宽度不应大于0.5mm
C. 前者裂纹宽度不应大于0.5mm,后者不应大于1mm
D. 前者和后者均不允许

20. 单层钢结构分项工程检验批按( )划分。
A. 变形缝　　　　　　　　　　B. 施工段
C. 屋面、墙板、楼面等　　　　D. 楼层

21. 碳素结构钢在环境温度低于( )时,不应进行冷弯曲。
A. 40℃　　　　B. -50℃　　　　C. -10℃　　　　D. -16℃

22. 当钢材表面有锈蚀、麻点或划痕等缺陷时,其厚度( )。
A. 无质量控制要求　　　　　　B. 不得大于钢材负允许偏差值1/4
C. 不得大于钢材负允许偏差值1/2　D. 不得大于钢材负允许偏差值

二、多项选择题

1. 正常情况下钢结构原材料进场时,当( )符合要求时,方可验收。
A. 质量合格证明文件　　　　B. 中文标志
C. 检验报告　　　　　　　　D. 复验报告
E. 生产许可证

2. 高强度螺栓连接副是指( )的总称。
A. 高强度螺栓　　　　　　　B. 螺母
C. 垫圈　　　　　　　　　　D. 锚件
E. 连接件

3. 钢材、钢铸件的( )等应符合现行国家产品标准和设计要求。
A. 品种　　B. 规格　　C. 数量　　D. 性能　　E. 级别

4. 对属于下列情况之一的钢材,应进行抽样复验:( )。
A. 进口钢材　　　　　　　　B. 钢材混批
C. 设计有复验要求的钢材　　D. 对质量有疑义的钢材
E. 板厚大于或等于40mm,且设计有Z向性能要求的厚板

5. 焊接材料的质量应符合现行国家产品标准和设计要求,应检查( )。
A. 质量合格证明文件　　　　B. 中文标志
C. 检验报告　　　　　　　　D. 进货清单
E. 进场抽样检测报告

6. 连接用紧固标准件( )出厂时应分别随箱带有扭矩系数和紧固轴力(预拉力)的检验报告。
A. 高强度大六角头螺栓连接副　B. 扭剪型高强度螺栓连接副
C. 钢网架用高强度螺栓　　　　D. 锚栓(机械型和化学试剂型)

7. 焊条、焊丝、焊剂、电渣焊熔嘴等焊接材料与母材的匹配应符合设计要求及国家

现行行业标准《建筑钢结构焊接技术规程》JGJ 81 的规定。（　　）等在使用前，应按其产品说明书及焊接工艺文件的规定进行烘焙和存放。

A. 焊条　　　　B. 焊剂　　　　C. 药芯焊丝　　　D. 熔嘴　　　　E. 焊药

8. 压型金属板制作中，有深层、镀层压型金属板成型后，属于主控项目的缺陷是（　　）。

A. 裂纹　　　　B. 剥落　　　　C. 擦痕　　　　D. 尺寸允许偏差

9. 压型金属板安装质量主控项目要求是（　　）。

A. 平整、顺直　　　　　　　　B. 固定可靠、牢固

C. 防腐涂料涂刷完好　　　　　D. 密封材料数设完好

E. 连接件数量、间距符合设计要求

10. 钢结构防腐涂料涂装前表面除锈应符合设计要求和国家现行有关标准的规定。处理后的钢材表面不应有（　　）。

A. 焊渣　　　　B. 焊疤　　　　C. 灰尘　　　　D. 油污　　　　E. 磨痕

11. 钢结构工程分部合格质量标准是（　　）。

A. 分项合格　　　　　　　　　B. 质量控制资料完整

C. 检验和检测结果合格　　　　D. 观感质量合格

E. 检验批中的主控项目合格

12. 钢结构分项工程检验批合格质量标准是（　　）。

A. 主控项目质量合格

B. 一般项目的检验结果应有 80% 及以上检查点（值）合格，偏差值不超过允许偏差值的 1.2 倍

C. 观感质量合格

D. 质量控制资料完整

E. 一般项目的检查点全部合格

13. 钢结构工程应按下列规定进行施工质量控制：（　　）。

A. 所有原材料都应进行现场抽样检测

B. 采用的原材料及成品应进行进场验收。凡涉及安全、功能的原材料及成品应按本规范规定进行复验，并应经监理工程师（建设单位技术负责人）见证取样、送样

C. 各工序应按施工技术标准进行质量控制，每道工序完成后，应进行检查

D. 相关各专业工种之间，应进行交接检验，并经监理工程师（建设单位技术负责人）检查认可

E. 施工完成后应进行实体检测

三、判断题（正确的在括号内填"A"，错误的在括号内填"B"）

1. 在钢结构表面涂刷防护涂层，目前仍然是防止腐蚀的主要手段之一。（　　）

2. 钢结构所用防火涂料应经有资质的检测单位检测。（　　）

3. 钢结构工程施工中采用的工程技术文件，承包合同文件对施工质量验收的要求不可高于规范的规定。（　　）

4. 预拼装是指为检验构件是否满足安装质量要求而进行的拼装。（　　）

5. 钢结构工程施工单位应具备相应的钢结构工程施工资质。（ ）
6. 焊接球焊缝应进行无损检验，其质量应符合设计要求。（ ）
7. 焊条、焊丝、焊剂、电渣焊熔嘴等焊接材料不应与母材相匹配。（ ）
8. 连接薄钢板采用的自攻钉、拉铆钉、射钉等其规格尺寸应与被连接钢板相匹配。（ ）
9. 钢结构制作和安装单位应分别进行高强度螺栓连接摩擦面的抗滑移系数试验和复验。（ ）
10. 碳素结构钢在环境温度低于－16℃，低合金结构钢在环境温度低于－12℃时，不应进行冷矫正冷弯曲。（ ）
11. 气割或机械剪切的零件，需要进行边缘加工时，其刨削量不应小于2.0mm。（ ）
12. 钢结构吊车梁和吊车桁架不应下挠。（ ）
13. 预拼装时，高强度螺栓和普通螺栓连接的多层板叠，应采用试孔器进行检查。当采用比螺栓公称直径大0.3mm的试孔器检查时，每组孔的通过率应为85%。（ ）
14. 钢结构安装时，施工荷载和冰雪荷载等严禁超过梁桁架、楼面板、屋面板、平台铺板等的承载能力。（ ）
15. 钢构件运输、堆放和吊装等造成其变形及涂层脱落，应进行矫正和修补。（ ）
16. 多层及高层钢结构安装柱时，每节柱的定位轴线可以从下层柱的轴线直接引上。（ ）
17. 钢网架结构支座定位轴线的位置，支座锚栓的规格应符合设计要求。（ ）
18. 钢网架支承垫块的种类、规格、摆放位置和朝向，必须符合设计要求和国家现行有关标准的规定。橡胶垫块与刚性垫块之间或不同类型刚性垫块之间应可以互换使用。（ ）
19. 对建筑结构安全等级为一级，跨度40m及以上的公共建筑钢网架结构，且设计有要求时，应进行节点承载力试验。（ ）
20. 钢网架结构总拼完成后及屋面工程完成后应分别测量其挠度值，且所测的挠度值不应超过相应设计值。（ ）
21. 压型金属板，泛水板和包角板等应固定可靠、牢固、防腐涂料涂刷和密封材料敷设应完好，连接件数量、间距应符合设计要求。（ ）
22. 涂料的涂装遍数、涂层厚度均应符合设计要求。当设计时涂层厚度无要求时，建设单位可自定涂层厚度。（ ）
23. 厚涂型防火涂料涂装前，钢材表面可不做除锈处理。（ ）
24. 进场的钢结构防火涂料的粘结强度，抗压强度应符合国家现行标准，并应进行复检。（ ）
25. 对国外进口的钢材，当具有国家进出口质量检验部门的复验商检报告时，可以不再进行复验。（ ）
26. 经有资质的检测单位检测鉴定能够达到设计要求的检验批，应予以验收。（ ）
27. 经原设计单位核算认可能够满足结构安全和使用功能，但经有资质的检测单位检测鉴定达不到设计要求的检验批，不准予验收。（ ）

28. 钢结构焊接工程不能划分成若干个检验批。（   ）
29. 三级对接焊缝应按二级焊缝标准进行外观质量检验。（   ）
30. 钢结构在形成空间刚度单元后，对柱底板和基础顶面的空隙浇灌可暂缓进行。

（   ）

第 11 章　木结构工程

一、单项选择题

1. 原木或方木结构含水率应不大于（   ）。
   A. 15%　　　B. 18%　　　C. 20%　　　D. 25%
2. 处于通风条件不畅环境下的木构件的木材，不应大于（   ）。
   A. 25%　　　B. 20%　　　C. 15%　　　D. 12%
3. 木结构中椽条是屋盖体系中支承屋面板的（   ）。
   A 受压　　　B. 受拉　　　C. 受剪　　　D. 受弯构件
4. 进场工字形木搁栅和结构复合木材受弯构件，应作（   ）的结构性能检验，在检验荷载作用下，构件不应发生开裂等损伤现象，最大挠度不应大于木结构验收规范的规定，跨中挠度的平均值不应大于理论计算值的 1.13 倍。
   A. 自重作用下　　　　　　B. 荷载效应标准组合作用下
   C. 活荷载　　　　　　　　D. 标准荷载
5. 轻型木结构的保温措施和隔气层的设置等，应符合（   ）的规定。
   A. 建设单位　　　　　　　B. 监理单位
   C. 工程质量监督机构　　　D. 设计文件
6. 木结构中外露钢构件及未作镀锌处理的金属连接件，应按设计文件的规定采取（   ）措施。
   A. 防火　　　B. 防虫　　　C. 防腐　　　D. 防锈蚀
7. 板材髓心在承重木结构中不允许使用在（   ）构件。
   A. 受弯　　　B. 受压　　　C. 压弯　　　D. 受拉或拉弯
8. 木桁架、梁、柱安装中的结构中心线允许偏差为（   ）mm。
   A. ±10　　　B. ±15　　　C. ±20　　　D. ±5
9. 凡木构件外部需用防火石膏板等包覆时，包覆材料的防火性能应有（   ），厚度应符合设计文件的规定。
   A. 型式检验报告　　　　　B. 合格证书
   C. 现场抽样检测报告　　　D. 出厂燃烧性能检测报告
10. 木结构工程每批次进场目测分等规格材应由有资质的专业分等人员做目测等级见证检验或做抗弯强度见证检验；每批次进场机械分等规格材应作（   ）见证检验，并应符合《木结构工程施工质量验收规范》附录 G 的规定。
    A. 抗压强度　　B. 目测　　C. 抗弯强度　　D. 抗拉强度

二、多项选择题

1. 木结构子分部工程由（　　）两分项工程组成，并应在分项工程皆验收合格后，再进行子分部工程的验收。

   A. 方木和原木结构　　　　　B. 方木结构制作安装

   C. 胶合木结构　　　　　　　D. 轻型木结构

   E. 木结构防护

2. 木结构分项工程的检验批应按（　　）分别划分。

   A. 材料

   B. 不同施工阶段

   C. 木产品和构、配件的物理力学性能质量控制

   D. 结构件制作安装质量控制

   E. 不同的楼层

3. 木结构工程各专业工种之间应进行交接检验，未经（　　）检查认可，不得进行下道工序施工。

   A. 监理工程师　　　　　　　B. 或建设单位技术负责人

   C. 施工单位质检员　　　　　D. 监督工程师

   E. 检测工程师

4. 除设计文件另有规定外，木结构工程应按下列规定验收其外观质量：（　　）。

   A. 特级，结构构件外露，外观要求特高而需油漆，构件表面不允许有修补，木材表面应用砂纸打磨

   B. A级，结构构件外露，外观要求很高而需油漆，构件表面洞孔需用木材修补，木材表面应用砂纸打磨

   C. B级，结构构件外露，外表要求用机具刨光油漆，表面允许有偶尔的漏刨、细小的缺陷和空隙，但不允许有松软节的孔洞

   D. C级，结构构件不外露，构件表面无需加工刨光

   E. D级，结构构件不外露，构件表面无需加工

5. 当木结构施工需要采用国家现行有关标准尚未列入的新技术（新材料、新结构、新工艺）时，建设单位应征得当地建筑工程质量行政主管部门同意，并应组织专家组，会同（　　）单位进行论证，同时应确定施工质量验收方法和检验标准，并应依此作为相关木结构工程施工的主控项目。

   A. 设计　　　B. 监理　　　C. 检测　　　D. 图审　　　E. 施工

6. 木结构防护是为保证木结构在规定的设计使用年限内安全、可靠地满足使用功能要求，采取（　　）等措施予以保护。

   A. 防腐　　　B. 防虫蛀　　　C. 防火　　　D. 防潮通风　　　E. 防受力

7. 木结构工程各类构件制作时及构件进场时木材的平均含水率，应符合下列规定：（　　）。

   A. 原木或方木不应大于30%　　　B. 原木或方木不应大于25%

   C. 板材及规格材不应大于20%　　D. 受拉构件的连接板不应大于18%

E. 处于通风条件不畅环境下的木构件的木材，不应大于20%

8. 木结构用的防腐剂能毒杀（　　）对其他侵害木材生物的化学药剂。
A. 潮气　　　B. 湿气　　　C. 木腐菌　　　D. 昆虫　　　E. 凿船虫

9. 钢木屋架下弦所用圆钢，除应作（　　）检验外，尚应作冷弯检验，并应满足设计文件规定的圆钢材质标准。
A. 化学分析　　　　　　　B. 抗拉屈服强度
C. 极限强度　　　　　　　D. 延伸率
E. 铁含量

10. 木结构工程中，检验批及木结构分项工程质量合格，应符合下列规定：（　　）。
A. 检验批主控项目检验结果应全部合格
B. 检验批主控项目检验结果应90%以上合格
C. 检验批一般项目检验结果应有80%以上的检查点合格，且最大偏差不应超过允许偏差的1.2倍
D. 检验批一般项目检验结果应有80%以上的检查点合格，且最大偏差不应超过允许偏差的1.5倍
E. 木结构分项工程所含检验批检验结果均应合格，且应有各检验批质量验收的完整记录

第12章　建筑装饰装修工程

一、单项选择题

1. 建筑装饰装修工程（　　）进行设计，并出具完整的施工图设计文件。
A. 不须　　　B. 必须　　　C. 可　　　D. 宜

2. 承担建筑装饰装修工程设计的单位（　　）具备相应的资质。
A. 不须　　　B. 宜　　　C. 应　　　D. 可

3. 建筑装饰装修工程所用材料（　　）符合国家有关建筑装饰材料有害物质限量的规定。
A. 不须　　　B. 宜　　　C. 应　　　D. 可

4. 承担建筑装饰装修材料检测的单位（　　）具备相应的资质。
A. 不须　　　B. 宜　　　C. 应　　　D. 可

5. 建筑装饰装修工程施工环境温度不应低于（　　）℃。
A. 10　　　B. 5　　　C. 0　　　D. -5

6. 建筑装饰装修工程施工（　　）不经穿管直接埋设电线。
A. 可以　　　B. 不宜　　　C. 不应　　　D. 严禁

7. 抹灰用的石灰膏的熟化期不应少于（　　）d。
A. 10　　　B. 12　　　C. 15　　　D. 20

8. 罩面用的磨细石灰粉的熟化期不应少于（　　）d。
A. 1　　　B. 3　　　C. 5　　　D. 15

9. 室内墙面、柱面和门洞口的阳角，应采用（　　）水泥砂浆作暗护角。其高度不应低于2m，每侧宽度不应小于50mm。

　　A. 1∶2　　　　B. 1∶3　　　　C. 1∶4　　　　D. 1∶5

10. 室内墙面、柱面和门洞口的护角高度不应低于（　　）。

　　A. 1.5m　　　B. 1.8m　　　C. 2m　　　　D. 全高

11. 室内墙面、柱面和门洞口的护角每侧宽度不应小于（　　）mm。

　　A. 20　　　　B. 50　　　　C. 80　　　　D. 100

12. 当要求抹灰层具有防水、防潮功能时，应采用（　　）。

　　A. 石灰砂浆　B. 混合砂浆　C. 防水砂浆　D. 水泥砂浆

13. 外墙和顶棚的抹灰层与基层之间及各抹灰层之间（　　）粘结牢固。

　　A. 不须　　　B. 宜　　　　C. 应　　　　D. 可

14. 水泥砂浆抹灰层应在（　　）条件下养护。

　　A. 干燥　　　B. 湿润　　　C. 覆盖　　　D. 封闭

15. 抹灰工程采用加强网防裂时，加强网与各基体的搭接宽度不应小于（　　）mm。

　　A. 50　　　　B. 80　　　　C. 100　　　D. 120

16. 检查抹灰层是否空鼓用（　　）检查。

　　A. 仪器　　　B. 超声波　　C. 小锤轻击　D. 手摸

17. 抹灰工程有排水要求的部位应做（　　）。

　　A. 护口　　　B. 圆弧　　　C. 滴水线（槽）D. 描黑

18. 抹灰用的石灰膏的熟化期不应少于（　　）d；罩面用的磨细石灰粉的熟化期不应少于3d。

　　A. 5　　　　B. 10　　　　C. 15　　　　D. 20

19. 吊杆、龙骨安装完成后，应对其进行隐蔽验收。有的工程在安装龙骨时用膨胀螺丝，其安装是否牢固，应做（　　）试验，结果应符合设计要求。

　　A. 拉拔　　　B. 牢固　　　C. 强度　　　D. 拉伸

20. 滴水线应（　　）。有排水要求的部位应做滴水线（槽）。滴水线（槽）应整齐顺直，滴水线应内高外低，滴水槽的宽度和深度均不应小于10mm。

　　A. 内低外高　B. 内外平　　C. 内高外低　D. 随机确定坡度

21. 滴水槽的宽度和深度均不应小于（　　）mm。

　　A. 8　　　　B. 10　　　　C. 12　　　　D. 15

22. 甲醛限量标志为 E_1 的人造板（　　）。

　　A. 可直接用于室内　　　　　B. 必须饰面处理后用于室内
　　C. 不可用于室内　　　　　　D. 不可直接用于室内

23. 同一品种、类型和规格的木、金属、塑料门窗及玻璃每（　　）樘应划分为一个检验批。

　　A. 50　　　　B. 75　　　　C. 80　　　　D. 100

24. 根据检查数量规定，木、金属、塑料门窗，每个检验批应至少抽查（　　）%并不得少于3樘（不含高层建筑的外窗）。

　　A. 1.5　　　B. 3　　　　C. 5　　　　D. 10

25. 木砖、木框与砌体接触处应进行（　　）
   A. 防腐　　　B. 防虫　　　C. 防火　　　D. 绝缘
26. 金属门窗和塑料门窗安装应采用（　　）的方法施工。
   A. 预留洞口　　　　　　　　B. 边安装边砌口
   C. 先安装后砌口　　　　　　D. 边安装边砌口或先安装后砌口
27. 木门窗框和厚度大于（　　）mm 的门窗扇应采用双榫连接。
   A. 50　　　B. 80　　　C. 90　　　D. 110
28. 金属.塑料门窗推拉扇开关力应不大于（　　）N。
   A. 50　　　B. 80　　　C. 100　　　D. 120
29. 塑料门窗框与墙体间缝隙应采用（　　）填嵌饱满。
   A. 混合砂浆　　B. 油膏　　C. 闭孔弹性材料　D. 水泥砂浆
30. 根据门窗玻璃安装要求，单块玻璃大于（　　）m² 时应使用安全玻璃。
   A. 1　　　B. 1.2　　　C. 1.5　　　D. 1.8
31. 吊顶工程吊杆距主龙骨端部距离不得大于（　　）mm。
   A. 200　　　B. 300　　　C. 400　　　D. 500
32. 吊顶工程吊杆长度大于 1.5m 时，应设（　　）。
   A. 斜拉杆　　B. 直拉杆　　C. 反支撑　　D. 加固件
33. 吊顶工程与设备相遇时，应调整并（　　）吊杆。
   A. 减少　　B. 不增减　　C. 增设　　D. 加固
34. 吊顶工程的木吊杆.木龙骨和木饰面板必须进行（　　）处理。
   A. 防水　　B. 防火　　C. 防腐　　D. 防锈
35. 吊顶工程的预埋件.钢筋吊杆和型钢吊杆应进行（　　）处理。
   A. 防水　　B. 防火　　C. 防腐　　D. 防锈
36. 明龙骨吊顶，饰面材料与龙骨的搭接宽度应大于龙骨受力面宽（　　）。
   A. 1/3　　B. 1/2　　C. 2/3　　D. 3/4
37. 轻质隔墙工程对所使用的人造木板的（　　）含量进行现场抽检复验。
   A. 甲醛　　B. 氡　　C. 氨　　D. CO_2
38. 轻质隔墙用板有隔声、隔热、阻燃、防潮等要求的，板材应有相应性能的（　　）报告。
   A. 检测　　B. 复验　　C. 型式检验　　D. 现场抽样检测
39. 玻璃砖隔墙砌筑中与基体结构连接（　　）。
   A. 必须打胶　　　　　　B. 必须埋设拉结筋
   C. 不须特殊处理　　　　D. 必须粘贴牢固
40. 玻璃板隔墙应（　　）。
   A. 使用普通玻璃　　　　B. 使用安全玻璃
   C. 采取可靠的安全措施　D. 使用双层玻璃
41. 民用建筑工程室内饰面采用的天然花岗岩石材或瓷质砖使用面积大于 200m² 时，应对不同产品、不同批次材料分别进行（　　）指标的抽查复验。
   A. 光洁度　　B. 抗折强度　　C. 放射性　　D. 甲醛

42. 采用湿作业法施工的饰面板工程，石材应进行（　　）处理。
    A. 打胶　　　　B. 防碱背涂　　C. 界面剂　　　D. 毛化
43. 饰面砖工程有排水要求的部位应做（　　）。
    A. 护角　　　　　　　　　　　B. 圆弧
    C. 滴水线（槽）　　　　　　　D. 排水孔
44. 幕墙工程所用硅酮结构胶应有国家指定检测机构出具的（　　）。
    A. 认定证书　　　　　　　　　B. 合格证明
    C. 相容性试验报告　　　　　　D. 硅酮结构胶相容性和剥离粘结性试验报告
45. 相同设计、材料、工艺和施工条件的幕墙工程每（　　）m² 应划分为一个检验批。
    A. 500　　　　B. 500~1000　　C. 1000~1500　　D. 1500
46. 幕墙防火层的衬板应采用经防腐处理且厚度不少于（　　）mm 的钢板。
    A. 1.0　　　　B. 1.2　　　　C. 1.5　　　　D. 2
47. 花岗岩板材的弯曲强度不应小于（　　）MPa。
    A. 8　　　　　B. 10　　　　　C. 18　　　　　D. 20
48. 高度超过（　　）m 的全玻幕墙应吊挂在主体结构上，吊夹具应符合设计要求，玻璃与玻璃、玻璃与玻璃肋之间的缝隙，应采用硅酮结构密封胶填嵌严密。
    A. 2　　　　　B. 4　　　　　C. 6　　　　　D. 8
49. 石材幕墙的铝合金挂件厚度不应小于（　　）mm。
    A. 4　　　　　B. 6　　　　　C. 8　　　　　D. 10
50. 玻璃幕墙应使用（　　）玻璃，其厚度不应小于 6mm。
    A. 普通浮法　　B. 半钢化　　　C. 安全　　　　D. 镀膜
51. 新建筑物的混凝土或抹灰基层在涂饰涂料前（　　）。
    A. 应刷界面剂　　　　　　　　B. 应涂刷抗碱封闭底漆
    C. 不须特殊处理　　　　　　　D. 应涂刷一层胶水
52. 安装饰面板时，潮湿房间（　　）石膏勾缝。
    A. 可用　　　　B. 应用　　　　C. 不得用　　　D. 必须用
53. 旧墙面在涂饰涂料前应清除疏松的旧装修层，（　　）。
    A. 并涂刷胶水　　　　　　　　B. 并涂刷界面剂
    C. 不须特殊处理　　　　　　　D. 并涂刷抗碱封闭底漆
54. 混凝土或抹灰基层涂刷溶剂型涂料或裱糊时，含水率不得大于（　　）。
    A. 8%　　　　B. 10%　　　　C. 12%　　　　D. 15%
55. 混凝土或抹灰基层涂刷乳液型涂料时，含水率不得大于（　　）。
    A. 8%　　　　B. 10%　　　　C. 12%　　　　D. 15%
56. 涂饰及裱糊工程，木材基层的含水率不得大于（　　）。
    A. 8%　　　　B. 10%　　　　C. 12%　　　　D. 15%
57. 涂饰工程基层处理，厨房、卫生间墙面必须使用（　　）腻子。
    A. 耐水　　　　B. 防潮　　　　C. 普通　　　　D. 防水

58. 裱糊工程基层表面平整度、立面垂直度及阴阳角方正应达到（　　）抹灰的要求。
    A. 高级　　　　　　B. 中级　　　　　　C. 普通　　　　　　D. 特殊

59. 裱糊前应用（　　）涂刷基层。
    A. 封闭底漆　　　　B. 封闭底胶　　　　C. 界面剂　　　　　D. 307胶

60. 单块软包面料（　　）有接缝，四周应绷压严密。
    A. 可以　　　　　　B. 不应　　　　　　C. 不宜　　　　　　D. 应

61. 裱糊拼缝检查距离墙面（　　）m处正视。
    A. 1.0　　　　　　 B. 1.5　　　　　　 C. 2.0　　　　　　 D. 2.5

62. （　　）楼梯应划分为一个检验批。
    A. 每个　　　　　　B. 2个　　　　　　 C. 3个　　　　　　 D. 每层

63. 护栏高度、栏杆间距、安装位置（　　）符合设计要求。
    A. 不须　　　　　　B. 宜　　　　　　　C. 应　　　　　　　D. 可

64. 栏杆垂直杆件间净距不应大于（　　）m。
    A. 0.10　　　　　　B. 0.11　　　　　　C. 0.12　　　　　　D. 0.15

65. 低层、多层住宅栏杆净高不应低于（　　）m。
    A. 0.90　　　　　　B. 1.0　　　　　　 C. 1.05　　　　　　D. 1.1

66. 中高层、高层住宅栏杆净高不应低于（　　）m。
    A. 0.90　　　　　　B. 1.0　　　　　　 C. 1.05　　　　　　D. 1.1

67. 楼梯扶手高度不应小于（　　）m。
    A. 0.90　　　　　　B. 1.0　　　　　　 C. 1.05　　　　　　D. 1.1

68. 楼梯水平段栏杆长度大于0.50m时，扶手高度不应小于（　　）m。
    A. 0.90　　　　　　B. 1.0　　　　　　 C. 1.05　　　　　　D. 1.1

69. 饰面砖工程施工前应进行（　　）现场检测。
    A. 基层水平度　　　　　　　　　　　　B. 外墙饰面砖样板件粘结强度
    C. 防水层　　　　　　　　　　　　　　D. 基层强度

70. 当建筑工程只有装饰装修部分时，该工程应作为（　　）工程验收。
    A. 单位　　　　　　B. 子单位　　　　　C. 分部　　　　　　D. 子分部

71. 民用建筑工程设计前，（　　）有建筑场地土壤氡浓度检测报告。
    A. 不须　　　　　　B. 宜　　　　　　　C. 应　　　　　　　D. 可

72. 无机非金属建筑材料和装修材料进场（　　）有放射性指标检测报告。
    A. 不须　　　　　　B. 宜　　　　　　　C. 应　　　　　　　D. 可

73. 对采用自然通风的民用建筑工程，室内环境检测应在对外门窗关闭（　　）h后进行。
    A. 1　　　　　　　 B. 4　　　　　　　 C. 6　　　　　　　 D. 12

74. Ⅰ类民用建筑必须采用（　　）无机非金属建筑材料。
    A. A类　　　　　　 B. B类　　　　　　 C. E_1　　　　　　D. E_2

75. Ⅰ类民用建筑内装修，必须采用（　　）类人造木板及饰面人造木板。
    A. A类　　　　　　 B. B类　　　　　　 C. E_1　　　　　　D. E_2

76. 民用建筑工程中室内装修中所使用的木地板及其他木质材料，（　　）采用沥青类防腐、防潮处理剂。
    A. 不宜　　　　　B. 必须　　　　　C. 严禁　　　　　D. 应

77. 民用建筑工程中所使用的阻燃剂、混凝土外加剂，氨的释放量不应大于（　　）（测定方法应符合国标）。
    A. 0.05%　　　　B. 0.10%　　　　C. 0.15%　　　　D. 0.20%

78. 民用建筑工程室内装修所采用的稀释剂，（　　）使用苯、工业苯、石油苯、重质苯及混苯。
    A. 应　　　　　　B. 不宜　　　　　C. 必须　　　　　D. 严禁

79. 民用建筑工程室内装修施工时，（　　）使用苯、甲苯、二甲苯和汽油进行除油和清除旧油漆作业。
    A. 可　　　　　　B. 不宜　　　　　C. 必须　　　　　D. 严禁

80. 饰石人造木板测定游离甲醛释放量如发生争议时应以（　　）测定结果为准。
    A. 干燥器法　　　B. 环境测试舱法　　C. 穿孔法　　　　D. 蒸汽法

二、多项选择题

1. 见证检测已成为工程质量管理中通行的一种方式，在下述情况下应进行见证检测：（　　）。
   A. 国家规定应进行见证检测的项目
   B. 合同约定进行见证检测的项目
   C. 对材料质量发生争议时
   D. 产品出厂检验
   E. 产品型式检验

2. 建筑装饰装修工程所有材料进场时应对（　　）进行验收。
   A. 品种　　　B. 规格　　　C. 外观　　　D. 尺寸　　　E. 强度

3. 建筑装饰装修工程所有材料进场包装应完好，应有（　　）。
   A. 合格证书　　B. 中文说明书　　C. 相关性能的检测报告
   D. 卫生检验报告　　　E. 化学分析报告

4. 建筑装饰装修工程所使用的材料应按设计要求进行（　　）处理。
   A. 防火　　　B. 防腐　　　C. 防虫　　　D. 防晒　　　E. 防潮

5. 承担建筑装饰装修工程施工的单位应具备相应（　　），施工人员应有相应的（　　）。
   A. 资质　　　B. 机械　　　C. 资格证书　　　D. 能力　　　E. 执业证书

6. 施工单位应采取有效措施控制施工现场的各种（　　）等对周围环境造成的污染和伤害。
   A. 粉尘　　　B. 废气、废弃　　　C. 人员　　　D. 噪声　　　E. 振动

7. 建筑装饰装修工程施工前应有主要材料的（　　）或做（　　），并应经有关各方（　　）。装饰装修工程应在基体或基层的质量验收合格（　　）施工。管道、设备等的安装及调试应在建筑装饰装修工程施工前完成，当必须同步进行时，应在饰面层施工前

完成。

  A. 样板   B. 样板间（件）   C. 确认   D. 前   E. 后

8. 建筑装饰装修工程施工过程中应做好（ ）的保护，防止（ ）。

  A. 半成品   B. 成品   C. 污染

  D. 损坏   E. 损伤物理性能

9. 抹灰工程应对水泥的（ ）进行复验。

  A. 凝结时间   B. 安定性   C. 强度   D. 细度   E. SO_3

10. 抹灰工程应进行隐蔽验收的工程项目：

（1）总厚度大于或等于（ ）时的（ ）；

（2）（ ）基体交接处的加强措施。

  A. 35mm   B. 45mm   C. 50mm   D. 加强措施   E. 不同材料

11. 抹灰层之间易出现（ ）等质量问题。

  A. 开裂   B. 空鼓   C. 脱落   D. 泛霜   E. 起砂

12. 相同材料、工艺和施工条件的室外抹灰工程每（ ）至（ ）应划分为一个检验批，不足 1000m² 也应划分为一个检验批。

  A. 200m²   B. 500m²   C. 1000m²   D. 2000m²   E. 3000m²

13. 相同材料、工艺和施工条件的室内抹灰工程每（ ）个自然间（大面积房间和走廊按抹灰面积（ ）为一间）应划分为一个检验批，不足 50 间也应划分为一个检验批。

  A. 30   B. 50   C. 30m²   D. 50m²   E. 100m²

14. 室内抹灰每个检验批应至少抽查（ ），并不得少于（ ）间；不足 6 间时应全数检查。

  A. 10%   B. 20%   C. 3   D. 6   E. 10

15. 室外抹灰每个检验批每（ ）应至少抽查一处，每处不得少于（ ）。

  A. 100m²   B. 200m²   C. 10m²   D. 20m²   E. 300m²

16. 外墙和顶棚的（ ）与（ ）之间及（ ）之间必须粘结牢固。

  A. 抹灰层   B. 基层   C. 各抹灰层   D. 涂料   E. 面层

17. 各种砂浆抹灰层，在凝结前应防止（ ），凝结后应采取措施防止玷污损坏。

  A. 快干   B. 水冲   C. 撞击、振动   D. 高温   E. 受冻

18. 门窗工程验收时应检查下列文件和记录（ ）。

  A. 施工图   B. 设计说明及其他设计文件   C. 性能检测报告

  D. 生产许可证   E. 隐蔽工程验收记录及施工记录

19. 建筑外墙金属窗、塑料窗的复验指标为（ ）。

  A. 抗风压性能   B. 空气渗透性能

  C. 雨水渗漏性能   D. 平面变形性能

  E. 漏风性能

20. 木门窗的（ ）处理应符合设计要求。

  A. 含水率   B. 防潮   C. 防火   D. 防腐   E. 防虫

21. 金属门窗框与副框安装必须牢固，（ ）必须符合设计要求。

A. 预埋件的数量 B. 位置 C. 埋设方式
D. 与框的连接方式 E. 框与砌体的间距

22. 现场拌制油灰的主要材料为（　　）。

A. 碳酸钙 B. 混合油 C. 汽油 D. 石灰 E. 柴油

23. 门窗工程验收时应检查下列文件和记录（　　）。

A. 专项审查报告
B. 门窗工程的施工图、设计说明及其他设计文件
C. 材料的产品合格证书、性能检测报告、进场验收记录和复验报告
D. 特种门及其附件的生产许可文件
E. 隐蔽工程验收记录、施工记录

24. 门窗玻璃安装应牢固，不得有（　　）。

A. 裂纹 B. 损伤 C. 不平整 D. 拼接 E. 错缝

25. 门窗工程应对（　　）进行隐蔽验收。

A. 预埋件 B. 锚固件 C. 防腐 D. 填嵌处理 E. 拼接处

26. 吊顶工程的每个检验批应至少抽查（　　），并不得少于（　　）间；不足3间时应全数检查。

A. 10% B. 20% C. 3 D. 6 E. 8

27. 吊顶工程应进行隐蔽工程验收的项目为（　　）。

A. 吊顶内管道、设备的安装及水管试压
B. 木龙骨防火、防腐处理、吊杆、龙骨安装
C. 预埋件或拉结筋
D. 填充材料的设置
E. 面板的安装

28. 龙骨安装前，应按设计要求对（　　）进行交接检验。

A. 地面标高 B. 房间净高 C. 洞口标高
D. 吊顶内管道 E. 设备及其支架的标高

29. 双层石膏板暗龙骨吊顶，面层与基层板的接缝应（　　），并（　　）同一根龙骨上。

A. 错开 B. 对齐 C. 不在 D. 设在 E. 无要求

30. 暗龙骨吊顶木质吊杆应（　　）。

A. 顺直 B. 无劈裂 C. 无变形 D. 美观 E. 光润

31. 明龙骨吊顶，饰面材料为玻璃板时，应（　　）。

A. 使用普通玻璃 B. 使用安全玻璃
C. 采取可靠的安全措施 D. 双层玻璃
E. 夹胶玻璃

32. 轻质隔墙工程应对下列隐蔽工程项目进行验收（　　）。

A. 骨架隔墙中设备管线的安装及水管试压
B. 龙骨安装、木龙骨防火、防腐处理
C. 预埋件或拉结筋

D. 钢构件的防火
E. 填充材料的设置

33. 同一品种的轻质隔墙工程每（　　）间（大面积房间和走廊按抹灰面积（　　）为一间）应划分为一个检验批，不足50间也应划分为一个检验批。
   A. 30　　　　B. 50　　　　C. 30m²　　　D. 50m²　　　E. 100m²

34. 活动隔墙工程的每个检验批应至少抽查（　　），并不得少于（　　）间；不足3间时应全数检查。
   A. 10%　　　B. 20%　　　C. 3　　　　D. 6　　　　E. 8

35. 玻璃隔墙工程的每个检验批应至少抽查（　　），并不得少于（　　）间；不足3间时应全数检查。
   A. 10%　　　B. 20%　　　C. 3　　　　D. 6　　　　E. 8

36. 骨架隔墙的墙面板应安装（　　）。
   A. 牢固　　　B. 无脱层　　C. 无翘曲　　D. 无折裂　　E. 光滑

37. 饰面板（砖）应对粘贴用水泥的（　　）复验。
   A. 凝结时间　B. 安定性　　C. 抗压强度　D. 抗折强度　E. 细度

38. 饰面板（砖）应对外墙陶瓷面砖的（　　）复验。
   A. 吸水率　　B. 抗冻性（寒冷地区）　　C. 抗压强度
   D. 抗折强度　E. 密度

39. 饰面板（砖）工程应对下列隐蔽工程项目进行验收（　　）。
   A. 基层的强度　B. 预埋件（或后置预埋件）　　C. 连接节点
   D. 防水层　　E. 变形缝

40. 相同材料、工艺和施工条件的室外饰面板（砖）工程（　　）m²应划分为一个检验批，不足（　　）m²也应划分为一个检验批。
   A. 500～1000　B. 1000　　C. 500　　　D. 300　　　E. 100

41. 室外饰面板（砖）工程每个检验批每（　　）m²应至少抽查一处，每处不得小于（　　）m²。
   A. 1000　　　B. 500　　　C. 100　　　D. 50　　　E. 10

42. 饰面砖粘贴工程适用于内墙饰面砖粘贴工程和高度不大于（　　）m、抗震设防烈度不大于（　　）度、采用满粘法施工的外墙饰面砖粘贴工程的质量验收。
   A. 100　　　B. 24　　　C. 9　　　　D. 8　　　　E. 7

43. 饰面板安装工程适用于内墙饰面板安装工程和高度不大于（　　）m、抗震设防烈度不大于（　　）度的外墙饰面板安装工程的质量验收。
   A. 100　　　B. 24　　　C. 9　　　　D. 8　　　　E. 7

44. 饰面板安装工程的预埋件或后置埋件、连接件的（　　）必须符合设计要求，后置埋件的现场拉拔强度必须符合设计要求。饰面板安装必须牢固。
   A. 色彩　　　B. 数量、规格、位置　　　C. 连接方法
   D. 防腐处理　E. 观感质量

45. 采用湿作业法施工的饰面板工程，饰面板与基体之间的灌注材料应（　　）。
   A. 牢固　　　B. 无脱层　　C. 饱满　　　D. 密实　　　E. 黏稠

46. 满贴法施工的饰面砖工程应（　　）。
   A. 无空鼓　　B. 无脱层　　C. 不渗水　　D. 不漏水　　E. 高强度
47. 幕墙工程验收时应检查下列文件（　　）。
   A. 专项设计审查合格证书
   B. 幕墙工程的施工图、结构计算书、设计说明及其他设计文件
   C. 建筑设计单位对幕墙工程设计的确认文件
   D. 幕墙工程所用各种材料、五金配件、构件及组件的产品合格证书、性能检测报告、进场验收记录和复验报告
   E. 幕墙实体检测报告
48. 幕墙工程所用各种材料、五金配件、构件及组件的产品（　　），应在验收时检查。
   A. 准用证　　B. 合格证书　　C. 性能检测报告
   D. 进场验收记录　　E. 复验报告
49. 幕墙的安全和功能检测试验是指（　　）性能。
   A. 抗风压　　B. 平面变形　　C. 空气渗透　　D. 雨水渗漏　　E. 抗震
50. 立柱和横梁等主要受力构件，其截面受力部分的壁厚应经计算确定，且铝型材不应小于（　　）mm，钢型材不应小于（　　）mm。
   A. 2.5　　B. 3.0　　C. 3.5　　D. 4.0　　E. 5.0
51. 幕墙金属框架与主体结构预埋件，立柱与横梁的连接及幕墙面板的安装必须符合（　　），安装必须（　　）。
   A. 结构可靠　　B. 设计要求　　C. 焊接牢固　　D. 牢固　　E. 美观
52. 幕墙工程隐蔽验收项目为（　　）。
   A. 预埋件或后置埋件　　　　　　　　B. 构件的连接节点
   C. 变形缝及墙面转角处的构造节点　　D. 基体的强度
   E. 幕墙防水构造、幕墙防雷装置
53. 幕墙与主体结构连接的各种预埋件，连接件，紧固件必须安装牢固，其（　　）应符合设计要求。
   A. 数量　　B. 规格　　C. 位置　　D. 连接方法　　E. 防潮
54. 玻璃幕墙结构胶和密封胶的打注应饱满、密实、连续、均匀、无气泡，（　　）应符合设计要求和技术标准的规定。
   A. 温度　　B. 宽度　　C. 长度　　D. 厚度
   E. 表面光洁度
55. 石材幕墙的石材孔、槽的（　　）应符合设计要求。
   A. 数量　　B. 深度　　C. 宽度　　D. 位置　　E. 尺寸
56. 幕墙的（　　）等部位的处理应保证缝的使用功能和饰面的完整性。
   A. 装饰缝　　B. 分格缝　　C. 抗震缝　　D. 伸缩缝　　E. 沉降缝
57. 涂饰工程基层处理，基层腻子应（　　）。内墙腻子的粘结强度应符合《建筑室内用腻子》（JG/T 3094）的规定。
   A. 平整　　B. 牢固　　C. 光滑

D. 坚实　　　　　E. 无粉化、起皮和裂缝

58. 适用于厨卫间的腻子的主要成分为（　　）。
    A. 聚醋酸乙烯乳液　　　　B. 熟桐油　　C. 水泥
    D. 水　　　　　E. 汽油

59. 溶剂型涂料涂饰工程应（　　）。
    A. 涂饰均匀　B. 粘结牢固　C. 漏涂、透底、起皮和反锈
    D. 裂缝　　　E. 粗糙

60. 细部工程应对下列部位进行隐蔽工程验收（　　）。
    A. 基层强度　B. 基体平整度　C. 预埋件（或后置埋件）
    D. 护栏与预埋件的连接节点　　E. 细部构造

61. 橱柜的抽屉和柜门应（　　）。
    A. 牢固　　B. 开关灵活　　C. 回位正确　D. 拼缝严密　E. 开关紧密

62. 护栏玻璃应使用公称厚度不小于（　　）mm 的（　　）。当护栏一侧距楼地面高度 5m 及以上时，应使用钢化夹层玻璃。
    A. 10　　　B. 12　　　C. 16
    D. 钢化玻璃　E. 钢化夹层玻璃

63. Ⅰ类民用建筑工程包括（　　）。Ⅰ类民用建筑工程：住宅、医院、老年建筑、幼儿园、学校教室等民用建筑工程。
    A. 住宅　　B. 医院　　C. 老年建筑
    D. 幼儿园学校、教室　　　E. 办公楼

64. Ⅱ类民用建筑工程包括（　　）。
    A. 办公楼　B. 住宅　　C. 商店、旅馆
    D. 文化娱乐场所　　　　E. 图书馆、书店等

65. 民用建筑工程室内装修中所采用的（　　）必须有同批次产品的挥发性有机化合物（VOC）和游离甲醛含量检测报告；溶剂型涂料、溶剂型胶粘剂必须有同批次产品的挥发性有机化合物（VOC）、苯、甲苯＋二甲苯、游离甲二异氰酸酯（TDI）含量检测报告，并应符合设计要求和《民用建筑工程室内环境污染控制规范》GB 5032—2010 的有关规定。
    A. 水性涂料　B. 水性胶粘剂　C. 水性处理剂
    D. 溶剂型涂料　E. 溶剂型胶粘剂

66. 民用建筑工程室内环境污染控制验收抽检代表性房间，有样板间检测的工程抽检数（　　），均不少于（　　）间。
    A. 2.5%　　B. 5%　　C. 10%　　D. 6　　E. 3

67. 民用建筑工程所使用的无机非金属装修材料，包括（　　）等，进行分类时，其放射性指标限量应符合《民用建筑工程室内环境污染控制规范》GB 5032—2010 的有关规定。
    A. 石材　　B. 建筑卫生陶瓷　　C. 石膏板及吊顶材料
    D. 无机瓷质粘结剂　　　E. 砌筑砂浆

68. 民用建筑工程所使用的（　　）等无机非金属建筑主体材料，其放射性指标限量

应符合《民用建筑工程室内环境污染控制规范》GB 5032—2010 的有关规定
  A. 建筑钢材 B. 砂、石、砖、水泥 C. 商品混凝土
  D. 混凝土预制构件   E. 新型墙体材料

69. 室内用水性涂料、胶粘剂、处理剂进场必须有（　　）含量检测报告。
  A. 总挥发性有机化合物（TVOC） B. 游离甲醛
  C. 游离甲苯二异氰酸酯（Tell） D. 苯 E. 氨

70. 民用建筑工程室内装修中所采用的水性涂料、水性胶粘剂、水性处理剂必须有同批次产品的（　　）含量检测报告。
  A. 挥发性有机化合物（VOC） B. 游离甲醛
  C. 游离甲苯二异氰酸酯（Tell） D. 苯 E. 甲苯＋二甲苯

71. 民用建筑工程验收时，必须进行室内环境污染浓度检测，项目有（　　）。
  A. 氡（Rn-222） B. 甲醛 C. 氨
  D. 苯和总挥发性有机化合物（TVOC） E. CO_2

三、判断题（正确的在括号内填"A"，错误的在括号内填"B"）

1. 建筑装饰装修工程的设计深度宜满足施工的要求。（　　）
2. 建筑装饰装修工程设计必须保证建筑物的结构安全和主要使用功能。当涉及主体和承重结构改动或增加荷载时，应由施工单位对既有建筑结构的安全性进行核验、确认。（　　）
3. 建筑装饰装修工程施工，严禁违反设计文件擅自改动建筑主体、承重结构或使用功能；但可以根据需要自己拆改水、暖、电、燃气、通讯等配套设施。（　　）
4. 水泥砂浆可以抹在石灰砂浆层上。（　　）
5. 罩面石灰膏可以抹在水泥砂浆层上。（　　）
6. 门窗工程应对建筑外墙的金属门窗、塑料门窗进行"三性"复验。（　　）
7. 高层建筑的外窗，每个检验批应至少抽查5%，并不得少于6樘。（　　）
8. 建筑外门窗的安装必须牢固。在砌体上安装应采用射钉固定。（　　）
9. 金属、塑料推拉门窗扇必须有防脱落措施。（　　）
10. 塑料门窗拼樘料内衬增强型钢规格、壁厚应符合设计要求，两端必须与洞口固定牢固。（　　）
11. 门窗玻璃不应直接接触型材。中空玻璃单面镀膜玻璃应在室内，镀膜层应在最外层。（　　）
12. 门窗框、扇的安装缝隙必须保证开关灵活关闭严密，无倒翘。（　　）
13. 门窗框、扇的安装必须牢固，其固定片和膨胀螺栓的数量与位置应按框外围间距不大于 600mm 固定。（　　）
14. 顶棚抹灰表面平整度可不作检查，但应平顺。（　　）
15. 重型灯具、电扇及其他重型设备可以安装在吊顶工程的龙骨上。（　　）
16. 建筑装饰装修工程所用材料应符合国家有关有害物质限量的规定。（　　）
17. 抹灰工程的面层应无裂缝，如果出现裂痕是允许的。（　　）
18. 放射性水平 A 类装修材料产销和使用范围不受限制。（　　）

19. 防碱背涂处理，就是用酸和水泥中析出的碱进行中和。（   ）
20. 幕墙工程验收时应检查建筑设计单位对幕墙工程设计的确认文件。（   ）
21. 硅酮结构密封胶应打注饱满，需在现场墙上打注。（   ）
22. 主体结构与幕墙连接的各种预埋件，其规格、数量、位置和防腐处理必须符合设计要求。（   ）
23. 幕墙上下档应通过悬管用螺栓连接。（   ）
24. 幕墙骨架与主体连接当没有条件采用预埋件连接时需采用膨胀螺栓作为连接措施。（   ）
25. 建筑幕墙的防雷装置必须与主体结构的防雷装置可靠连接。（   ）
26. 不同金属材料接触时应采用绝缘垫片分隔。（   ）
27. 幕墙的防火层应采取隔离措施。防火层的衬板应采用经防腐处理且厚度不小于15mm 的钢板，必要时也可以采用铝板。（   ）
28. 滑石粉、大白粉、石膏粉、锌白粉的粉料颜色相似，难以区别，只有通过检测其化学成分才能区别。（   ）
29. 民用建筑工程所选用的建筑和装修材料必须符合《民用建筑工程室内环境污染控制规范》的规定。（   ）
30. 室内用人造木板及饰面人造木板不需有游离甲醛含量或游离甲醛释放量检测报告。（   ）
31. Ⅰ类民用建筑采用异地土回填，应进行土的镭-226、钍-232、钾-40的比活度测定。内照射指数不大于1.0和外照射指数不大于1.3的土，方可使用。（   ）
32. 检测项目不全或对检测结果有疑问，必须将材料送检测机构进行检验。（   ）
33. 室内环境质量验收不合格的民用建筑工程，可采取准予使用，限期整改。（   ）
34. 涂饰工程所用材料规范未要求现场抽样复验。（   ）
35. 裱糊与软包工程所用的材料规范未要求现场抽样复验。（   ）
36. 装饰工程观感质量验收时，应符合各分项工程一般项目的要求。（   ）
37. 民用建筑工程验收时，必须对室内环境污染物浓度检测。（   ）

第13章　建筑地面工程

一、单项选择题

1. 现行《建筑地面工程施工质量验收规范》代号是（   ）。
A. GB 50209—95　　　　　　　　B. GB 50209—2002
C. GB 50037—2001　　　　　　　D. GB 50209—2010

2. 建筑地面工程采用的大理石、花岗石、料石等天然石材以及砖、预制板块、地毯、人造板材、胶粘剂、涂料、水泥、砂、石、外加剂等材料或产品应符合国家现行有关室内环境污染控制和放射性、（   ）的规定。材料进场时应具有检测报告。
A. 有毒物质限量　　B. 有害物质限量　　C. 污染性　　D. 有关强度

3. 检验同一施工批次、同一配合比水泥混凝土和水泥砂浆强度的试块，应按每一层

（或检验批）建筑地面工程不少于（　　）组。当每一层（或检验批）建筑地面工程面积大于 1000m² 时，每增加 1000m² 应增做 1 组试块；小于 1000m² 按 1000m² 计算，取样 1 组；检验同一施工批次、同一配合比的散水、明沟、踏步、台阶、坡道的水泥混凝土、水泥砂浆强度的试块，应按每 150 延长米不少于 1 组。

A. 1　　　　　B. 2　　　　　C. 3　　　　　D. 4

4. 建筑地面工程的分项工程施工质量检验的主控项目，应达到本规范规定的质量标准，认定为合格；一般项目 80％以上的检查点（处）符合本规范规定的质量要求，其他检查点（处）不得有明显影响使用，且最大偏差值不超过允许偏差值的（　　）％为合格。凡达不到质量标准时，应按现行国家标准《建筑工程施工质量验收统一标准》GB 50300 的规定处理。

A. 20　　　　　B. 30　　　　　C. 50　　　　　D. 80

5. 填土时应为最优含水量。重要工程或大面积的地面填土前，应取土样，按击实试验确定（　　）与相应的最大干密度。

A. 最优含水量　B. 最优含水率　C. 最优加水量　D. 最优加水率

6. 熟化石灰粉可采用磨细生石灰，亦可用（　　）代替。

A. 生石灰　　　B. 石粉　　　　C. 电石粉　　　D. 粉煤灰

7. 有防水、防潮要求的地面，宜在防水、防潮隔离层施工完毕并验收（　　）再铺设绝热层。

A. 前　　　　　B. 后　　　　　C. 合格后　　　D. 交接

8. 水泥混凝土面层铺设（　　）留施工缝。当施工间隙超过允许时间规定时，应对接槎处进行处理。

A. 可　　　　　B. 不宜　　　　C. 不得　　　　D. 必须

9. 木、竹面层铺设在水泥类基层上，其基层表面应坚硬、平整、洁净、不起砂，表面含水率不应大于（　　）％。

A. 4　　　　　B. 6　　　　　C. 8　　　　　D. 10

10. 木搁栅、垫木和垫层地板等应做（　　）处理。

A. 防腐　　　　B. 防蛀　　　　C. 防火　　　　D. 防腐、防蛀

11. 有防水要求的建筑地面子分部工程的分项工程施工质量每检验批抽查数量应按其房间总数随机检验不应少于（　　）间，不足 4 间，应全数检查。

A. 2　　　　　B. 3　　　　　C. 4　　　　　D. 5

12. 基土应均匀密实，压实系数应符合设计要求，设计无要求时，不应小于（　　）。

A. 0.95　　　　B. 0.92　　　　C. 0.90　　　　D. 0.88

13. 砂垫层厚度不应小于 60mm；砂石垫层厚度不应小于（　　）mm。

A. 120　　　　B. 100　　　　C. 80　　　　　D. 60

14. 碎石的强度应均匀，最大粒径不应大于垫层厚度的（　　）；碎砖不应采用风化、酥松、夹有有机杂质的砖料，颗粒粒径不应大于 60mm。

A. 2/3　　　　B. 3/4　　　　C. 1/3　　　　D. 1/2

15. 碎石垫层和碎砖垫层厚度不应小于（　　）mm。

A. 50　　　　　B. 60　　　　　C. 80　　　　　D. 100

16. 水泥混凝土垫层的厚度不应小于（　　）mm；陶粒混凝土垫层的厚度不应小于80mm。

　　A. 60　　　　　　B. 80　　　　　　C. 100　　　　　　D. 120

17. 检查防水隔离层应采用蓄水方法，蓄水深度最浅处不得小于10mm，蓄水时间不得少于（　　）h；检查有防水要求的建筑地面的面层应采用泼水方法。

　　A. 48　　　　　　B. 24　　　　　　C. 12　　　　　　D. 2

18. 有防水要求的建筑地面工程的立管、套管、地漏处不应渗漏，坡向应正确、无积水。检验方法为：观察检查和蓄水、泼水检验及坡度尺检查。蓄水（　　）h，深度不小于10mm。

　　A. 48　　　　　　B. 24　　　　　　C. 12　　　　　　D. 2

19. 查各类面层（含不需铺设部分或局部面层）表面的裂纹、脱皮、麻面和起砂等缺陷，应采用（　　）的方法。

　　A. 用钢尺量　　　B. 用锤敲击　　　C. 观感　　　D. 手摸

20. 水泥混凝土散水、明沟应设置伸、缩缝，其延长米间距不得大于（　　）m，对日晒强烈且昼夜温差超过15℃的地区，其延长米间距宜为4～6m。水泥混凝土散水、明沟和台阶等与建筑物连接处及房屋转角处应设缝处理。上述缝的宽度应为15～20mm，缝内应填嵌柔性密封材料。

　　A. 6　　　　　　B. 8　　　　　　C. 10　　　　　　D. 12

21. 楼梯、台阶踏步的宽度、高度应符合设计要求。楼层梯段相邻踏步高度差不应大于（　　）mm；每踏步两端宽度差不应大于10mm，旋转楼梯梯段的每踏步两端宽度的允许偏差不应大于5mm。踏步面层应做防滑处理，齿角应整齐，防滑条应顺直、牢固。

　　A. 20　　　　　　B. 15　　　　　　C. 10　　　　　　D. 8

22. 踢脚线与柱、墙面应紧密结合，踢脚线高度及出柱、墙厚度应符合设计要求且均匀一致。当出现空鼓时，局部空鼓长度不应大于（　　）mm，且每自然间或标准间不应多于2处。

　　A. 200　　　　　B. 300　　　　　C. 400　　　　　D. 500

23. 楼地面工程整体面层施工后，养护时间不应少于（　　）d；抗压强度应达到5MPa后方准上人行走；抗压强度应达到设计要求后，方可正常使用。

　　A. 7　　　　　　B. 10　　　　　C. 14　　　　　D. 28

24. 铺设水泥混凝土板块、水磨石板块、人造石板块、陶瓷锦砖、陶瓷地砖、缸砖、水泥花砖、料石、大理石、花岗石等面层的结合层和填缝材料采用水泥砂浆时，在面层铺设后，表面应覆盖、湿润，养护时间不应少于（　　）d。当板块面层的水泥砂浆结合层的抗压强度达到设计要求后，方可正常使用。

　　A. 7　　　　　　B. 10　　　　　C. 14　　　　　D. 28

25. 铺设实木地板、实木集成地板、竹地板面层时，其木搁栅的截面尺寸、间距和稳固方法等均应符合设计要求。木搁栅固定时，不得损坏基层和预埋管线。木搁栅应垫实钉牢，与柱、墙之间留出（　　）mm的缝隙，表面应平直，其间距不宜大于300mm。

　　A. 10　　　　　B. 20　　　　　C. 30　　　　　D. 40

26. 室内地面的水泥混凝土垫层和陶粒混凝土垫层，应设置纵向缩缝和横向缩缝；纵向缩缝、横向缩缝的间距均不得大于（　　）m。

A. 2　　　　　　B. 4　　　　　　C. 6　　　　　　D. 8

27. 水泥混凝土垫层和陶粒混凝土垫层应铺设在基土上。当气温长期处于0℃以下，设计无要求时，垫层应设置（　　），缝的位置、嵌缝做法等应与面层伸、缩缝相一致，并应符合验收规范的规定。

A. 伸缝　　　　B. 缩缝　　　　C. 伸缩缝　　　　D. 假缝

28. 铺设隔离层时，在管道穿过楼板面四周，防水、防油渗材料应向上铺涂，并超过套管的上口；在靠近柱、墙处，应高出面层（　　）mm或按设计要求的高度铺涂。阴阳角和管道穿过楼板面的根部应增加铺涂附加防水、防油渗隔离层。

A. 100～200　　B. 200～300　　C. 300～400　　D. 400～500

二、多项选择题

1. 地面工程检验批的合格标准是（　　）。
A. 主控项目要达到规范要求　　　　B. 一般项目80%以上要符合要求
C. 不合格点不得超过允许偏差值的20%　　D. 一般项目全部符合规定要求
E. 不合格点不得超过允许偏差值的50%

2. 建筑地面工程子分部工程质量验收应检查下列工程质量文件和记录（　　）。
A. 建筑地面工程设计图纸和变更文件等
B. 原材料的质量合格证明文件、重要材料或产品的进场抽样复验报告
C. 各层的强度等级、密实度等的试验报告和测定记录
D. 各类建筑地面工程施工质量控制文件；各构造层的隐蔽验收及其他有关验收文件
E. 竣工图

3. 建筑地面工程子分部工程质量验收应检查下列安全和功能项目（　　）。
A. 有防水要求的建筑地面子分部工程的分项工程施工质量的蓄水检验记录，并抽查复验
B. 建筑地面板块面层铺设子分部工程和木、竹面层铺设子分部工程采用的砖、天然石材、预制板块、地毯、人造板材以及胶粘剂、胶结料、涂料等材料证明及环保资料
C. 泼水试验记录
D. 楼板强度检测报告
E. 混凝土抗渗检测报告

4. 建筑地面工程子分部工程观感质量综合评价应检查下列项目（　　）。
A. 变形缝、面层分格缝的位置和宽度以及填缝质量应符合规定
B. 室内建筑地面工程按各子分部工程经抽查分别作出评价
C. 楼梯、踏步等工程项目经抽查分别作出评价
D. 吊顶中电线的安装质量
E. 防水层的观感质量评价

5. 建筑地面工程施工时，各层环境温度的控制应符合材料或产品的技术要求，并应符合下列规定（　　）。
A. 混凝土工程施工时，5天的平均温度不得低于0℃

B. 采用掺有水泥、石灰的拌和料铺设以及用石油沥青胶结料铺贴时，不应低于5℃

C. 采用有机胶粘剂粘贴时，不应低于10℃

D. 采用砂、石材料铺设时，不应低于0℃

E. 采用自流平、涂料铺设时，不应低于5℃，也不应高于30℃

6. 建筑地面的变形缝应按设计要求设置，并应符合下列规定（   ）。

A. 建筑地面的沉降缝、伸缝、缩缝和防震缝，不能应与结构相应缝的位置一致

B. 建筑地面的沉降缝、伸缝、缩缝和防震缝，应与结构相应缝的位置一致，且应贯通建筑地面的各构造层

C. 沉降缝和防震缝的宽度应符合设计要求，缝内清理干净，用砂浆材料填嵌后用板封盖

D. 沉降缝和防震缝的宽度应符合设计要求，缝内清理干净，以柔性密封材料填嵌后用板封盖，并应与面层齐平

E. 伸缩缝的宽度应符合设计要求，缝内清理干净，以柔性密封材料填嵌后用板封盖，并应与面层齐平

7. 建筑地面工程施工质量的检验，应符合下列规定（   ）。

A. 基层（各构造层）和各类面层的分项工程的施工质量验收应按每一层次或每层施工段（或变形缝）划分检验批，高层建筑的标准层可按每三层（不足三层按三层计）划分检验批

B. 每检验批应以各子分部工程的基层（各构造层）和各类面层所划分的分项工程按自然间（或标准间）检验，抽查数量应随机检验不应少于3间；不足3间，应全数检查；其中走廊（过道）应以10延长米为1间，工业厂房（按单跨计）、礼堂、门厅应以两个轴线为1间计算

C. 有防水要求的建筑地面子分部工程的分项工程施工质量每检验批抽查数量应按其房间总数随机检验不应少于4间，不足4间，应全数检查

D. 基层（各构造层）和各类面层的分项工程的施工质量验收应按每一层次或每层施工段（或变形缝）划分检验批，高层建筑的标准层也按每层划分检验批

E. 有防水要求的建筑地面子分部工程的分项工程施工质量每检验批抽查数量应按其房间总数随机检验不应少于3间，不足3间，应全数检查

8. 检验方法应符合下列规定（   ）。

A. 检查裂缝用放大镜或刻度放大镜

B. 检查允许偏差应采用钢尺、1m直尺、2m直尺、3m直尺、2m靠尺、楔形塞尺、坡度尺、游标卡尺和水准仪

C. 检查空鼓应采用敲击的方法

D. 检查防水隔离层应采用蓄水方法，蓄水深度最浅处不得小于10mm，蓄水时间不得少于24h；检查有防水要求的建筑地面的面层应采用泼水方法

E. 检查各类面层（含不需铺设部分或局部面层）表面的裂纹、脱皮、麻面和起砂等缺陷，应采用观感的方法

9. 在预制钢筋混凝土板上铺设找平层前，板缝填嵌的施工应符合下列要求（   ）。

A. 预制钢筋混凝土板相邻缝底宽不应小于20mm

B. 填嵌时，板缝内应清理干净，保持湿润

C. 填缝应采用细石混凝土，其强度等级不应小于C20。填缝高度应低于板面10mm~20mm，且振捣密实；填缝后应养护。当填缝混凝土的强度等级达到C15后方可继续施工

D. 当板缝底宽大于40mm时，应按设计要求配置钢筋

E. 预制钢筋混凝土板相邻缝底应挤紧

10. 建筑地面工程中绝热层材料进入施工现场时，应对材料的（　　）进行复验。

A. 导热系数　　　　B. 表观密度　　　　C. 抗压强度或压缩强度

D. 阻燃性　　　　　E. 抗拉强度

11. 水泥宜采用（　　），不同品种、不同强度等级的水泥不应混用；砂应为中粗砂，当采用石屑时，其粒径应为1~5mm，且含泥量不应大于3%；防水水泥砂浆采用的砂或石屑，其含泥量不应大于1%。

A. 硅酸盐水泥　　　B. 普通硅酸盐水泥　　C. 火山灰水泥

D. 矿渣水泥　　　　E. 硫铝酸盐水泥

12. 建筑地面涂料工程中，涂料进入施工现场时，应有（　　）限量合格的检测报告。

A. 苯　　　　　　　B. 甲苯＋二甲苯　　　C. 挥发性有机化合物（VOC）

D. 游离甲苯二异氰醛酯（TDI）　　　　　　E. CO_2

13. 实木地板、实木集成地板、竹地板面层采用的材料进入施工现场时，应有以下有害物质限量合格的检测报告（　　）。

A. 地板中的苯

B. 胶中的 CO_2

C. 地板中的游离甲醛（释放量或含量）

D. 溶剂型胶粘剂中的挥发性有机化合物（VOC）、苯、甲苯＋二甲苯

E. 水性胶粘剂中的挥发性有机化合物（VOC）和游离甲醛

14. 浸渍纸层压木质地板面层采用的材料进入施工现场时，应有以下有害物质限量合格的检测报告（　　）。

A. 地板中的苯

B. 胶中的 CO_2

C. 地板中的游离甲醛（释放量或含量）

D. 溶剂型胶粘剂中的挥发性有机化合物（VOC）、苯、甲苯＋二甲苯

E. 水性胶粘剂中的挥发性有机化合物（VOC）和游离甲醛

三、判断题（正确的在括号内填"A"，错误的在括号内填"B"）

1. 室内地面的水泥混凝土垫层，应设置纵横向缩缝，均要做成平头缝或企口缝。（　　）

2. 混凝土垫层，纵横向缩缝间距均不得大于12m。（　　）

3. 地面找平层是起整平找坡或加强作用的构造层，它承受并传递地面荷载于基土之上。（　　）

4. 隔离层是防止建筑地面上各种液体或地下水、潮气渗透地面等作用的构造层，仅

防地下潮气透过地面时，可称作防潮层。（   ）

5. 找平层应采用水泥砂浆或混凝土铺设，其他材料不可用。（   ）

6. 建筑地面施工时，一般可以不考虑控制各层的施工环境温度。（   ）

7. 建筑地面工程各层铺设前与相关专业的分部（子分部）工程、分项工程以及设备管道安装工程之间，应进行交接检验。（   ）

8. 空心板填缝采用细石混凝土，其强度等级不得小于C20。填缝高度应低于板面10～20mm，且振捣密实；填缝隙后应养护。（   ）

9. 浴间及有防水要求的建筑地面，其结构层必须采用现浇混凝土或整块预制混凝土板，且强度等级不应少于C20。（   ）

10. 有防水要求的建筑地面，在楼板四周除门洞外，应做混凝土翻边，其高度不应少于100mm。（   ）

11. 水泥砂浆面层空鼓面积不应大于400cm²，且每自然间（标准间）不多于2处可不计；踢脚线空鼓长度不应大于300mm，且每自然间（标准间）不多于2处可不计。
（   ）

12. 普通水磨石面层磨光遍数不应少于2遍，高级水磨石面层厚度和磨光遍数由设计确定。（   ）

13. 防油渗面层内可敷设管线，但其厚度应符合设计要求。（   ）

14. 不发火（防爆的）面层采用的碎石是以金属或石料撞击时不发生火花为合格。
（   ）

15. 块面层，如陶瓷地砖、花岗石、缸砖等，在面层铺设后，可不进行湿润、养护。但在强度未达到设计要求前，不能提前使用。（   ）

16. 地毯的品种、规格、颜色、花色、胶料和辅料及其材质均要求符合设计要求和国家现行地毯产品标准的规定。（   ）

17. 铺设花岗石前，应抽样检测花岗石的放射性。（   ）

18. 各类木地板面层铺设应牢固，粘结无空鼓，其检查方法有：观察或用小锤轻击，也可用脚踩。（   ）

19. 纵向缩缝应做成平头缝或企口缝，也可以做成假缝。（   ）

第14章 屋面工程

一、单项选择题

1. 屋面工程应根据建筑物的性质、重要程度、使用功能要求以及防水层合理使用年限，按不同等级进行设防，屋面防水等级共分（   ）个等级。
   A. 二 B. 三 C. 四 D. 五

2. 屋面找坡应满足设计排水坡要求，结构找坡不应小于（   ），材料找坡宜为2%；檐沟、天沟纵向找坡不应小于1%，沟底水落差不得超过200mm。
   A. 2% B. 3% C. 4% D. 5%

3. 屋面工程所用的防水、保温材料应有（   ），材料的品种、规格、性能等必须符合国家现行产品标准和设计要求。产品质量应由经过省级以上建设行政主管部门对其资质认可和质量技术监督部门对其计量认证的质量检测单位进行检测。

    A. 产品合格证书   B. 性能检测报告
    C. 生产许可证   D. 产品合格证书和性能检测报告

4. 屋面工程使用的材料应符合国家现行有关标准对（　　）限量的规定，不得对周围环境造成污染。

    A. 材料有害物质   B. 材料重量
    C. 单个材料体积   D. 导热性能

5. 屋面工程中找平层宜采用水泥砂浆或细石混凝土；找平层的抹平工序应在（　　）完成，压光工序应在终凝前完成，终凝后应进行养护。

    A. 初凝前   B. 终凝前   C. 初凝后   D. 初凝后

6. 隔汽层应设置在（　　）与保温层之间；隔汽层应选用气密性、水密性好的材料。

    A. 结构层   B. 构造层   C. 防水层   D. 主体基层

7. 隔汽层采用卷材时宜空铺，卷材搭接缝应满粘，其搭接宽度不应小于（　　）mm；隔汽层采用涂料时，应涂刷均匀。

    A. 40   B. 60   C. 80   D. 100

8. 泡沫混凝土的干密度、抗压强度、吸水率试件应采用符合《混凝土试模》JG 237 规定的规格为（　　）的立方体混凝土试模，应在现场浇注试模，24h 后脱模，并标准养护 28d。

    A. 50mm×50mm×50mm   B. 100mm×100mm×100mm
    C. 150mm×150mm×150mm   D. 200mm×200mm×200mm

9. 现浇泡沫混凝土保温层的厚度应符合设计要求，其正负偏差应为 5%，且不得大于 5mm。检验方法为（　　）。

    A. 钢针插入   B. 尺量检查
    C. 钻芯测量   D. 钢针插入和尺量检查

10. 屋面工程质量验收规范规定防水混凝土表面的裂缝宽度不应大于（　　）mm，并不得贯通。

    A. 0.1   B. 0.2   C. 0.5   D. 1

11. 能作蓄水检验的屋面，其蓄水检验时间不应小于（　　）h。

    A. 12   B. 24   C. 36   D. 48

12. 找平层分格缝纵横间距不宜大于（　　）m，分格缝的宽度宜为 5～20mm。

    A. 4   B. 5   C. 6   D. 8

13. 架空隔热制品距山墙或女儿墙不得小于（　　）mm。

    A. 200   B. 250   C. 300   D. 400

14. 胎体增强材料长边搭接宽度不应小于 50mm，短边搭接宽度不应小于（　　）mm。

    A. 100   B. 120   C. 70   D. 50

15. 瓦片必须铺置牢固，在大风及地震设防地区或屋面坡度大于（　　）时，应按设计要求采取固定加强措施。

    A. 30%   B. 40%   C. 50%   D. 100%

16. 沥青瓦铺装时,脊瓦在两坡面瓦上的搭盖宽度,每边不应小于(   )mm。
    A. 100   B. 120   C. 150   D. 180
17. 架空隔热相邻两块制品的高低差不得大于(   )mm。
    A. 3   B. 5   C. 6   D. 8
18. 保温材料使用时的含水率,应(   )。
    A. 相当于该材料在当地自然风干状态下的平衡含水率
    B. 小于当地自然风干状态下的平衡含水率
    C. 大于当地自然风干状态下的平衡含水率
    D. 小于是 15%
19. 热熔法铺贴卷材时,厚度小于(   )mm 的高聚物改性沥青防水卷材,严禁采用热熔法施工。
    A. 3   B. 4   C. 5   D. 6
20. 突出屋面结构的侧面瓦伸入泛水宽度不应小于(   )mm。
    A. 80   B. 70   C. 50   D. 30
21. 检查屋面有无渗漏、积水和排水系统是否畅通,应在雨后或持续淋水(   )h 后进行,并应填写淋水试验记录。具备蓄水条件的檐沟、天沟应进行蓄水试验,蓄水时间不得少于 24h,并应填写蓄水试验记录。
    A. 1   B. 2   C. 6   D. 12
22. 防水层及附加层伸入水落口杯内不应小于(   )mm,并应粘结牢固。
    A. 15   B. 20   C. 25   D. 50

二、多项选择题

1. 《屋面工程质量验收规范》涉及(   )等问题。
   A. 质量管理   B. 材料   C. 设计   D. 监理   E. 勘察
2. 屋面工程中防水、保温材料进场验收应符合下列规定:(   )。
   A. 应根据设计要求对材料的质量证明文件进行检查,并应经监理工程师或建设单位代表确认,纳入工程技术档案
   B. 应对材料的品种、规格、包装、外观和尺寸等进行检查验收,并应经监理工程师或建设单位代表确认,形成相应验收记录
   C. 防水、保温材料进场检验项目及材料标准应符合屋面工程质量验收规范的规定。材料进场检验应执行见证取样送检制度,并应提出进场检验报告
   D. 进场检验报告的全部项目指标均达到技术标准规定应为合格;不合格材料不得在工程中使用
   E. 进场材料应抽样对防火性能进行检测,并在合格后方可使用
3. 保温材料的(   ),必须符合设计要求。
   A. 导热系数   B. 表观密度或干密度   C. 抗压强度或压缩强度
   D. 抗拉强度   E. 燃烧性能
4. 屋面工程中架空隔热制品的质量应符合下列要求:(   )。
   A. 非上人屋面的砌块强度等级不应低于 MU7.5
   B. 上人屋面的砌块强度等级不应低于 MU10

C. 混凝土板的强度等级不应低于 C20

D. 混凝土板的强度等级不应低于 C40

E. 板厚及配筋应符合设计要求

5. 屋面工程质量验收规范规定冷粘法铺贴卷材应符合下列规定：（   ）。

A. 胶粘剂涂刷应均匀，不应露底，不应堆积

B. 应控制胶粘剂涂刷与卷材铺贴的间隔时间

C. 卷材下面的空气应排尽，并应辊压粘贴牢固

D. 卷材铺贴应平整顺直，搭接尺寸应准确，不得扭曲、皱折；接缝口应用密封材料封严，宽度不应小于 10mm

E. 粘贴卷材时，应随刮随铺，并应展平压实

6. 屋面工程质量验收规范规定热粘法铺贴卷材应符合下列规定：（   ）。

A. 应控制胶粘剂涂刷与卷材铺贴的间隔时间

B. 熔化热熔型改性沥青胶结料时，宜采用专用导热油炉加热，加热温度不应高于 200℃，使用温度不宜低于 180℃

C. 粘贴卷材的热熔型改性沥青胶结料厚度宜为 1.0~1.5mm

D. 采用热熔型改性沥青胶结料粘贴卷材时，应随刮随铺，并应展平压实

E. 卷材表面热熔后应立即滚铺，卷材下面的空气应排尽，并应辊压粘贴牢固

7. 密封防水部位的基层应符合下列要求：（   ）。

A. 基层应牢固，表面应平整、密实，不得有裂缝、蜂窝、麻面、起皮和起砂现象

B. 基层混凝土强度不得小于 C30

C. 基层应清洁、干燥，并应无油污、无灰尘

D. 嵌入的背衬材料与接缝壁间不得留有空隙

E. 密封防水部位的基层宜涂刷基层处理剂，涂刷应均匀，不得漏涂

8. 屋面工程中瓦材及防水垫层的质量，应符合设计要求。其检验方法为检查（   ）。

A. 出厂合格证   B. 型式检验报告   C. 质量检验报告

D. 进场检验报告   E. 现场抽样检测报告

9. 屋面工程检验批质量验收合格应符合下列规定：（   ）。

A. 主控项目的质量应经抽查检验合格

B. 一般项目的质量应经抽查检验合格；有允许偏差值的项目，其抽查点应有 80% 及其以上在允许偏差范围内，且最大偏差值不得超过允许偏差值的 1.5 倍

C. 一般项目的质量应经抽查检验合格；有允许偏差值的项目，其抽查点应有 90% 及其以上在允许偏差范围内，且最大偏差值不得超过允许偏差值的 1.2 倍

D. 应具有完整的施工操作依据和质量检查记录

E. 应具有屋面系统防火性能的检测报告

10. 屋面工程的主要功能是（   ）。

A. 排水   B. 防水   C. 保温   D. 隔热   E. 承重

11. （   ）是屋面工程的细部工程。

A. 檐沟和天沟   B. 女儿墙和山墙   C. 水落管   D. 变形缝   E. 檐口

三、判断题（正确的在括号内填"A"，错误的在括号内填"B"）

1. 不得在松散材料保温层上做细石混凝土防水层。（ ）
2. 卷材防水屋面、涂膜防水屋面、刚性防水屋面及瓦屋面均属于屋面工程的各子分部工程，隔热屋面可在各子分部之中，不单独属于一个子分部。（ ）
3. 屋面的保温层和防水层严禁在雨大、雪天和五级及其以上时施工。施工时环境气温一般不做要求。（ ）
4. 对一般的建筑物，其防水层合理年限为10年，设防要求为一道设防；对重要的建筑和高层建筑，其防水层合理使用年限为15年，设防要求为二道设防。（ ）
5. 基层与突出屋面结构的交接处和基层的转角处，找平层均应做成圆弧形。但不同材质的卷材，其圆弧直径要求是不同的。（ ）
6. 卷材防水当坡度大于30%时，应采取固定措施，固定点应密封严密。（ ）
7. 架空隔热制品支座底面的卷材、涂膜防水层上，一般可以不另采取加强措施。（ ）
8. 细石混凝土防水屋面有抗渗性能，因此混凝土不仅要做抗压强度试验，而且还要做抗渗试验。（ ）
9. 密封材料是不定型膏状体。（ ）
10. 刚性防水屋面分仓缝处混凝土应断开，但钢筋可以不断开。（ ）
11. 刚性防水屋面不适用设有松散材料保温层的屋面以及受较大振动或冲击的和坡度大于15%的建筑屋面。（ ）
12. 细石混凝土不得使用火山灰质水泥，当采用矿渣硅酸盐水泥时，应采用减少泌水性的措施。（ ）
13. 涂膜防水层应直接涂刷至女儿墙的压顶下，收头处理应用防水涂料多遍涂刷封存严密，压顶应做防水处理。（ ）
14. 各防水屋面的检验批的划分一般是根据面积大小来定，但细部构造应根据分项工程的内容，应全部进行检查。（ ）
15. 涂膜应根据防水涂料的品种分遍涂布，不得一次涂成。应待先涂的涂层干燥成膜后，方可涂后一遍涂料。（ ）
16. 屋面混凝土墙上应事先预埋留好凹槽，以利于卷材收头。（ ）

第15章 民用建筑节能工程（土建部分）

一、单项选择题

1. 设计变更不得降低建筑节能效果。当设计变更涉及建筑节能效果时，该项变更应经（   ）审查，在实施前应办理设计变更手续，并获得监理或建设单位的确认。
   A. 建设单位　　　　　　　　　B. 监理单位
   C. 原施工图设计审查机构　　　D. 建设行政主管部门
2. 建筑节能材料和设备进场时，施工单位应对材料和设备的品种、规格、包装、外观和尺寸等进行检查验收,并应经( )核准,形成相应的验收记录。

  A. 建设行政主管部门   B. 工程质量监督站
  C. 总监理工程师   D. 监理工程师(建设单位代表)

3. 建筑节能工程所使用材料的( ),应符合设计要求和国家现行标准《高层民用建筑设计防火规范》GB 50045、《建筑内部装修设计防火规范》GB 50222 和《建筑设计防火规范》GB 50016 的规定。

  A. 燃烧性能等级   B. 阻燃处理
  C. 燃烧性能等级和阻燃处理   D. 防水性能

4. 建筑节能工程施工应当按照( )设计文件和经审批的建筑节能工程施工技术方案的要求施工。

  A. 建设单位认可的   B. 监理单位认可的
  C. 工程质量监督站认可的   D. 审查合格的

5. 建筑节能工程施工前,对于重复采用建筑节能设计的房间和构造做法,应在现场采用相同材料和工艺制作样板间或样板件,经( )确认后方可进行施工。

  A. 建设单位   B. 监理单位   C. 设计单位   D. 有关各方

6. 建筑节能工程为单位建筑工程的一个( ),其分项工程和检验批的划分应符合《建筑节能工程施工质量验收规范》的规定。

  A. 分项工程的检验批   B. 分项工程
  C. 子分部工程   D. 分部工程

7. 墙体节能工程应采用外保温定型产品或成套技术时,其型式检验报告中应包括( )检验。

  A. 安全性   B. 耐候性
  C. 安全性和耐候性   D. 耐久性

8. 采用保温砌块砌筑的墙体,应采用( )砌筑。砌筑砂浆的强度等级应符合设计要求。砌体的水平灰缝饱满度不应低于90%,竖直灰缝饱满度不应低于80%。

  A. 水泥砂浆   B. 具有保温功能的砂浆
  C. 混合砂浆   D. 高强度水泥砂浆

9. 严寒、寒冷和夏热冬冷地区外墙热桥部位,应按设计要求采取( )措施。

  A. 结构加强   B. 构造加强
  C. 节能保温等隔断热桥   D. 防水

10. 墙体上容易碰撞的阳角、门窗洞口及不同材料基体的交接处等特殊部位,其保温层应采取( )的加强措施。

  A. 防止开裂   B. 防止破损
  C. 加强强度   D. 防止开裂和破损

11. 采用现场喷涂或模板浇注有机类保温材料做外保温时,有机类保温材料应达到( )后方可进行下道工序施工。

  A. 凝结时间   B. 陈化时间   C. 初凝时间   D. 终凝时间

12. 当幕墙节能工程采用隔热型材时,隔热型材生产厂家应提供型材所使用的隔热材料的( )试验报告。

A. 力学性能 B. 热变形性能
C. 力学性能和热变形性能 D. 热工性能

13. 严寒、寒冷地区的建筑外窗采用推拉窗或凸窗时,应对( )做现场实体检验,检测结果应满足设计要求。

A. 水密性 B. 气密性 C. 抗风压性 D. 平面变形性

14. 外门窗框或副框与洞口之间的间隙应采用( )填充饱满,并使用密封胶密封;外门窗框与副框之间的缝隙应使用密封胶密封。

A. 水泥砂浆 B. 水泥混合砂浆 C. 密封材料 D. 弹性闭孔材料

15. 屋面保温隔热层的敷设方式、厚度、缝隙填充质量及屋面热桥部位的保温隔热做法,必须符合设计要求和有关标准的规定。检查数量为每( )m^2 抽查一处,整个屋面抽查不得少于 3 处。

A. 50 B. 100 C. 500 D. 1000

16. 建筑围护结构施工完成后,应对围护结构的外墙节能构造和严寒、寒冷、夏热冬冷地区外墙节能构造的现场实体检验,其抽样数量可以在合同中约定,但合同中约定的抽样数量不应低于《建筑节能工程施工质量验收规范》GB 50411 的要求。当无合同约定时应按照下列规定抽样:每个单位工程的外墙至少抽查( )处,每处一个检查点。当一个单位工程外墙有 2 种以上节能保温做法时,每种节能做法的外墙应抽查不少于 3 处。

A. 1 B. 2 C. 3 D. 5

二、多项选择题

1. 建筑节能材料进场时应检查( )。

A. 材料、设备外观质量

B. 材料、设备的规格

C. 材料、设备的技术参数

D. 材料、设备的质量证明文件

E. 材料、设备的生产许可证

2. 对外墙外保温系统应检查( )。

A. 核查系统的准用证

B. 核对现场建筑节能系统和设计文件的一致性

C. 核对现场建筑节能系统和型式检验报告的一致性

D. 核对现场建筑节能系统和耐候性检测报告中检测时系统的一致性

E. 核查系统建筑节能技术鉴定报告

3. 建筑节能材料和设备进场时,施工单位应对材料和设备的质量合格证明文件进行核查,并应经监理工程师(建设单位代表)确认,纳入工程技术档案。所有进入施工现场用于节能工程的材料和设备均应具有( ),进口材料和设备应按规定进行出入境商品检验。

A. 出厂合格证

B. 中文说明书及相关性能检测报告

C. 生产许可证

D. 定型产品和成套技术应有型式检验报告

E. 技术推广证

4. 主体结构完成后进行施工的墙体节能工程，应在基层质量验收合格后施工，施工过程中应及时进行（　　），施工完成后应进行墙体节能分项工程验收。与主体结构同时施工的墙体节能工程，应与主体结构一同验收。

　　A. 下道工序的施工

　　B. 质量检查

　　C. 隐蔽工程验收所

　　D. 检验批验收

　　E. 分项工程的验收

5. 墙体节能工程应对（　　）等部位或内容进行隐蔽工程验收，并应有详细的文字记录和必要的图像资料。

　　A. 保温材料的热工性能

　　B. 保温层附着的基层及其表面处理

　　C. 保温板粘结或固定、锚固件、增强网铺设、墙体热桥部位处理

　　D. 预置保温板或预制保温墙板的板缝及构造节点、现场喷涂或浇注有机类保温材料的界面

　　E. 被封闭的保温材料的厚度、保温隔热砌块填充墙体

6. 用于墙体节能工程的材料、构件等，其品种、规格应符合设计要求和相关标准的规定。检验方法为（　　）。

　　A. 观察　　　　　　　　　　B. 尺量检查

　　C. 核查质量证明文件　　　　D. 计量检查

　　E. 全数试验

7. 墙体节能工程使用的保温隔热材料，其（　　）应符合设计要求。

　　A. 容重　　　　　　　　　　B. 导热系数

　　C. 密度　　　　　　　　　　D. 抗压强度或压缩强度

　　E. 燃烧性能

8. 墙体节能工程采用的保温材料和粘结材料等，进场时应对其（　　）等性能进行复验，复验应为见证取样送检。

　　A. 燃烧性能

　　B. 材料的密度

　　C. 保温材料的导热系数、材料密度、抗压强度或压缩强度

　　D. 粘结材料的粘结强度

　　E. 增强网的力学性能、抗腐蚀性能。

9. 采用预制保温墙板现场安装的墙体，应符合下列规定（　　）。

　　A. 保温墙板应有型式检验报告，型式检验报告中应包括安装性能的检验

　　B. 具有保温墙板进场抽样检测报告

　　C. 保温墙板的结构性能、热工性能及与主体结构的连接方法应符合设计要求，与主体结构连接必须牢固

D. 保温墙板的板缝处理、构造节点及嵌缝做法应符合设计要求

E. 保温墙板板缝不得渗漏

10. 墙体节能工程的施工，应符合下列规定（　　）。

A. 保温材料的厚度必须符合设计要求

B. 保温板与基层及各构造层之间的粘结或连接必须牢固。粘结强度和连接方式应符合设计要求和相关标准的规定。保温板材与基层的粘接强度应做现场拉拔试验，试验结果应符合要求

C. 保温浆料应分层施工。当外墙采用保温浆料做外保温时，保温层与基层之间及各层之间的粘结必须牢固，不应脱层、空鼓和开裂

D. 当墙体节能工程的保温层采用预埋或后置锚固件固定时，锚固件数量、位置、锚固深度和拉拔力应符合设计要求。后置锚固件应进行现场拉拔试验，试验结果应符合要求

E. 热工性能应符合要求

11. 幕墙节能工程施工中应对（　　）等部位或项目进行隐蔽工程验收，并应有详细的文字记录和必要的图像资料。

A. 被封闭的保温材料厚度和保温材料的固定；幕墙周边与墙体的接缝处保温材料的填充

B. 构造缝、结构缝；隔汽层

C. 热桥部位、断热节点；单元式幕墙板块间的接缝构造

D. 基层墙体的强度

E. 冷凝水收集和排放构造；幕墙的通风换气装置

12. 幕墙节能工程使用的保温隔热材料，其（　　）应符合设计要求。

A. 抗压强度　　　　　　　B. 导热系数

C. 密度　　　　　　　　　D. 燃烧性能

E. 抗拉强度

13. 幕墙玻璃的（　　）应符合设计要求。

A. 透光度　　　　　　　　B. 传热系数

C. 遮阳系数　　　　　　　D. 可见光透射比

E. 中空玻璃露点

14. 幕墙节能工程使用的保温材料等进场时，应对其（　　）等性能进行复验，复验应为见证取样送检。

A. 重量　　　B. 导热系数　　　C. 密度　　　D. 颜色　　　E. 透透性

15. 幕墙节能工程使用的幕墙玻璃进场时，应对其（　　）等性能进行复验，复验应为见证取样送检。

A. 透光度　　　　　　　　B. 传热系数

C. 遮阳系数　　　　　　　D. 可见光透射比

E. 中空玻璃露点

16. 幕墙节能工程使用的隔热型材进场时，应对其（　　）等性能进行复验，复验应为见证取样送检。

A. 抗压强度　　　B. 抗拉强度　　　C. 抗剪强度

D. 弯曲强度　　　　E. 硬度

17. 建筑外窗的（　　）应符合设计要求。
A. 平面变形性　　B. 气密性　　　　C. 保温性能
D. 中空玻璃露点　E. 玻璃遮阳系数和可见光透射比

18. 建筑外窗进入施工现场时，严寒、寒冷地区对其（　　）等性能进行复验，复验应为见证取样送检。

A. 平面变形性能

B. 气密性

C. 传热系数

D. 玻璃遮阳系数和可见光透射比

E. 中空玻璃露点

19. 建筑外窗进入施工现场时，夏热冬冷地区应对其（　　）等性能进行复验，复验应为见证取样送检。

A. 平面变形性能

B. 气密性

C. 传热系数

D. 玻璃遮阳系数和可见光透射比

E. 中空玻璃露点

20. 建筑外窗进入施工现场时，夏热冬暖地区应对其（　　）等性能进行复验，复验应为见证取样送检。

A. 平面变形性能

B. 气密性

C. 传热系数

D. 玻璃遮阳系数和可见光透射比

E. 中空玻璃露点

21. 屋面保温隔热工程应对（　　）等部位进行隐蔽工程验收，并应有详细的文字记录和必要的图像资料。

A. 基层

B. 隔离层

C. 保温层的敷设方式、厚度；板材缝隙填充质量

D. 屋面热桥部位

E. 隔汽层

22. 含水率对导热系数有较大的影响，特别是负温度下更使导热系数增大，影响保温隔热效果，在保温隔热层施工完成后，应尽快进行防水层施工，在施工过程中防止保温层受潮。用于屋面节能工程的保温隔热材料，其（　　）必须符合设计要求和强制性标准的规定。

A. 颜色

B. 导热系数

C. 密度

D. 抗压强度或压缩强度

E. 燃烧性能

23. 屋面保温隔热工程采用的保温材料，进场时应对（   ）进行复验，复验应为见证取样送检。

A. 颜色

B. 导热系数

C. 密度

D. 抗压强度或压缩强度

E. 燃烧性能

24. 地面节能工程应对（   ）等部位进行隐蔽工程验收，并应有详细的文字记录和必要的图像资料。

A. 基层

B. 地面基层的厚度

C. 被封闭的保温材料厚度

D. 保温材料粘结

E. 隔断热桥部位

25. 用于地面节能工程的保温材料，其（   ）必须符合设计要求和强制性标准的规定。

A. 导热系数

B. 密度

C. 抗压强度或压缩强度

D. 燃烧性能

E. 防水性能

26. 地面节能工程采用的保温材料，进场时应对其（   ）进行复验，复验应为见证取样送检。

A. 导热系数　　　B. 密度　　　　　　C. 抗压强度或压缩强度

D. 燃烧性能　　　E. 防水性能

三、判断题（正确的在括号内填"A"，错误的在括号内填"B"）

1. 建筑节能工程使用材料和设备应按照《建筑节能工程施工质量验收规范》GB 50411附录A及各章规定在施工现场抽样复验。复验应为见证取样送检。（   ）

2. 建筑节能工程使用的材料应符合国家现行有关对材料有害物质限量标准的规定，不得对室内外环境造成污染。（   ）

3. 检查安装好的保温墙板板缝不得渗漏，可采用现场淋水试验的方法，对墙体板缝部位连续淋水1h不渗漏为合格。（   ）

4. 门窗镀（贴）膜玻璃在节能方面作用，一是遮阳，另一是降低传热系数。（   ）

5. 门窗工程使用单面镀膜玻璃的镀膜层应朝向室外，中空玻璃的单面镀膜玻璃应在最内层，镀膜层应朝向室外。（   ）

6. 屋面保温隔热层施工完成后，应及时进行找平层和防水层的施工，避免保温层受潮、浸泡或受损。   (   )

7. 坡屋面、内架空屋面当采用敷设于屋面内侧的保温板材做保温隔热层时，保温隔热层应有防潮措施，其表面应有保护层，保护层的做法应符合设计要求。   (   )

8. 燃烧性能的检测机构较少，试验复杂且费用高，又没有简便方法，应检查型式检验报告，一般不进行现场抽样检测。   (   )

9. 有防水要求的地面，其节能保温做法不得影响地面排水坡度，保温层没有防水要求。   (   )

10. 外墙节能构造的现场实体检验应在监理（建设）人员见证下实施，应委托有资质的检测机构实施，不得由施工单位实施。   (   )

三、参 考 答 案

第1章 建筑工程质量管理

一、单项选择题

1. B；2. C；3. A；4. B；5. D；6. A；7. C；8. C；9. C；10. A；11. B；12. B；13. A；14. D；15. D

二、多项选择题

1. ABC；2. ABCD；3. ABC；4. ABC；5. ABCD；6. AE；7. ABCD；8. ABCD；9. ABCE；10. ABCD；11. ABC；12. ABCD；13. ABCD；14. ABCE；15. ABCD

三、判断题（A 表示正确，B 表示错误）

1. A；2. A；3. A；4. A；5. A；6. A；7. A；8. A；9. A；10. A

第2章 建筑工程施工质量验收统一标准

一、单项选择题

1. C；2. B；3. C；4. A；5. C；6. D；7. A；8. C；9. A；10. D；11. D；12. D；13. D；14. D；15. A

二、多项选择题

1. ABCD；2. ABCD；3. ABCD；4. ABDE；5. ABCD；
6. ABC；7. ABC；8. ABCD；9. ABCD；10. ABC

三、判断题（A 表示正确，B 表示错误）

1. B；2. B；3. B；4. B；5. A；6. A；7. A；8. B；9. B；10. A；11. B；12. B；13. A；14. A；15. A；16. B；17. B；18. B；19. B；20. A；21. A；22. A

第3章 优质建筑工程质量评价

一、单项选择题

1. D；2. B；3. C；4. A；5. D；6. C；7. A；8. C；9. C；10. C；11. C

二、多项选择题

1. AD；2. ABCE；3. AC；4. BCDE；5. AB；6. BCD

三、判断题（A 表示正确，B 表示错误）

1. A；2. B；3. A；4. A；5. A；6. B；7. A；8. A；9. B；10. A；
11. B；12. A；13. B；14. B；15. A；16. A

第4章 住宅工程质量通病控制

一、单项选择题

1. A；2. A；3. C；4. C；5. D；6. B；7. B；8. C；9. B；10. B；
11. C；12. D；13. C；14. D；15. A；16. D；17. B；18. D；19. B；20. C；
21. A；22. D；23. D；24. A；25. D；26. C；27. D；28. C；29. B；30. C

二、多项选择题

1. ABC；2. ABCD；3. ABC；4. AC；5. AB；6. ABD；7. CD；8. CD；
9. ABCD；10. BCD；11. AD；12. ABC；13. AB；14. BCD；15. BE；16. ABC；
17. AD；18. CD；19. BC；20. BCD；21. ABD；22. ABCD；23. ABCD；24. AD

三、判断题（A 表示正确，B 表示错误）

1. B；2. B；3. A；4. B；5. A；6. A；7. B；8. A；9. B；10. A；
11. B；12. B；13. A；14. A；15. A；16. B；17. A；18. A；19. A；20. A；
21. A；22. A；23. A；24. A；25. A

第5章 住宅工程质量分户验收

一、单项选择题

1. B；2. B；3. C；4. D；5. B；6. C；7. D；8. A；9. B；10. D；
11. D；12. B；13. C；14. A

二、多项选择题

1. ABC；2. CD；3. AC；4. ABCD；5. BCD；6. ABC；7. ABC；8. AB；
9. BD；10. ABCD；11. ABC；12. ABC；13. ABC；14. ABCD

三、判断题（A 表示正确，B 表示错误）

1. A；2. A；3. B；4. A；5. A；6. A；7. B；8. B；9. A；10. A；

11. A; 12. A; 13. A; 14. B; 15. A

第6章　地基与基础工程

一、单项选择题

1. C; 2. A; 3. E; 4. B; 5. C; 6. C; 7. A; 8. C; 9. A; 10. A;
11. A; 12. B; 13. B; 14. C; 15. C; 16. C; 17. C; 18. B; 19. A; 20. A;
21. C; 22. B; 23. A; 24. D; 25. A; 26. D; 27. C; 28. A; 29. A; 30. B;
31. A; 32. B; 33. C; 34. B; 35. C; 36. C; 37. A; 38. B; 39. A; 40. B;
41. C; 42. A; 43. B; 44. B; 45. A; 46. D; 47. B; 48. C; 49. C; 50. C;
51. D; 52. A; 53. B; 54. B; 55. A; 56. A; 57. C; 58. A; 59. A

二、多项选择题

1. ACD; 2. ABC; 3. AB; 4. ABC; 5. AD; 6. ABCD; 7. ABC; 8. ACD;
9. AC; 10. ABCD; 11. ABCD; 12. BCD; 13. BC; 14. ABCE; 15. AD;
16. ACE; 17. AB; 18. ABC; 19. ABCD

三、判断题（A 表示正确，B 表示错误）

1. A; 2. B; 3. A; 4. A; 5. A; 6. A; 7. A; 8. A; 9. A; 10. A;
11. A; 12. B; 13. A; 14. A; 15. A; 16. A; 17. A; 18. B; 19. B; 20. B;
21. A; 22. A; 23. A; 24. A; 25. A; 26. A; 27. A; 28. A; 29. A; 30. A;
31. B; 32. B; 33. B; 34. B

第7章　地下防水工程

一、单项选择题

1. B; 2. A; 3. C; 4. B; 5. A; 6. A; 7. A; 8. B; 9. A; 10. C;
11. A; 12. D; 13. B; 14. B; 15. C

二、多项选择题

1. ACD; 2. ABC; 3. BCE; 4. ACB; 5. AD; 6. ABCD; 7. CD; 8. ABCE;
9. ABD; 10. AB; 11. ACDE; 12. ABD; 13. ABCD; 14. ABD; 15. ABC;
16. ABD; 17. ABD; 18. ACD; 19. ABCD; 20. BD; 21. ABC

三、判断题（A 表示正确，B 表示错误）

1. A; 2. B; 3. B; 4. A; 5. A; 6. B; 7. A; 8. A; 9. A; 10. B

第8章 混凝土结构工程

一、单项选择题

1. B；2. B；3. D；4. D；5. A；6. D；7. B；8. D；9. A；10. A；
11. A；12. B；13. C；14. A；15. A；16. B；17. B；18. C；19. B；20. B；
21. A；22. B；23. C；24. A；25. B；26. D；27. B；28. A；29. B；30. C；
31. B；32. B；33. A；34. C；35. C；36. B；37. C；38. A；39. B；40. B；
41. A；42. B；43. B；44. B；45. B；46. B；47. A

二、多项选择题

1. ABC；2. CD；3. AB；4. BCD；5. AD；6. ABCD；7. ABCDE；8. ABC；
9. ACD；10. BCE；11. BCD；12. ACD；13. ACDE；14. AD；15. BC；16. ABC；
17. ABDE；18. BCDE；19. AC；20. ABCD；21. AC；22. BE；23. BCE；
24. ABCD；25. BCD；26. ABC；27. ABCD；28. CDE；29. ABD；30. AE；
31. AB

三、判断题（A 表示正确，B 表示错误）

1. A；2. A；3. A；4. B；5. A；6. B；7. A；8. A；9. B；10. A；
11. B；12. A；13. A；14. A；15. A；16. A；17. A；18. B；19. A；20. B；
21. B；22. A；23. A；24. A；25. A；26. B；27. A；28. A；29. B；30. A；
31. A；32. B；33. A；34. B；35. B；36. A；37. B；38. A；39. B；40. A；
41. B；42. B；43. A；44. B；45. B；46. A；47. A；48. A

四、计算题

1. 当样本容量不少于 10 组时，其强度应同时满足下列要求：

$$m_{f_{cu}} \geq f_{cu,k} + \lambda_1 S_{f_{cu}}$$
$$f_{cu,min} \geq \lambda_2 f_{cu,k}$$

2. 当用于评定的样本容量小于 10 组时，按非统计方法评定混凝土强度，其强度应同时符合下列要求：

$$m_{f_{cu}} \geq \lambda_3 f_{cu,k}$$
$$f_{cu,min} \geq \lambda_4 f_{cu,k}$$

3. 砂、石的含水率受气候的影响不断变化，试验室出具的配合比通知单应是原材料干燥状态下的配合比，正因为砂、石含有水分，所以要将试验配合比转换成施工配合比，假设砂子含水率为 $A\%$，石子含水率为 $B\%$，试验室配合比为水泥$_{试}$：水$_{试}$：砂子$_{试}$：石子$_{试}$：外加剂$_{试}$，施工配合比则为：

水泥$_施$：水$_施$：砂子$_施$：石子$_施$：外加剂$_施$＝

水泥$_试$：（水$_试$－砂子$_试$×A％－石子$_试$×B％）：砂子$_试$（1＋A％）：石子$_试$（1＋B％）：外加剂$_试$

第9章 砌体工程

一、单项选择题

1. B；2. C；3. D；4. C；5. C；6. B；7. A；8. B；9. B；10. C；
11. B；12. B；13. A；14. A；15. B；16. C；17. D；18. B；19. C；20. A；
21. B；22. C；23. C；24. A；25. D；26. B；27. B；28. C；29. B；30. C；31. B

二、多项选择题

1. ACDE；2. ACD；3. ABC；4. BCDE；5. ABC；6. ABD；7. CD；8. ABC；
9. BCDE；10. BCD；11. BD；12. AC；13. BC；14. BC；15. ABC；16. AD；
17. CD；18. ABCD；19. CD；20. BCDE；21. ABC

三、判断题（A 表示正确，B 表示错误）

1. A；2. A；3. A；4. A；5. B；6. B；7. A；8. A；9. A；10. A；
11. A；12. B；13. A；14. B；15. A；16. B；17. A；18. A；19. B；20. A；
21. A；22. A；23. A；24. B；25. B；26. B；27. B；28. A；29. A；30. A；
31. B；32. B

第10章 钢结构工程

一、单项选择题

1. A；2. A；3. B；4. D；5. B；6. D；7. A；8. D；9. B；10. C；
11. C；12. B；13. C；14. D；15. D；16. C；17. A；18. C；19. C；20. A；
21. D；22. C

二、多项选择题

1. ABC；2. ABC；3. ABD；4. ABCDE；5. ABC；6. AB；7. ABCD；8. ABC；
9. BCDE；10. ABCD；11. ABDC；12. ABD；13. BCD

三、判断题（A 表示正确，B 表示错误）

1. A；2. A；3. B；4. A；5. A；6. A；7. B；8. A；9. A；10. A；
11. B；12. A；13. B；14. A；15. A；16. B；17. A；18. B；19. A；20. B；
21. A；22. B；23. B；24. B；25. B；26. A；27. B；28. B；29. B；30. B

第 11 章 木结构工程

一、单项选择题

1. D; 2. B; 3. D; 4. B; 5. D; 6. D; 7. D; 8. C; 9. B; 10. C

二、多项选择题

1. BE; 2. ACD; 3. AB; 4. BCD; 5. ABE;
6. ABC; 7. BCDE; 8. CDE; 9. BCD; 10. ACE

第 12 章 建筑装饰装修工程

一、单项选择题

1. B; 2. C; 3. C; 4. C; 5. B; 6. D; 7. C; 8. B; 9. A; 10. B;
11. B; 12. C; 13. C; 14. B; 15. C; 16. C; 17. C; 18. C; 19. A; 20. C;
21. B; 22. A; 23. D; 24. C; 25. A; 26. A; 27. A; 28. C; 29. C; 30. C;
31. B; 32. C; 33. C; 34. B; 35. C; 36. C; 37. A; 38. A; 39. B; 40. B;
41. C; 42. B; 43. C; 44. D; 45. B; 46. C; 47. A; 48. B; 49. A; 50. C;
51. B; 52. C; 53. B; 54. A; 55. B; 56. C; 57. A; 58. C; 59. C; 60. B;
61. B; 62. A; 63. C; 64. B; 65. C; 66. D; 67. A; 68. C; 69. B; 70. A;
71. C; 72. C; 73. B; 74. A; 75. C; 76. C; 77. B; 78. D; 79. D; 80. B

二、多项选择题

1. ABC; 2. ABCD; 3. ABC; 4. ABC; 5. AD; 6. ABDE; 7. ABCE; 8. BCD;
9. AB; 10. ADE; 11. ABC; 12. BC; 13. BC; 14. AC; 15. AC; 16. ABC;
17. ABCE; 18. ABCE; 19. ABC; 20. CDE; 21. ABCD; 22. AB; 23. BCDE;
24. ABD; 25. ABCD; 26. AC; 27. ABCD; 28. BCDE; 29. AC; 30. ABC;
31. BC; 32. ABCE; 33. C; 34. AC; 35. AC; 36. ABCD; 37. BC; 38. AB;
39. BCD; 40. AC; 41. CE; 42. AD; 43. BE; 44. BCD; 45. CD; 46. AB;
47. BCD; 48. BCDE; 49. ABCD; 50. BC; 51. BD; 52. ABCE; 53. ABCD;
54. BD; 55. ABDE; 56. CDE; 57. ABDE; 58. ACD; 59. AB; 60. CD;
61. BCD; 62. BDE; 63. ABCD; 64. ACDE; 65. ABC; 66. CE; 67. ABCD;
68. BCDE; 69. AB; 70. AB; 71. ABCD

三、判断题（A 表示正确，B 表示错误）

1. B; 2. B; 3. B; 4. B; 5. A; 6. A; 7. B; 8. B; 9. A; 10. A;
11. B; 12. A; 13. A; 14. B; 15. B; 16. A; 17. A; 18. A; 19. A; 20. A;
21. B; 22. A; 23. B; 24. B; 25. A; 26. A; 27. B; 28. B; 29. A; 30. B;

31. A；32. A；33. B；34. B；35. A；36. A；37. A

第13章　建筑地面工程

一、单项选择题

1. B；2. B；3. A；4. C；5. A；6. D；7. C；8. C；9. C；10. D；
11. C；12. C；13. B；14. A；15. D；16. A；17. B；18. B；19. C；20. C；
21. C；22. B；23. A；24. A；25. B；26. C；27. B；28. B

二、多项选择题

1. ABE；2. ABCD；3. AB；4. ABC；5. BCDE；6. BD；7. ABC；8. BCDE；
9. ABCD；10. ABCD；11. AB；12. ABCD；13. CDE；14. CDE

三、判断题（A 表示正确，B 表示错误）

1. A；2. A；3. A；4. A；5. A；6. B；7. A；8. A；9. A；10. B；
11. A；12. B；13. B；14. A；15. A；16. A；17. A；18. B；19. A

第14章　屋　面　工　程

一、单项选择题

1. A；2. B；3. D；4. A；5. A；6. B；7. C；8. B；9. D；10. B；11. B；
12. C；13. B；14. C；15. D；16. C；17. A；18. A；19. A；20. C；21. B；
22. D

二、多项选择题

1. ABC；2. ABCD；3. ABCE；4. ABCE；5. ABCD；6. BCD；7. ACDE；
8. ACD；9. ABD；10. ABCD；11. ABDE

三、判断题（A 表示正确，B 表示错误）

1. A；2. B；3. B；4. A；5. A；6. B；7. B；8. B；9. A；10. B；
11. A；12. A；13. A；14. A；15. A；16. A

第15章　民用建筑节能工程（土建部分）

一、单项选择题

1. C；2. D；3. C；4. D；5. D；6. D；7. C；8. B；9. C；10. D；
11. B；12. C；13. B；14. D；15. B；16. C

二、多项选择题

1. ABCD；2. BCD；3. ABD；4. BCD；5. BCDE；6. ABC；7. BCDE；8. CDE；
9. ACDE；10. ABCD；11. ABCE；12. BCD；13. BCDE；14. AC；15. BCDE；
16. BC；17. BCDE；18. BCE；19. BCDE；20. CDE；21. ACDE；22. BCDE；
23. BCDE；24. ACDE；25. ABCD；26. ABCD

三、判断题（A 表示正确，B 表示错误）

1. A；2. A；3. A；4. A；5. B；6. A；7. A；8. A；9. B；10. B

第三部分

模 拟 试 卷

第三編

機械加工

模 拟 试 卷

第一部分 专业基础知识（共60分）

一、单项选择题（以下各题的备选答案中都只有一个是最符合题意的，请将其选出，并在答题卡上将对应题号后的相应字母涂黑。每题0.5分，共20分）

1. 根据专业制图需要，同一图样可选用两种比例，但同一视图中的两种比例的比值不超过（　　）倍。
   A. 2　　　　　　　B. 3　　　　　　　C. 4　　　　　　　D. 5
2. 形体的一个视图可以反映形体相应的两个方向的尺度。主视图反映形体的（　　）方向的尺度。
   A. 长度和宽度　　　B. 高度和宽度　　　C. 长度和高度　　　D. 高度
3. 风向频率玫瑰图中粗实线表示（　　）风向。
   A. 冬季　　　　　　B. 全年　　　　　　C. 夏季　　　　　　D. 春季
4. 标高投影图是用正投影法得到的一种带有数字标记的（　　）图。
   A. 中心投影　　　　B. 斜投影　　　　　C. 单面正投影　　　D. 多面正投影
5. 详图符号的圆应以直径为（　　）粗实线绘制。
   A. 8mm　　　　　　B. 10mm　　　　　　C. 12mm　　　　　　D. 14mm
6. 反映房屋各部位的高度、外貌和装修要求的是（　　）。
   A. 剖面图　　　　　B. 平面图　　　　　C. 立面图　　　　　D. 详图
7. 定位线之间的距离应符合（　　）规定
   A. 基本模数　　　　B. 分模数　　　　　C. 扩大模数　　　　D. 模数数列
8. 在变形缝中（　　）。
   A. 沉降缝可以代替伸缩缝　　　　　　B. 伸缩缝可以代替沉降缝
   C. 沉降缝不可以代替伸缩缝　　　　　D. 防震缝可以代替沉降缝
9. 对于建筑物多为矩形且布置比较规则和密集的施工场地，可采用（　　）。
   A. 三角网　　　　　B. 导线网　　　　　C. 建筑方格网　　　D. 建筑基线
10. 施工水准点是用来直接测设建筑物（　　）。
    A. 高程　　　　　　B. 距离　　　　　　C. 角度　　　　　　D. 坐标
11. 力的作用线都汇交于一点的力系称（　　）力系。
    A. 空间汇交　　　　B. 空间一般　　　　C. 平面汇交　　　　D. 平面一般
12. 计算内力一般采用（　　）方法。
    A. 利用受力杆件的静力平衡方程　　　B. 直接由外力确定
    C. 应用截面法　　　　　　　　　　　D. 利用胡克定理

13. 只能在空气中硬化的胶凝性材料是（　　）。
   A. 气硬性无机胶凝材料　　　　　　B. 水硬性无机胶凝材料
   C. 气硬性有机胶凝材料　　　　　　D. 水硬性有机胶凝材料
14. 安定性不合格的水泥应做如下处理（　　）。
   A. 照常使用　　　　　　　　　　　B. 重新检验强度
   C. 废品　　　　　　　　　　　　　D. 次品
15. 石灰在熟化过程中会放出大量的热，同时体积增大（　　）倍。
   A. 0.5～1　　　B. 1～1.5　　　C. 1.5～2　　　D. 1～2.5
16. 提高混凝土的抗渗性和抗冻性的关键是（　　）。
   A. 选用合理砂率　B. 增大水灰比　C. 提高密实度　D. 增加骨料用量
17. 空心率（　　）的砌块为实心砌块。
   A. ≥25%　　　B. <25%　　　C. ≤30%　　　D. >30%
18. 花岗岩构造致密，强度高，密度大，吸水率极低，质地坚硬、耐磨，属于（　　）。
   A. 酸性硬石材　B. 酸性软石材　C. 碱性硬石材　D. 碱性软石材
19. 同时具备安全性、防火性、防盗性的玻璃是（　　）。
   A. 钢化玻璃　　B. 夹层玻璃　　C. 夹丝玻璃　　D. 镀膜玻璃
20. 结构的可靠性是指（　　）。
   A. 安全性、耐久性、稳定性　　　　B. 安全性、适用性、稳定性
   C. 适用性、耐久性、稳定性　　　　D. 安全性、适用性、耐久性
21. 钢筋混凝土梁中箍筋加密区的间距一般是（　　）。
   A. 30mm　　　B. 50mm　　　C. 100mm　　　D. 200mm
22. 为了设计上的便利，对于四边均有支承的板，当（　　）按单向板设计。
   A. $l_2/l_1 \leq 2$　　B. $l_2/l_1 > 2$　　C. $l_2/l_1 \leq 3$　　D. $l_2/l_1 > 3$
23. 砌体的抗拉强度最主要取决于（　　）。
   A. 砌块抗拉强度　　　　　　　　　B. 砂浆的抗拉强度
   C. 灰缝的厚度　　　　　　　　　　D. 砂浆中的水泥用量
24. 质量管理的首要任务是（　　）。
   A. 确定质量方针、目标和职责
   B. 建立有效的质量管理体系
   C. 质量策划、质量控制、质量保证和质量改进
   D. 确保质量方针、目标的实施和实现
25. 工序质量控制的实质是（　　）。
   A. 对工序本身的控制　　　　　　　B. 对人员的控制
   C. 对工序的实施方法的控制　　　　D. 对影响工序质量因素的控制
26. 网络计划中的虚工作（　　）。
   A. 既消耗时间，又消耗资源　　　　B. 只消耗时间，不消耗资源
   C. 既不消耗时间，也不消耗资源　　D. 不消耗时间，只消耗资源
27. 施工项目成本计划的编制依据不包括（　　）。
   A. 合同报价书
   B. 施工预算

C. 有关财务成本核算制度和财务历史资料
D. 企业组织机构图

28. 自然状态下的土，经过开挖后，其体积因松散而增加，以后虽经回填压实，仍不能恢复到原来的体积，这种性质称为（   ）。
   A. 土的流动性   B. 土的可松性   C. 土的渗透性   D. 土的结构性

29. 打桩时宜采用（   ）的方式，可取得良好的效果
   A. "重锤低击，低提重打"   B. "轻锤高击，高提重打"
   C. "轻锤低击，低提轻打"   D. "重锤高击，高提重打"

30. 多立杆脚手架的立杆与纵、横向的扫地杆连接用（   ）固定。
   A. 直角扣件   B. 旋转扣件   C. 对接扣   D. 承插件

31. 砌砖墙留斜槎时，斜槎长度不应小于高度的（   ）。
   A. 1/2   B. 1/3   C. 2/3   D. 1/4

32. 框架结构模板的拆除顺序一般是（   ）。
   A. 柱→楼板→梁侧板→梁底板
   B. 梁侧板→梁底板→楼板→柱
   C. 柱→梁侧板→梁底板→楼板
   D. 梁底板→梁侧板→楼板→柱

33. 混凝土在运输时不应产生离析、分层现象，如有离析现象，则必须在浇筑混凝土前进行（   ）。
   A. 加水   B. 二次搅拌   C. 二次配合比设计   D. 振捣

34. 当混凝土浇筑高度超过（   ）时，应采取串筒、溜槽或振动串筒下落。
   A. 2m   B. 3m   C. 4m   D. 5m

35. 冬期施工中，配制混凝土用的水泥用量不应少于（   ）。
   A. 300kg/m³   B. 310kg/m³   C. 320kg/m³   D. 330kg/m³

36. 地下连续墙施工工艺流程中，"挖槽"的下一道工序是（   ）。
   A. 修筑导墙   B. 吊放钢筋笼   C. 质量验收   D. 浇筑混凝土

37. 深基坑干作业成孔锚杆支护施工工艺流程中，"一次灌浆"的下一道工序是（   ）。
   A. 钻孔并清孔   B. 安装锚索   C. 二次高压灌浆   D. 张拉

38. 开挖监控时，位移观测基准点数量不应少于（   ）点，且应设在影响范围以外。
   A. 一   B. 二   C. 三   D. 四

39. 根据《建设工程质量管理条例》关于质量保修制度的规定，屋面防水工程、有防水要求的卫生间、房间和外墙面防渗漏的最低保修期为（   ）。
   A. 1年   B. 2年   C. 3年   D. 5年

40. 职业道德是对从事这个职业（   ）的普遍要求。
   A. 作业人员   B. 管理人员   C. 决策人员   D. 所有人员

二、多项选择题（以下各题的备选答案中都有两个或两个以上是最符合题意的，请将它们选出，并在答题卡上将对应题号后的相应字母涂黑。多选、少选、选错均不得分。每题1分，共20分）

41. 在平面布置图上表示各构件尺寸和配筋的方式，分为（   ）三种。

A. 集中注写方式　　　B. 列表注写方式
C. 平面注写方式　　　D. 截面注写方式
E. 原位注写方式

42. 基础详图常用（　　　）的比例绘制。
A. 1：20　　　　B. 1：50　　　　C. 1：10
D. 1：500　　　E. 1：200

43. 建筑立面图的命名方式有（　　　）。
A. 朝向　　　　B. 主次　　　　C. 楼梯间位置
D. 门窗位置　　E. 首尾轴线

44. 过梁的作用有（　　　）。
A. 提高建筑物的整体刚度
B. 支承门窗洞口上部墙体荷载
C. 提高建筑物的抗震能力
D. 提高墙体的稳定性
E. 将门窗洞口上部墙体荷载传给洞口两侧的墙体

45. 施工测量贯穿于整个施工过程中其主要内容有（　　　）。
A. 施工前建立与工程相适应的施工控制网
B. 建（构）筑物的放样及构件与设备安装的测量工作。以确保施工质量符合设计要求
C. 检查和验收工作
D. 变形观测工作
E. 测定

46. 下列哪种荷载属于《建筑结构荷载规范》中规定的结构荷载的范围（　　　）。
A. 永久荷载　　B. 温度荷载　　C. 可变荷载　　D. 偶然荷载　　E. 以上都是

47. 材料的硬度常用（　　　）来测定。
A. 刻划法　　　B. 回弹法　　　C. 压入法
D. 超声波检测　E. 抗压强度测试

48. 改善混凝土拌合物流变性能的外加剂有（　　　）。
A. 减水剂　　　B. 引气剂　　　C. 泵送剂　　　D. 缓凝剂　　　E. 早强剂

49. 安全玻璃包括（　　　）。
A. 钢化玻璃　　B. 夹丝玻璃　　C. 净片玻璃
D. 夹层玻璃　　E. 镀膜玻璃

50. 根据结构传力途径不同，楼梯的类型有（　　　）。
A. 梁式楼梯　　B. 板式楼梯　　C. 柱式楼梯　　D. 折线型楼梯　　E. 螺旋楼梯

51. 《建筑抗震设计规范》GB 50011—2010 提出了三水准两阶段的抗震设防目标。其中三水准是指（　　　）。
A. 大震不倒　　B. 小震不坏　　C. 中震可修　　D. 大震可修　　E. 中震不坏

52. 材料质量控制的要点有（　　　）。
A. 掌握材料信息，优选供货厂家
B. 合理组织材料供应，确保施工正常进行

C. 合理组织材料使用，减少材料的损失

D. 加强材料检查验收，严把材料质量关

E. 降低采购材料的成本

53. 施工项目成本管理的措施主要有（　　）。

A. 管理措施　　B. 技术措施　　C. 经济措施

D. 合同措施　　E. 组织措施

54. 土方开挖前需做好准备工作，包括（　　）等。

A. 清除障碍物　　　　　　B. 设置排水设施

C. 设置测量控制网　　　　D. 修建临时设施

E. 地基验槽

55. 观察验槽主要包括（　　）内容。

A. 观察土的坚硬程度

B. 观察土的含水量

C. 观察基坑护壁情况

D. 检查槽底是否已挖至老土层（地基持力层）

E. 检查基槽（坑）的位置、标高、尺寸

56. 大体积混凝土结构浇筑方案有（　　）几种。

A. 全面分层　　B. 全面分段　　C. 分段分层

D. 斜面分段分层　　　　　　E. 斜面分层

57. 后浇带处的混凝土，施工时（　　）。

A. 宜用微膨胀混凝土

B. 强度宜比原结构提高10%

C. 强度宜比原结构提高5～10N/mm²

D. 保持不少于7d的潮湿养护

E. 保持不少于15d的潮湿养护

58. 锚杆布置应符合（　　）。

A. 锚杆上下排垂直间距不宜小于2.0m

B. 锚杆上下排水平间距不宜小于1.5m

C. 锚杆锚固体上覆土层厚度不宜小于4.0m

D. 锚杆倾角宜为15°～25°，且不应大于45°

E. 锚杆倾角应大于45°

59. 建设单位办理竣工验收备案是提交了工程验收备案表和工程竣工验收报告，则还需要提交的材料有（　　）。

A. 施工图设计文件审查意见

B. 法律、行政法规规定应当由规划、公安消防、环保等部门出具的认可文件或者准许使用文件

C. 施工单位签署的工程质量保修书

D. 商品住宅还应当提交《住宅质量保证书》、《住宅使用说明书》

E. 质量监督机构的监督报告

60. 工程质量监督机构对建设单位组织的竣工验收实施的监督主要是察看其（　　）。

A. 是否通过了规划、消防、环保主管部门的验收
B. 程序是否合法
C. 资料是否齐全
D. 工程质量是否满足合同的要求
E. 实体质量是否存有严重缺陷

三、判断题（判断下列各题对错，并在答题卡上将对应题号后的相应字母涂黑。正确的涂 A，错误的涂 B；每题 0.5 分，共 8 分）

61. 房屋建筑制图时，横向定位轴线编号用阿拉伯数字从左到右编写。

62. 相邻定位轴线之间的距离称为轴间距，相邻横向定位轴线的轴间距称为进深。

63. 建筑红线是由城市测绘部门测定的建筑用地界定基准线。

64. 作用力与反作用力总是一对等值、反向、共线、作用在同一物体上的力。

65. "陈伏"时为了防止石灰炭化，石灰膏的表面须保存有一层水。

66. 钢筋冷加工处理后，其力学性能得到提高。

67. 后张拉预应力的传递时依靠钢筋和混凝土之间的粘结强度完成的。

68. 直接承受动力荷载或振动荷载且需要验算疲劳的结构可选用 Q235 沸腾钢。

69. 施工质量的影响因素主要有人、材料、机械、方法及环境等五大方面，即 4M1E。

70. 施工项目成本预测是施工项目成本计划与决策的依据。

71. 一般排水沟的横断面不小于 0.5m×0.5m，纵向坡度一般不小于 0.2%。平坦地区，如出水困难，其纵向坡度可减至 0.1%。

72. 土方的开挖应遵循"开槽支撑，后撑先挖，分层开挖，严禁超挖"的原则。

73. 混凝土必须养护至其强度达到 1.2N/mm² 以上，才能够在上面行人或安装模板。

74. 当筏形与箱型基础的长度超过 20m 时，应设置永久性的沉降缝和温度收缩缝。

75. 施工监测仅需要在基坑开挖前期进行，当变形趋于稳定后，可以停止。

76. 对在保修期限内和保修范围内发生的质量问题，均先由施工单位履行保修义务。

四、案例题（请将以下各题的正确答案选出，并在答题卡上将对应题号后的相应字母涂黑。第 78.83 题，每题 2 分，其余每题 1 分，共 12 分）

（一）根据下图，回答问题：

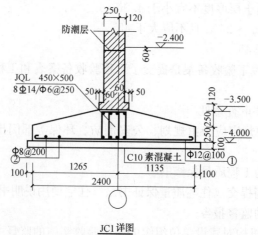

JC1 详图

77. 该基础包括（　　）三部分组成。
   A. 基础　　　B. 地基　　　C. 基础圈梁　　　D. 基础墙　　　E. 基础过梁
78. 基础底板配有（　　）的受力钢筋。
   A. φ8@200　　B. φ12@100　　C. φ6@250　　D. 4Φ14
79. 基础底板配有（　　）的分布钢筋。
   A. φ8@200　　B. φ12@100　　C. φ6@250　　D. 4Φ14
80. 基础圈梁中的箍筋配置为（　　）的受力钢筋。
   A. φ8@200　　B. φ12@100　　C. φ6@250　　D. 4Φ14
81. 基础下有（　　）100mm厚的C10的素混凝土垫层。
   A. 450　　　B. 500　　　C. 250　　　D. 100

（二）某工程基坑底长60m，宽25m，深5m，拟采用四边放坡开挖，边坡坡度定为 1：0.5。测得土的 $K_s=1.20$，$K_s'=1.05$。若混凝土基础和地下室占有的体积为3000m³。（计算结果取整）

82. 该基坑开挖时，基坑上口面积为（　　）。
   A. 1950m²　　B. 1500m²　　C. 1650m²　　D. 1900m²
83. 该基坑开挖时，基坑中部面积为（　　）。
   A. 1719m²　　B. 1675m²　　C. 1788m²　　D. 1825m²
84. 基坑土方开挖的工程量为（　　）。
   A. 7380m³　　B. 7820m³　　C. 2880m³　　D. 8604m³
85. 如以自然状态土的体积计，该基坑应预留的回填土为（　　）。
   A. 6505m³　　B. 6405m³　　C. 5604m³　　D. 5337m³
86. K_s 为土的最后可松性系数，说法是否正确？（　　）
   A. 正确　　　B. 错误

第二部分　专业管理实务（共90分）

一、单项选择题（以下各题的备选答案中都只有一个是最符合题意的，请将其选出，并在答题卡上将对应题号后的相应字母涂黑。每题1分，共30分）

87. 检验批质量验收时，施工单位检查结果的评定应由（　　）负责。
   A. 项目专业质量检查员　　　B. 项目经理
   C. 项目技术负责人　　　　　D. 企业技术负责人
88. 当对水泥质量有怀疑或水泥出厂超过（　　）（快硬硅酸盐水泥超过一个月）时，应复查试验，并按其结果使用。
   A. 一个月　　B. 5天　　C. 两个月　　D. 三个月
89. 建筑工程质量验收应划分为单位（子单位）工程、分部（子分部）工程、分项工程和（　　）。
   A. 验收部位　　B. 工序　　C. 检验批　　D. 专业验收
90. 住宅工程分户验收是（　　）。

A. 在施工过程中对每户质量进行验收
B. 对每户的结构安全进行的专门验收
C. 在住宅工程完工后竣工验收之前对每一户进行的专门验收
D. 对每一户进行专门的观感质量验收

91. 不同品种的水泥，不得混合使用，（   ）。

A. 是水泥标准规定
B. 是工程验收规范规定的强制性条文
C. 是工程验收规范规定但不是强制性条文
D. 是我省地方标准规定

92. 优质工程标准要求地下防水工程的混凝土结构构件无明显裂缝，裂缝宽度不大于0.20mm，且不渗水。按地下室建筑面积计算每（   ）m² 裂缝数量不大于1条，满足抗渗和混凝土耐久性要求。

A. 500   B. 600   C. 800   D. 1000

93. 建筑物在施工和使用期间，应进行沉降观测。设计等级为甲级、地质条件复杂、设置沉降后浇带及软土地区的建筑物，沉降观测应由（   ）检测。

A. 设计单位   B. 测绘部门
C. 有资质的检测单位   D. 测量工程师

94. 混凝土楼板厚度实测合格率大于（   ）%方可评为优质结构工程。

A. 80   B. 85   C. 90   D. 95

95. （   ）负责组织实施住宅工程质量通病控制。

A. 建设单位   B. 施工单位   C. 监理单位   D. 设计单位

96. 《住宅工程质量通病控制标准》规定，应在混凝土浇筑完毕后的（   ）h 以内，对混凝土加以覆盖和保湿养护。

A. 8   B. 12   C. 24   D. 36

97. 住宅工程混凝土小型空心砌块、蒸压加气混凝土砌块等轻质墙体，当墙长大于5m时，应增设间距不大于3m的构造柱；每层墙高的中部应增设高度为（   ）mm，与墙体同宽的混凝土腰梁，砌体无约束的端部必须增设构造柱，预留的门窗洞口应采取钢筋混凝土框加强。

A. 80   B. 120   C. 180   D. 240

98. 住宅工程砌体结构砌筑完成后宜（   ）d 后再抹灰，并不应少于30d。

A. 35   B. 45   C. 50   D. 60

99. 建筑地面工程属于（   ）分部工程。

A. 建筑装饰   B. 建筑装修   C. 地面与楼面   D. 建筑装饰装修

100. 室内墙面外观质量检查以距墙（   ）cm 进行观察检查。

A. 50-70   B. 60-80   C. 70-90   D. 80-100

101. 防水混凝土水平构件表面宜覆盖塑料薄膜或双层草袋浇水养护，竖向构件宜采用喷涂养护液进行养护，养护时间不应少于（   ）d。

A. 7   B. 14   C. 21   D. 28

102. 住宅工程质量分户验收时应检查建筑外墙金属窗、塑料窗的（   ）。

A. 原材料检测报告 B. 型式检验报告
C. 窗复验报告 D. 现场抽样检测报告

103.《江苏省住宅工程分户验收规则》规定住宅层高的负允许偏差为15mm,正允许偏差为（　　）。

A. 15mm B. 20mm C. 25mm D. 不限制

104. 防水涂料涂刷前应先在基面上涂一层与涂料（　　）的基层处理剂。

A. 不相容 B. 相容 C. 结合 D. 成分基本相同

105. 钢筋使用前,除应检查其产品合格证、出厂检验报告外,还应检查（　　）。

A. 力学性能复验报告 B. 生产许可证
C. 力学性能和化学分析复验报告 D. 型式检验报告

106. 当混凝土强度等级为C30,纵向受力钢筋采用HRB335级,直径为25,且绑扎接头面积百分率不大于25%,不考虑修正系数,其最小搭接长度应为（　　）d。

A. 45 B. 40 C. 35 D. 30

107. 混凝土中粗、细骨料应符合（　　）标准的要求。

A. 国家 B. 行业 C. 地方 D. 企业

108. 砌体的"通缝"是指砌体中上下两砖搭接长度小于（　　）mm的部位。

A. 20 B. 25 C. 30 D. 50

109. 高强度大六角头螺栓连接副终拧完成（　　）应进行终拧扭矩检查。

A. 后立即 B. 1h后、24h内
C. 1h后,48h内 D. 2h后,48h内

110. 现浇混凝土结构的外观质量不应有严重缺陷,对已经出现的严重缺陷,应由（　　）提出技术处理方案,并经监理（建设）单位认可后进行处理。

A. 监理单位 B. 施工单位 C. 设计单位 D. 工程监督机构

111. 掺入砂浆的有机塑化剂应有砌体强度的型式检验报告,型式检验的概念是：（　　）所进行的检验。

A. 厂家首次对产品质量
B. 厂家对产品出厂
C. 确认产品或过程应用结果适用性
D. 主管部门对生产厂家产品

112. 抹灰工程采用加强网防裂时,加强网与各基体的搭接宽度不应小于（　　）mm。

A. 50 B. 80 C. 100 D. 120

113. 室内用花岗岩应对（　　）进行复验。

A. 光洁度 B. 抗折强度 C. 放射性 D. 抗压强度

114. 民用建筑节能工程质量验收时原材料的型式检验报告应包括产品标准的（　　）。

A. 主要质量指标 B. 规程要求复验的指标
C. 产品出厂检验的指标 D. 全部性能指标

115. 在对钢筋加工工程检验批质量进行验收时,《检验批质量验收记录》中的"施工执行标准名称及编号"一栏应检查并填写（　　）。

A. 混凝土结构工程施工质量验收规范及编号

B. 钢筋操作规程及编号
C. 钢筋质量标准及编号
D. 钢筋检测方法标准及编号

116. 砂石垫层中石子的最大粒径不得大于垫层厚度的（   ）。

A. $\dfrac{1}{2}$ B. $\dfrac{2}{3}$ C. $\dfrac{3}{4}$ D. $\dfrac{1}{3}$

二、多项选择题（以下各题的备选答案中都有两个或两个以上是最符合题意的，请将它们选出，并在答题卡上将对应题号后的相应字母涂黑。多选、少选、选错均不得分。每题1.5分，共30分）

117. 质量检查员将验收合格的检验批，填好表格后交监理（建设）单位有关人员，有关人员应及时验收，可采取（   ）来确定是否通过验收。

A. 抽样方法   B. 宏观检查方法
C. 抽样检测   D. 必要时抽样检测

118. 对（   ）纵向受力钢筋的保护层厚度应采取非破损方法或局部破损方法进行检测。

A. 梁类构件   B. 板类构件
C. 基础承台   D. 柱类构件

119. 对住宅工程质量通病从（   ）等方面进行的综合有效防治方法、措施和要求。

A. 设计   B. 材料
C. 施工   D. 管理

120. 当框架顶层填充墙采用（   ）材料时，墙面粉刷应采取满铺镀锌钢丝网等措施。

A. 灰砂砖   B. 粉煤灰砖
C. 混凝土空心砌块   D. 蒸压加气混凝土砌块等

121. 住宅工程厨卫间和有防水要求的楼板周边除门洞外，应向上做一道高度不小于（   ）mm 的混凝土翻边，与楼板一同浇筑，地面标高应比室内其他房间地面低（   ）mm 以上。

A. 200   B. 120   C. 60   D. 30

122. 浇筑混凝土用的水泥宜优先采用早期强度较高的（   ），进场时应对其品种、级别、包装或批次、出厂日期和进场的数量等进行检查，并应对其强度、安定性及其他必要的性能指标进行复验。

A. 硅酸盐水泥   B. 普通硅酸盐水泥
C. 火山灰水泥   D. 粉煤灰水泥

123. 变形缝的防水构造处理应符合下列要求：（   ）。

A. 变形缝的泛水高度不应小于 250mm
B. 防水层应铺贴到变形缝两侧砌体的上部
C. 变形缝内应填充聚苯乙烯泡沫塑料，上部填放衬垫材料，并用卷材封盖
D. 变形缝顶部应加扣混凝土或金属盖板，混凝土盖板的接缝应用密封材料嵌填

124. 混凝土工程施工前应对（　　）进行复试，合格后方可使用。
   A. 水泥　　　　　　　　　　B. 砂石
   C. 钢筋　　　　　　　　　　D. 外掺料

125. 普通混凝土试配的目的是满足混凝土（　　）的要求。
   A. 强度　　　　　　　　　　B. 耐久性
   C. 工作性（坍落度）　　　　D. 抗渗

126. 混凝土试块标准养护的条件是（　　）。
   A. 温度 20℃±3℃　　　　　B. 温度 20℃±2℃
   C. 湿度 90%以上　　　　　　D. 相对湿度 95%及以上

127. 建筑外墙金属窗、塑料窗的复验参数为（　　）。
   A. 抗风压性能　　　　　　　B. 空气渗透性能
   C. 雨水渗漏性能　　　　　　D. 变形性能

128. 焊接材料的质量应符合现行国家产品标准和设计要求，应检查（　　）。
   A. 质量合格证明文件　　　　B. 中文标志
   C. 检验报告　　　　　　　　D. 进货合同

129. 饰面板（砖）应对粘贴用水泥的（　　）复验。
   A. 凝结时间　　B. 安定性　　C. 强度　　D. 细度

130. 民用建筑工程验收时，必须进行室内环境污染浓度检测，项目有（　　）。
   A. 氡、游离甲醛　　　　　　B. 苯、氨
   C. TVOC　　　　　　　　　　D. CO_2

131. 水泥基复合保温砂浆外墙保温系统所用材料和半成品、成品进场后，应做质量检查和验收，其品种、性能必须符合设计和有关标准的要求。应检查（　　）。
   A. 产品合格证　　　　　　　B. 出厂检测报告
   C. 和有效期内的型式检验报告　D. 现场抽样复验报告

132. 质量检查员将验收合格的检验批，填好表格后交监理（建设）单位有关人员，有关人员应及时验收，可采取（　　）来确定是否通过验收。
   A. 抽样方法　　　　　　　　B. 宏观检查方法
   C. 必要时抽样检测　　　　　D. 抽样检测

133. （　　）创优质的工程方可申报"优质结构"工程。
   A. 地基与基础分部工程　　　B. 地下防水分部工程
   C. 主体结构分部工程　　　　D. 混凝土结构子分部工程

134. 地下室混凝土墙体不应留垂直施工缝。墙体水平施工缝不应留在（　　）处，应留在高出底板不小于 300mm 的墙体上。
   A. 剪力最大　　B. 弯矩最大　　C. 压力最大　　D. 底板与侧墙交接

135. 住宅工程质量分户验收时门窗开闭性能的检查方法为（　　）。
   A. 观察检查　　　　　　　　B. 手扳检查
   C. 开启和关闭检查　　　　　D. 开关力用弹簧秤检测检查。

136. 混凝土灌注桩质量检验批的主控项目为（　　）。
   A. 桩位和孔深　　B. 混凝土强度　　C. 桩体质量检验

D. 承载力　　　E. 垂直度

三、判断题（判断下列各题对错，并在答题卡上将对应题号后的相应字母涂黑。正确的涂 A，错误的涂 B；每题 0.5 分，共 10 分）

137. 交接检验是由施工的完成方与承接方经双方检查、并对可否继续施工做出确认的活动。

138. 施工技术标准系指国家施工质量验收规范。

139. 浇筑混凝土用的水泥宜优先采用早期强度较高的粉煤灰水泥。

140. 防水混凝土掺入的外加剂掺合料应按规范复试符合要求后使用，其掺量应符合产品说明书的要求。

141. 框架柱间填充墙拉结筋应满足砖模数要求，如不符合模数要求应折弯压入砖缝。

142. PVC 管道穿过楼面时，宜采用预埋接口配件的方法。

143. 住宅工程分户验收时对外窗的防水要求除现场抽样检测，还规定进行了淋水观察检查。

144. 钢结构制作和安装单位应分别进行高强度螺栓连接摩擦面的抗滑移系数试验和复验。

145. 砌体子分部工程验收时，当发现砌体存在裂缝均不得验收。

146. 民用建筑节能工程质量的验收应按现行国家标准《建筑工程施工质量验收统一标准》GB 50300 及《民用建筑节能施工质量验收规范》和省《民用建筑节能工程施工质量验收规程》规定的程序和要求进行，建筑节能工程专项验收不是法定的验收程序。

147. 工程建设中拟采用的新技术、新工艺、新材料，不符合现行强制性标准规定的，不得采用。

148. 钢筋混凝土结构中禁止使用氯盐类、高碱类混凝土外加剂。

149. 未按国家和地方明文规定需采取建筑节能措施或节能措施未达到规定要求的不得评为优质工程。

150. 防水混凝土水平构件表面宜覆盖塑料薄膜或双层草袋浇水养护，竖向构件宜采用喷涂养护液进行养护，养护时间不应少于 7d。

151. 质量通病控制专项验收资料一并纳入建筑工程施工质量验收资料。

152. 分户验收资料应整理、组卷，由建设单位归档专项保存，存档期限不应少于 15 年。

153. 对顶棚抹灰工程进行敲击检查不易操作，故规定先观察检查，当发现有顶棚抹灰层起泡时，进行敲击检查。

154. 当桩顶设计标高低于施工现场标高时，对打入桩可在每根桩桩顶沉至场地标高时，可进行中间验收。

155. 防水混凝土的原材料、配合比及坍落度一般应符合设计要求。

156. 为防治混凝土结构构件出现所谓的"冷缝"，规范要求混凝土运输，浇筑及间歇的全部时间不应超过混凝土的终凝时间。

四、案例题（请将以下各题的正确答案选出，并在答题卡上将对应题号后的相应字母涂黑。第 157、161、166、167、169 题，每题 2 分，其余每题 1 分，共 20 分）

（一）某工程混凝土楼板设计强度等级为 C30，一个验收批中混凝土标准养护试块为 10 组，试块取样、试压等符合国家验收规范的有关规定，各组试块的强度代表值分别为 (MPa)：36.5、38.1、29.4、28.5、28.8、32.5、31.5、37.1、29.2、31.3。

计算并评定（$\lambda_1 = 1.15$；$\lambda_2 = 0.90$）：

157. 平均值 $m_{f_{cu}} = ($)。
 A. 29.7　　　　　　　　　　B. 31.6
 C. 32.3　　　　　　　　　　D. 33.2

158. 最小值 $f_{cu,min} = ($)。
 A. 28.5　　　　　　　　　　B. 28.8
 C. 29.2　　　　　　　　　　D. 29.5

159. 标准差 $S_{fcu} = ($)。
 A. 2.726　　　　　　　　　 B. 2.909
 C. 3.037　　　　　　　　　 D. 3.662

160. 适用公式为：平均值：（　）。
 A. $m_{f_{cu}} \geq 0.9 f_{cu,k} + \lambda_1 S_{f_{cu}}$　　B. $m_{f_{cu}} \times 1.1 - \lambda_1 S_{f_{cu}} \geq 0.9 f_{cu,k}$
 C. $m_{f_{cu}} \geq 1.15 f_{cu,k}$　　D. $m_{f_{cu}} \times 1.05 - \lambda_1 S_{f_{cu}} \geq 0.9 f_{cu,k}$

161. 适用公式为：最小值：（　）。
 A. $f_{cu,min} \geq \lambda_2 f_{cu,k}$　　　　B. $f_{cu,min} \times 1.1 \geq \lambda_2 f_{cu,k}$
 C. $m_{f_{cu}} \geq 0.95 f_{cu,k}$　　　　D. $f_{cu,min} \times 1.05 \geq \lambda_2 f_{cu,k}$

162. 平均值 $m_{f_{cu}}$（　）。
 A. 符合要求　　　　　　　　B. 不符合要求

163. 最小值 $f_{cu,min}$（　）。
 A. 符合要求　　B. 不符合要求

164. 综合评定混凝土强度（　）。
 A. 合格　　　　B. 不合格

（二）某工程砌筑砂浆设计强度等级为 M20，水泥的实测强度 $f_{ce} = 45.5\text{MPa}$，试计算砂浆配合比。

165. 强度等级为 M20 的砂浆，其抗压强度的标准值为（　）。
 A. 18MPa　　　　　　　　　B. 20MPa
 C. 22MPa　　　　　　　　　D. 23MPa

166. 砂浆的配制强度（MPa）$f_{m,0} = f_2 + 0.645\sigma$（$\sigma$ 取 2.5）（　）。
 A. 20.5　　　　　　　　　　B. 21.6
 C. 22.3　　　　　　　　　　D. 23.6

167. 每立方米砂浆水泥用量（kg）$Q_c = 1000(f_{m,0} - \beta)/\alpha \cdot f_{ce}$（$\alpha = 3.03$，$\beta = -15.09$）（　）。

A. 234　　　　　　　　B. 246
C. 266　　　　　　　　D. 275

168. 按以上计算，依据《砌筑砂浆配合比设计规程》的要求进行试配，采用三个砂浆试配配合比：1号配合比、2号配合比、3号配合比，砂浆强度试配结果分别为（MPa）：

1号配合比：19.2；2号配合比21.7；3号配合比：22.5，请确定配合比（　　）。

A. 1号配合比　　B. 2号配合比　　C. 3号配合比

（三）某工程砌筑砂浆设计强度为M10，砂浆试块的取样、制作等符合要求，一批砂浆试块共6组，实测强度（MPa）分别为：11.0、7.8、12.6、12.0、7.97、12.8。

169. 该组砂浆的平均强度为（　　）。

A. 10.5　　　B. 10.7　　　C. 11.3　　　D. 11.8

170. 该组砂浆的最小强度值为（　　）。

A. 7.8　　　B. 7.9　　　C. 12　　　D. 12.6

171. 该组砂浆评定为（　　）。

A. 合格　　　B. 不合格　　　C. 不确定